［動画］×［書籍］

ChatGPT、Bardの活用

# EXCEL VBA

\脱/初心者のための
# 集中講座

―第2版―

YouTuber「エクセル兄さん」
## たてばやし 淳［著］

マイナビ

# 本書の使い方

本書では、誌面解説に合わせて活用できる練習用ファイルと動画レッスンを用意しています。

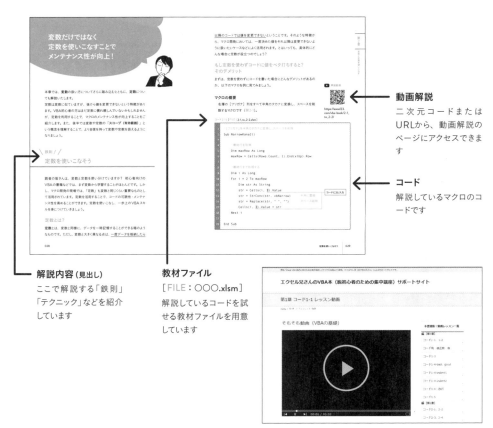

**解説内容（見出し）**
ここで解説する「鉄則」「テクニック」などを紹介しています

**教材ファイル**
[FILE：〇〇〇.xlsm]
解説しているコードを試せる教材ファイルを用意しています

**動画解説**
二次元コードまたはURLから、動画解説のページにアクセスできます

**コード**
解説しているマクロのコードです

動画解説ページ

## 本書のサポートサイト

https://book.mynavi.jp/supportsite/detail/9784839984625.html

本書の教材ファイルをダウンロードできます。
また、補足情報や訂正情報なども適宜掲載していきます。

## 新時代のビジネス環境で、マクロを最大に活用するために

本書を手に取っていただきありがとうございます。著者の「エクセル兄さん」こと、たてばやし淳と申します。本書は、Excelマクロ（VBA）の脱初心者のための本という目的で執筆しました。

第1版は2020年に出版され、多くのVBA初心者の方々からご好評いただきました。ですが、この第2版が2023年に発売されるまでに、多くの環境変化がありました。

例えば、第1版の第7章で解説された「Internet Explorer（以下「IE」）」はマイクロソフトによるサポートが終了してしまったため、ここで解説されたマクロは実務での使用が難しくなりました。この対応として、第2版では代わりにChromeやEdgeなどのモダンなブラウザを操作する方法に焦点を当てて解説しています。近年、リモートワークの普及やDXの推進により、Webの活用の重要性は増しています。是非、新しくなった第7章を参考にしていただければ幸いです。

また、ChatGPTをはじめとするチャット型AIのビジネス活用が大きな注目を集めています。プログラミング分野でも、チャット型AIを用いてコードの生成やエラー解決に役立てる取り組みが増えてきています。そこで、第2版では新たに第13章を設け、ChatGPTやBardを活用したマクロ開発方法について詳しく解説しています。AIは学習や開発において強力なサポートツールとなります。その重要性は今後さらに高まることでしょう。新時代のマクロ開発へのアプローチを詳しくご紹介した第13章をご活用ください。

## マクロ初心者を脱して、社内で頼られる存在になるために

昨今は、企業の人材や人手が不足する一方で、働き方改革と言われるように、働き手一人あたりの生産性を高めることが求められています。そんな中、Excel仕事を自動化できるマクロ（VBA）は、生産性を高めたいビジネスパーソンの救世主とも言える心強いツールであることは読者の皆さんもご存知かと思います。

しかし、書店には入門書が数多く並んでいる一方で（それらはどれも良書で、私も過去にお世話になったものばかりですが）、「初心者レベルを脱し、実践的なマクロを組む」というテーマのVBAの書籍がほとんどありませんでした。そこで、脱初心者のための実践的VBA教本を世に出したいという企画のお話をいただいたことが本書の始まりでした。

私はYouTubeで「エクセル兄さん たてばやし淳」というチャンネルを2012年より運営し、10万人以上のチャンネル登録者の皆さんにビジネスITパソコン講座を配信してきました。また、ベネッセコーポレーションと提携する教育プラットフォーム「Udemy」でも14万人以上に講座を提供しています。マクロVBAに関しても多くの講座を発信している中で、気づいたことがあります。

- 多くのVBA初心者の方が「もっと上を目指してみたい！」と感じているけれど、上を目指すための教材がなかなか無くて困っている。
- かといって、難しすぎるハイレベルな教材では理解するのが難しく、自分の業務に活用するにはハードルが高くなっている。

そういった悩みやニーズが非常に多いと感じていたのです。
そこで、本書では、以下のことを念頭に置いています。

- 「初心者を脱して一歩上を目指したい」という方にぴったりな、ほどよく手応えのあるレベルの内容をご提供したいと思います。
- 「動画レッスン」と連動します。文章だけでは理解しにくい部分は、動画レッスンにより映像と声でわかりやすく解説いたします。

また、本書では、一人でマクロを作成して利用するだけでなく、社内やチームで貢献できるようになることを目的の一つとしています。あなたの作成したマクロを社内の誰かが便利に利用できたり、マクロの管理や保守を後任者に引き継げるようにしたりと、自分だけでなく他人のためのマクロ開発ができるような学習内容を盛り込んでいます。

ぜひ、本書でレベルアップして、「マクロといえば、○○さん！」と言われるくらい、

社内で頼られる存在になれることを一緒に目指していければ幸いです。それでは、よろしくお願いします！

## この本で学ぶこと

本書で学べることを5つに分けると、以下のようになります。

1.  コードを書くための正しい作法
2.  効率的なコーディング方法や「部品化と再利用」の方法
3.  WordやOutlook、CSVやWeb上のデータなど、Excel以外のモノとの連携方法
4.  マクロを自分以外のユーザーが利用しやすくするための方法や、マクロの高速化
5.  AIを活用して、上記のコード作成のサポートを受ける

前半の 1.〜 2. は、コードを書く時のルールや「型」のようなものを解説するパートですので、少々窮屈に感じる方も多いかもしれません。ですが、ここでしっかり足元を固めておけば、後半においても効率的にコードを書くことができるようになっているはずです。

また、後半の 3.〜 4. では、VBAでできる手段（Excel以外のOfficeアプリやCSVやWeb上のデータとの連携など）が広がるだけでなく、あなた以外の人がマクロを便利に利用できるよう考慮する力を身につけることができます。

そして、最後の 5. では、ChatGPTやBardといったチャット型AIを活用して、上記の 1.〜 4. の学習項目を実践するためのサポートを受ける方法を学ぶことができます。本書で学習したことを実務で実践する際に、コードの作成を効率化したり、エラーの解決をしたり、コードを改善するためのアイディアを得ることができます。

それでは、一緒に学んでいきましょう！

2023年9月

たてばやし淳

# CONTENTS

**第1章　まずはここから これだけでVBAが読みやすくなる技** ——————— 001

**"名づけ"を見直せば、ミスを防ぎエラーの原因を見つけやすくなる** ——— 003

混乱する原因は「名付け」にあった? ——————————— 003

良い名付け vs 悪い名付け ——————————————— 003

コードでの記法「キャメルケース」と「スネークケース」 ————— 006

VBAでは、どちらの記法を使った方がいいの? ——————— 006

短い変数名は必ずしも「悪」とも限らない? ——————— 007

日本語の変数名やプロシージャ名は使うべき? ————— 007

**変数の型を宣言しよう! エラーの迷宮入りを防ぐために** ————— 008

なぜ変数は、型も宣言した方がいいか? ——————— 008

変数の型は省略しない! 可読性アップにもつながる —— 010

「変数の宣言を強制する」を設定し、
　変数の宣言忘れやスペルミスを防止する ——————— 010

**適切なインデントと改行でコード全体を見やすくする** ————— 015

改行やインデントが無いコード vs 有るコード ————— 015

インデントで、コードの階層を伝える ——————— 016

適度な改行でコードの「塊」を表す ——————— 018

コードを途中で改行するには? ——————— 021

**コメントを書いてコードを説明する** ————————— 022

適切なコメントとは? ——————————— 023

コメントは多ければ多いほど良いか? ——————— 024

**第2章　変数・定数を使いこなして可読性・メンテナンス性を向上させる** —— 027

**定数を使いこなそう** ——————————————— 028

定数とは? ——————————————————— 028

もし定数を使わずコードに値をベタ打ちすると?
　そのデメリット ——————————————— 029

定数の特徴 ——————————————————— 031

定数を使ってコードを改善。保守性と利便性がアップ —— 032

文字列も定数にすることで、一元管理できる! ——— 033

「この変数、どの範囲まで使えるの?」適用範囲(スコープ)を理解しよう — 036

これってムダ? あちこちで同じ変数を宣言 —————— 036

使った変数を別のプロシージャでも再利用できるか? —— 039

変数の適用範囲(スコープ)を理解しよう —————— 040

「モジュール」と「プロシージャ」 ———————————— 041

ローカル変数 ———————————————————— 042

モジュールレベル変数 ———————————————— 042

グローバル変数 ——————————————————— 044

変数はどれもグローバル変数にすればいいの? ———— 046

定数の適用範囲(スコープ)も使い分けよう —————— 046

第3章  プロシージャを部品化して再利用できるコードを書く ——————— 049

長すぎるプロシージャは、分割して部品化しよう —————— 051

コードを分割して部品化する ————————————— 053

分割することで、コード全体の流れがシンプルになる ——— 055

ローカル変数は別プロシージャから参照できない ———— 056

まとめ ————————— 058

第4章  引数つきプロシージャで複雑な処理をシンプルに記述する ———— 059

Subプロシージャに引数を設定して、活用の幅を拡げる ——— 060

いくつも似たようなSubプロシージャが増えてしまう…。
1つにまとめられないの? ——————————— 060

引数つきSubプロシージャなら1つにまとめられてスッキリ!
柔軟性もあり、メンテナンス性も向上 —————— 063

引数つきSubプロシージャの書き方 ————————— 065

まだ柔軟性に欠けるよね…。引数は増やせないの? —— 067

引数を2つ以上もつSubプロシージャの例 —————— 067

2つ以上の引数をもつSubプロシージャの書き方 ——— 069

引数を省略可能にする「Optional」 ————————— 070

「Functionプロシージャ」を使ってますか? 戻り値を返す発展技 — 072

処理結果を値として返して欲しい…
そんなときはFunctionプロシージャ ——————— 072

Functionプロシージャの活用例1（引数なし） —————— 075

Functionプロシージャの書き方1（引数なし） —————— 077

Functionプロシージャの活用例2（引数あり） —————— 078

Functionプロシージャの書き方2（引数あり） —————— 081

## 第5章　外部アプリと連携し、活用の幅を広げる（1）Word編 ————— 083

差し込み印刷やデータ収集を自動化できる —————— 084

オブジェクトの参照設定：Excel VBAでWordを
操作するためのファーストステップ —————— 086

Wordのオブジェクトライブラリを参照設定する —————— 088

## Wordアプリを起動し、終了する ————— 089

Wordアプリを起動するには？ —————— 090

オブジェクト変数とは？ 何に利用するの？ —————— 091

Wordアプリを参照するため、
オブジェクト変数を利用する —————— 096

Wordを終了する —————— 098

## Wordで保存済みの文書ファイルを開き、閉じる ————— 099

Word文書を閉じる —————— 103

## Wordの文字列を取得したり、文字列を挿入する ————— 103

Rangeオブジェクトで文書の特定の範囲を取得する —————— 106

Paragraphsコレクションで段落を指定する —————— 106

段落の先頭に文字列を挿入する —————— 107

Tablesコレクションで表を指定する —————— 108

## ExcelからWordに差し込み印刷・ファイル保存する ————— 110

ExcelからWordへの差し込み印刷 —————— 110

表の最終行を取得し、先頭から最終行まで繰り返す —————— 113

文書の各場所にデータを差し込む —————— 113

印刷、PDF出力、文書ファイルの保存 —————— 117

## 第6章　外部アプリと連携し、活用の幅を広げる（2）Outlook編 ————— 119

Outlookのオブジェクトライブラリを参照設定する —————— 122

## Outlookアプリのメール作成ウインドウを起動する ————— 123

Outlookアプリを起動する —————— 125

メール作成ウインドウを表示する —————— 126

オブジェクト変数の参照を無しにする —————— 127

## Outlookでメール（1通）を送信する —————————— 128

Outlookでメール1通を送信する —————— 128

メールの情報を入力する —————— 130

メールの添付ファイルを添付する —————— 132

メールをプレビュー/下書き保存/送信する —————— 133

## Outlookでメールを一斉送信する ———————————— 134

Outlookで複数のメールを一斉送信する —————— 134

最終行を取得し、2行目〜最終行まで繰り返す —————— 137

メールの情報を入力（送信先ごとに値を変更） —————— 137

メールを送信（またはプレビュー・下書き保存） —————— 140

## Outlookからメール（1通）をExcelに取得する —————————— 141

OutlookからExcelにメールを取得する —————— 141

Outlookアプリを参照し、
NameSpaceオブジェクトを取得 —————— 143

受信トレイを取得し、最新の1つ目のメールを出力 —————— 145

サブフォルダーを取得し、最新の1つ目のメールを出力 —————— 146

オブジェクト変数の参照を無しにする —————— 147

## Outlookから多数のメールをExcelに取得する —————————— 148

Outlookから多数のメールを取得する —————— 148

受信トレイを取得し、メールを日付の降順に並べ替える —— 150

最新10件のメールからデータを取得する —————— 153

## 第7章　外部アプリと連携し、活用の幅を広げる（3）Chrome・Edge編 —————— 157

Webドライバーを操作する —————— 161

「SeleniumBasic」を使用して、
Webドライバーを操作する —————— 161

環境構築 —————— 161

Selenium Basicのインストール —————— 162

Webドライバー（Chrome）のインストール —————— 166

Chromeのバージョンを確認する —————— 166

「WebDriver for Chrome」をインストールする —————— 167

必要に応じて「.Net Framework3.5」をインストールする —— 169

SeleniumBasicのオブジェクトライブラリを参照設定する —— 171

## Chromeを起動して特定のページを開く ———————————— 172

Chromeアプリを起動する ———————————— 172

Chromeを起動するには? ———————————— 173

指定のURLにページ遷移する ———————————— 175

Excelでメッセージを表示する ———————————— 175

Chromeを終了し、オブジェクト変数の参照を無しにする —— 176

Chromeが勝手に閉じてしまうのを防ぐには? ———————— 176

## Webサイトからデータを取得する ———————————————— 178

Webサイトからデータを取得するには? ———————————— 178

ページ遷移の完了を待つ ———————————— 179

ページタイトルと本文テキストを取得する ———————————— 180

## Webサイトのデータを取得する(DOMを利用) ———————————— 181

表示中のページのデータは
HTMLソースに記述されている ———————————— 181

HTMLは「タグ」を使ってWebページを表現する ———————— 182

HTMLは階層構造になっている
(DOM:Document Object Model) ———————————— 182

Webサイトからデータを取得するコードの例 ———————————— 183

タグで囲まれたテキストを抽出する(titleタグ) ———————— 187

タグで囲まれた要素を抽出する(h1タグ) ———————————— 189

タグで囲まれた複数の要素を抽出する(pタグ) ———————— 189

テーブルから各セルを取得する ———————————— 191

テーブルの構造 ———————————— 192

行から、「見出し」と「データ」のテキストを抽出する ———————— 194

## Webサイトの物件データを連続で取得する ———————————— 197

コードの全体像 ———————————— 200

listクラスの要素の個数を取得する
(FindElementsByClass("list").Count) ———————————— 200

Forループで、すべてのlistクラスを順に変数に取得する —— 204

なぜ、要素をいったん変数に取得しておくのか? ———————— 206

各要素からデータを抽出する ———————————— 207

まとめ ———————————— 210

**フォーム操作を自動化する** ———————————————————— 211

    フォームの各要素を調べる ———————————————— 213

    セレクトボックスを操作し、カテゴリを変更する —————— 214

    一行テキストボックスを操作し、検索ワードを打ち込む ——— 217

    送信ボタンを操作し、検索を実行する ————————— 217

    まとめ ——————————————————————— 218

第8章    外部データと連携し、活用の幅を広げる（1）テキストデータ編 ———— 219

**テキストファイルを書き出す** ———————————————————— 222

    テキストファイルのパスを変数に格納する ——————— 223

    テキストファイルを開く/閉じる ———————————— 224

    テキストファイルに1行追記する ——————————— 226

**マクロから実行ログを出力しよう** ————————————————— 227

    メインのプロシージャから引数で文字列を渡す —————— 228

    ログを出力するプロシージャは
      引数を受け取ってテキスト出力 ——————————— 229

    補足：ファイル番号を自動で取得するFreeFile関数 ——— 230

    エラーが起きた場合にエラーログを残したい場合 ————— 233

**テキストファイルを読み込む** ———————————————————— 237

    テキストファイルを読み込んで
      Excelシートに出力するには？ ——————————— 237

    読み込むテキストファイルのパスを変数に格納 ————— 239

    FreeFile関数でファイル番号を自動で取得 —————— 239

    テキストファイルを開く（最後に閉じる） ——————— 239

    1行ずつ変数に受け取り、シートに転記する —————— 240

    Tab区切りで分割してシートに転記する場合 ————— 243

    補足：配列の要素数がわからない場合は？ ——————— 249

    補足：CSVファイルを読み込み、
      カンマ（,）で分割してセルに転記することも可能 ——— 250

第9章    外部データと連携し、活用の幅を広げる（2）CSVデータ編 ———— 251

**CSVファイルを読み込む** ————————————————————— 253

    CSVファイルを読み込む際は「文字コード」に注意 ——— 253

オブジェクトの参照設定：ADOを利用するための準備 ―― 254

ADOを利用してCSVファイルを読み込む ――――――― 255

**CSVファイルを出力する** ―――――――――――――――― 262


**第10章　エラーに強いマクロでユーザビリティを高める** ―――――――― 269

エラーに強いマクロを作る ―――――――――― 270

**エラーの温床になりやすいマクロの例** ――――――――― 271

**エラーを起こさず未然に回避するコードを書く** ―――― 274

**エラーが起きても対処できる仕組み（On Error Resume Next）** 279

**エラーが起きたら別の処理へジャンプする（On Error GoTo）** 285

まとめ　エラーに強いマクロを作るために ―――――― 288


**第11章　マクロを高速化してユーザビリティを高める** ――――――――― 289

**ワークシート関数で高速に処理する（WorksheetFunction）** ―― 290

ケース1：VLOOKUP関数を利用して、
検索を高速に行う ―――――――――――― 293

VLOOKUP関数の利用
（WorksheetFunction.Vlookup）――――――― 296

ケース2：COUNTIF関数を利用して、
個数のカウントを高速化する ―――――――― 300

COUNTIF関数の利用
（WorksheetFunction.Countif）―――――― 303

まとめ：その他のワークシート関数 ――――――― 306

**配列を利用して高速に処理する** ―――――――――――― 306

セルに1つずつ書き込むのは時間がかかる。
配列に値を溜めておいて、一気に書き込む！ ―― 308

ケース①：住所を結合して書き込む（配列を利用）――― 309

配列を宣言する（固定長配列と動的配列）――――― 311

配列に格納した値を、一気にセルに書き込む ―― 315

ケース②：郵便番号を分割してセルに書き込む
（二次元配列）――――――――――――― 318

1行ずつ処理し、配列に結果を格納する ―――― 323

配列に格納した値を、一気にセルに書き込む ——— 324

まとめ ——— 325

## 時間がかかる場合、プログレスバーを表示する ——— 325

ユーザーフォームを用意する ——— 327

標準モジュールにて、メインの処理（5万回ループ）を記述 —— 330

プログレスバーの表示/非表示、
初期化/更新処理を記述する ——— 330

キャンセルすると実行時エラーになるのを防ぐ ——— 336

まとめ ——— 340

## 第12章　チームのためのVBA　他人が使っても安心なツールを作る ——— 341

## イベントプロシージャを利用して、
## 操作したら即実行されるマクロを作る ——— 342

セルを選択したら処理を行う
（SelectionChange/Changeイベント） ——— 344

ダブルクリックしたら処理を行う
（BeforeDoubleClick
/SheetBeforeDoubleClickイベント） ——— 357

セルに入力したら自動的に処理を行う
（SheetChange/Changeイベント） ——— 361

まとめ ——— 364

## ユーザーフォームを利用して、見た目にも使いやすいマクロを作る ——— 365

ユーザーフォームを作成する ——— 367

ユーザーフォームを起動する方法 ——— 372

ユーザーフォームの初期化処理（UserForm_Initialize） ——— 375

ボタンから実行される処理を作成する ——— 381

まとめ ——— 386

## 第13章　AIを活用してみよう！　ChatGPT・Bard編 ——— 387

## 対話型AIに「上手な質問や指示」を書くための3つのポイント ——— 388

明確かつ具体的に書く ——— 388

見出しをつけて情報を整理する ——— 389

何度もトライ＆エラー ——— 390

## エラー解決、エラー対策 ——————————— 390

エラーが起きた際に、AIにその原因を推定させる ——————— 390

現在のコードから、
　　エラーが起こるリスクをAIに考えさせる ——————————— 392

エラーを未然に防ぐようコードを改善させる
　　（本書の第10章に連動） ——————————————————— 394

## コードの改善提案 ——————————————————— 396

効率的で読みやすいコードを提案させる
　　（本書の第1、2章に連動） ——————————————————— 396

プロシージャを分割する（部品化）
　　（本書の第3、4章に連動） ——————————————————— 397

配列を活用して効率的なコードにする
　　（本書の第11章に連動） ——————————————————— 400

まとめ ——————————————————————————— 402


index（VBA） ——————————————————————— 403

index（KEYWORDS） ——————————————————— 406

# 第**1**章

## まずはここから
## これだけで
## VBAが読みやすくなる技

その苦労…、
実は「書き方」のせいかも
しれません

この章では、本書でVBAを学ぶ前に押さえておきたい基礎を確認します。
VBAのコードを書く上での「お作法」のようなことを学び、以降の章で
発展的な内容に取り組む前に準備をしておきましょう。
VBAのコードを書いていて、こんなことを感じた経験はないでしょうか?

☒ 自分のコードを後で読み直したらわけが分からなくなって
混乱してしまった。

☒ バグの原因を見つけにくい。

☒ 他人の書いたコードが読みにくく、意味を理解しにくい。

それらの原因は、「書き方」にあるかもしれません。この章では、初心者
の頃にやってしまいがちな「悪い書き方」とともに、「良い書き方」をご
紹介します。ここで紹介する良い書き方とは、多くの職業プログラマーさ
ん達が実践されている書き方の「お作法」のようなものです。お作法に
則ったコードは、とても読みやすく理解しやすいコードになります。

＼ 鉄則！ ／

# “名づけ” を見直せば、ミスを防ぎエラーの原因を見つけやすくなる

## 混乱する原因は「名付け」にあった？

「マクロを作っているうちに、変数の値やコードの流れを把握できなくなり、わけがわからなくなってしまう…。」「他人の書いたVBAを読むとき、コード全体の流れがわかりにくい」そんな悩みはないでしょうか？その悩みは、「**名付け**」に原因があるかもしれません。

## 良い名付け vs 悪い名付け

マクロの実例を見ながら「悪い名付け」と「良い名付け」について学びましょう。まずは、題材とするマクロについて説明いたします。

図1-1のように、商品の購入データが一覧になっています。［単価］×［数量］を計算した結果を［金額］列のセルに代入するマクロを作成します。

図1-1

［単価］×［数量］=［金額］を計算

| | A | B | C | D | E | F | G | H | I |
|---|---|---|---|---|---|---|---|---|---|
| 1 | 番号 | 日付 | 氏名 | 商品コード | 商品名 | 商品分類 | 単価 | 数量 | 金額 |
| 2 | 1 | 2019/1/1 | 相川菜恵子 | e00001 | Wordで役立つビジネス文書術 | Word教材 | 3,980 | 2 | |
| 3 | 2 | 2019/1/1 | 長坂美代子 | e00002 | Excelデータ分析初級編 | Excel教材 | 4,500 | 2 | |
| 4 | 3 | 2019/1/1 | 長坂美代子 | e00003 | パソコンをウィルスから守る術 | パソコン教材 | 3,980 | 1 | |
| 5 | 4 | 2019/1/1 | 篠原哲雄 | e00001 | Wordで役立つビジネス文書術 | Word教材 | 3,980 | 1 | |
| 6 | 5 | 2019/1/1 | 吉川真衣 | e00004 | 超速タイピング術 | パソコン教材 | 4,500 | 1 | |
| 7 | 6 | 2019/1/1 | 吉川真衣 | e00005 | PowerPointプレゼン術 | PowerPoint教材 | 4,200 | 1 | |
| 8 | 7 | 2019/1/1 | 白川美優 | e00006 | PowerPointアニメーションマスター | PowerPoint教材 | 2,480 | 2 | |
| 9 | 8 | 2019/1/1 | 若山佐一 | e00007 | はじめからWindows入門 | パソコン教材 | 1,980 | 2 | |
| 10 | 9 | 2019/1/1 | 谷本藍子 | e00008 | 初心者脱出のExcel術 | Excel教材 | 2,480 | 1 | |
| 11 | 10 | 2019/1/1 | 真田香苗 | e00003 | パソコンをウィルスから守る術 | パソコン教材 | 3,980 | 1 | |
| 12 | 11 | 2019/1/1 | 津村俊治 | e00002 | Excelデータ分析初級編 | Excel教材 | 4,500 | 1 | |
| 13 | 12 | 2019/1/1 | 藤村莉那 | e00001 | Wordで役立つビジネス文書術 | Word教材 | 3,980 | 1 | |
| 14 | 13 | 2019/1/1 | 大塚友菜 | e00009 | Excelこれから入門 | Excel教材 | 2,480 | 1 | |
| 15 | 14 | 2019/1/1 | 岩城新吉 | e00010 | Wi-Fiでつながるインターネット超入 | パソコン教材 | 1,980 | 1 | |
| 16 | 15 | 2019/1/1 | 恩田雪乃 | e00005 | PowerPointプレゼン術 | PowerPoint教材 | 4,200 | 1 | |

ここで、悪い名付けと良い名付けを用いた2種類のコードを挙げてみます。

コード1-1（悪い名付けの例）でもコード1-2（良い名付けの例）でも、マクロとしてはエラーは無く、目的の処理は行えます。では、どこに違いがあるのでしょうか？

コード1-1：**悪い名付けの例**［FILE：1-1_to_1-2.xlsm］

```
1   Sub Macro1()                                        プロシージャ名：どういう処理
2                                                        なのか分かりにくい
3       Dim r As Long
4       Dim a As Long                                   変数名：何のデータを扱う変
5       Dim i As Long                                   数か分かりにくい
6
7       r = Cells(Rows.Count, 1).End(xlUp).Row
8
9       For i = 2 To r
10          a = Cells(i, "G").Value * Cells(i, "H").Value
11          Cells(i, "I").Value = a
12      Next i
13                                                       それぞれの変数が何を意味す
14  End Sub                                              るのか把握しにくい
```

コード1-2：**良い名付けの例**［FILE：1-1_to_1-2.xlsm］

```
1   Sub CalcAmount()                                    プロシージャ名：名前だけで処
2                                                        理内容を想像できる
3       Dim maxRow As Long
4       Dim amount As Long                              変数名：名前だけで何のデー
5       Dim i As Long                                   タか想像できる
6
7       maxRow = Cells(Rows.Count, 1).End(xlUp).Row
8
9       For i = 2 To maxRow
10          amount = Cells(i, "G").Value * Cells(i, "H").Value
11          Cells(i, "I").Value = amount
12      Next i
13                                                       それぞれの変数の意味を把握
14  End Sub                                              しやすい
```

コード1-1（悪い名付けの例）は、プロシージャ名を「Macro1」、変数名を「r」や「a」などと名付けています。これらを読んだとき、名前だけでその意味をすぐに理解し把握できるでしょうか？　残念ながら、そうではありませんね。このような名前ですと他人から読みにくいだけでなく、自分がコードを見直したりデバッグする際にも理解の妨げになってしまいます。他にも、悪い名付けには以下のような例が挙げられます（表1-1）。

解説動画

https://excel23.
com/vba-book/1-1_
to_1-2/

表1-1：**悪い名付けの例**

| 変数名の例 | r，a，x，y，n，m，num，str など、どんなデータを格納するための変数なのかわかりにくい名前<br>（ただし、数行の短い処理を行うために局所的に短い変数名を使用するケースは、むしろ可読性が高くなることがあります。） |
|---|---|
| プロシージャ名の例 | Macro1,Sub1,Function1、myMacro,mySub,myFunction など、どんな処理をするプロシージャなのかわかりにくい名前 |

一方で、良い名付けにはどんな特徴があるでしょうか。

コード1-2（良い名付けの例）は、プロシージャ名を「CalcAmount」、変数名を「maxRow」や「amount」などと名付けています。これらは、名前を見ただけで内容や処理内容を想像して把握しやすくなっています。これらの名付けの共通点は、意味のある英単語を1つ～複数個連結して1つの名前としている点です（表1-2）。

なお、Calcは英語で「計算する」、Amountは「金額」、maxRowは「最大の行」を意味します。

表1-2：**良い名付けの例**

| 変数名の例 | maxRow | max（最大）＋ row（行） |
|---|---|---|
| | taxRate | tax（税）＋ rate（率） |
| | shName | sheet（シート）＋ name（名前） |
| | | どんなデータを扱うための変数なのかがわかりやすい |
| プロシージャ名の例 | CalcAmount | Calc（計算する）＋ Amount（金額） |
| | DeleteRows | Delete（削除する）＋ Rows（複数行） |
| | GetMaxRow | Get（取得する）＋ Max Row（最大行） |
| | CopyRange | Copy（複製する）＋ Range（範囲） |
| | | どんな処理を行うプロシージャなのかがわかりやすい |

上記のように2つ以上の単語を連結して名付ける方法は、非常にポピュ

ラーな方法です。これを実践するだけで、わかりやすい名付けができる
ようになります。ぜひ取り入れてみてください。

## コードでの記法「キャメルケース」と「スネークケース」

他にも確認しておきたいのは、「名前を、コードとしてどのように記述する
か?」ということです。英単語+英単語を連結して1つの名前をコードす
る方法には、「**キャメルケース**」「**スネークケース**」と呼ばれる記法がありま
す。これらはVBAに限らず、様々なプログラミング言語において一般に
よく利用されている記法です(表1-3)。

表1-3:**コードの記法**

| キャメルケース<br>(キャメル記法) | MaxRow, ShName, TaxRate など<br>(アッパーキャメルケース)<br><br>maxRow, shName, taxRate など<br>(ローワーキャメルケース) | 単語の先頭を大文字にして連結する<br>※変数名やプロシージャ名によく使用される<br>(最初の単語も含め、全ての単語の頭文字を大文字にする方法を「アッパーキャメルケース」、最初の単語だけは除いて以降の単語の頭文字を大文字にする方法を「ローワーキャメルケース」と区別して呼ばれます) |
| --- | --- | --- |
| スネークケース<br>(スネーク記法) | max_row, sh_name, tax_rate<br>(小文字で表記)<br><br>MAX_ROW, SH_NAME, TAX_RATE など<br>(大文字で表記) | 単語と単語の間を"_"(アンダースコア)で連結する<br>※定数名によく使用される |

## VBAでは、どちらの記法を使った方がいいの?

VBAのコードを書く場合、キャメルケースとスネークケース、どちらを使
用するのが良いでしょうか?絶対的な正解はありません。ただ、私の経
験上、VBAプログラマーが一般的によく使用する記法は、キャメルケー
スが比較的多いように感じます。(例えば「taxRate」「TaxRate」など)
一方、「定数」の名付けにはスネークケースで大文字の英字で名付けを
用いる方が多いように見受けられます。(例えば「TAX_RATE」など)
いずれにしても大事なことは、「1つルールを決めたら、一貫してそれに統
一すること」だと考えています。場面ごとに名付けのルールがコロコロと
変わってしまうようなコードは統一感がなく読みにくくなるので、気をつけ
たいところですね。

## 短い変数名は必ずしも「悪」とも限らない?

ここまで読んで、「では、短い変数名は使わない方がいいのか?」と思われた方もいるかもしれません（例えば「i」「x」「buf」「num」など）。

しかし、必ずしも「短い変数名は全て悪である」とも限りません。例えば、Forステートメントなどでよく使用されるカウンター変数として「i」や「j」といった変数名が挙げられます。これらはカウンター変数としてあまりに広く一般化されているだけでなく、短い名前ゆえにコードの可読性が高くなるというメリットもあります。また、例えば数値1と数値2を加算するといった目的で「num1」「num2」といった変数名を用いるなど、数行のちょっとした一時処理をするために短い変数を使用するのも問題ないでしょう。短い名前ゆえにコードの可読性が高くなるというメリットもあります。

「結局、どっちがいいのか?」は、最終的に「ケースバイケース」ということになります。コードを読む人にとって「読みやすい/意味がわかりやすい」と感じられるかどうか? 状況によって、短い変数名と長い変数名を使い分けていくことが望ましいでしょう。

## 日本語の変数名やプロシージャ名は使うべき?

VBAでは変数名やプロシージャ名などに日本語を使うことができます。しかし、私個人的には、日本語での名付けはあまりお勧めしていません。理由は単純ですが、「日本語名だと、コードの入力補完機能を使いにくい」という理由です。

例えば変数名を「税率」のように名付けすることも可能です。

VBEには入力補完機能があります。例えば変数に「maxRow」と名付けた場合は、「max」とだけ入力してCtrl + Spaceキーを押すと、「maxRow」と入力補完されます。一方、変数に「最大行数」などと日本語で名付けた場合、「さいだい」と入力してから漢字の「最大」に変換し、ようやくCtrl + Spaceキーを押して入力補完機能を利用できます。このように、日本語で名付けをすると単純にコードの入力の手間が増えてしまうので、私はあまり使用していません。ただし、日本語名にすることで「意味がわかりやすくなる」というメリットもあります。

# 変数の型を宣言しよう！
# エラーの迷宮入りを防ぐために

## なぜ変数は、型も宣言した方がいいか？

VBAでは、変数を宣言する際、型を省略することができます。すると、
自動的にVariant型として宣言されます。

コード例

```
Dim num As Long      'Long型(整数型)として指定した場合
Dim num              '型を指定しなかった場合(バリアント型)
```

Variant型の変数はどのようなデータも格納することができて便利です。
しかし、「変数の型は決めなくてもいいや。自動的にVariant型になる
し」と放置してしまうことには、リスクもあります。
変数の型を宣言しなかったことが原因で、マクロが意図しない結果を出
してしまう例を挙げます。

コード例：**修正前** ［FILE：**1-before_after.xlsm**］

 解説動画

https://excel23.
com/vba-book/1-
before_after/

```
Sub AddNumbers()

    '型を指定せず変数を宣言
    Dim num1
    Dim num2

    'ユーザーが数値を入力
    num1 = InputBox("1番目の数値")    '100と入力
    num2 = InputBox("2番目の数値")    '100と入力

    MsgBox num1 + num2        '100100と出力されてしまう

End Sub
```

上記は、InputBox関数でダイアログボックスを表示させ、ユーザーに
入力された2つの数値を加算して結果を出力するマクロです。ここで、

InputBoxに「100」と「100」を入力したところ、「200」という結果
が出力されるはずが、「100100」と出力されてしまいました（図1-2）。

図1-2

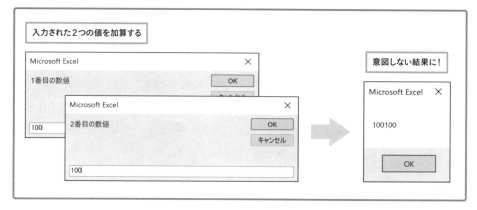

何がいけなかったのでしょうか？ その原因は、変数宣言の際に型を指
定しなかったため、Variant型になっていたことにあります。
InputBox関数は文字列を返すため、Variant変数はユーザーが入力
した「100」を文字列の"100"として受け取ってしまいました。さらに
「num1 + num2」という演算では文字列と文字列が連結されてしまい、
"100100"と出力されてしまったのです。
このように、変数の型を指定しない場合、思いもよらぬ事故に遭う可能
性があるのです。
このような事故を防ぐためにも、変数の宣言をする際には型を省略せず
に指定することをお勧めします。
なお、前記のコード例では、変数の宣言の際に型をLong型として指定
することで、バグを回避することができます。

コード例：修正後 ［FILE：1-before_after.xlsm］

 解説動画

```
Sub AddNumbers()

    '型を指定して変数を宣言
    Dim num1 As Long
    Dim num2 As Long
```

Long型として指定

https://excel23.
com/vba-book/1-
before_after/

次ページに続きます

```
    'ユーザーが数値を入力
    num1 = InputBox("1番目の数値")   '100と入力
    num2 = InputBox("2番目の数値")   '100と入力

    MsgBox num1 + num2        '200と出力される

End Sub
```

## 変数の型は省略しない！ 可読性アップにもつながる

変数の型を省略せずにしっかりと指定することは、コードの可読性を向
上するというメリットもあります。例えば、以下のコード例を見てみましょ
う。変数の宣言文から、より多くの情報を読み取ることができます。

コード例

```
Dim userName As String      'ユーザー名  文字列型
Dim userId As Long          'ユーザーID  整数型
Dim birthDate As Date       '生年月日  日付型
Dim userMail As String      'メールアドレス  文字列型
```

いかがでしょうか？ 変数名だけでなく、型をもとに、どんな目的の変数
なのかが何となく推測できますね。

型が省略されてしまった場合、読み手が受け取れる情報が1つ減ってし
まいます。型が分からない場合、読み手は、その後のコードで変数にど
んな値が代入されるのかを1つ1つ追いかけないと確認することができま
せん。それは大変ですね。

このように、変数の型をしっかり指定することで、自分以外の読み手にと
っても読みやすいコードになると考えられます。

## 「変数の宣言を強制する」を設定し、
## 変数の宣言忘れやスペルミスを防止する

ここでは、変数の宣言忘れやスペルミスを防止するための重要な設定を
紹介します。それが「変数の宣言を強制する」というオプションです。

## 操作方法

1. VBEにて［ツール］から［オプション］を選択し、オプションウ
   インドウを起動します。
2. ［編集］タブの「変数の宣言を強制する」をクリックしてチェック
   を入れ、［OK］ボタンをクリックします（図1-3）。

図1-3

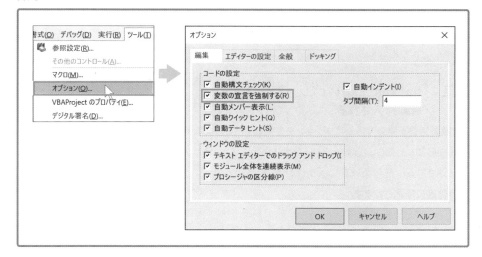

## 結果

宣言していない変数を使用しようとしたとき、コンパイルエラーとなります
（図1-4）。

コード例

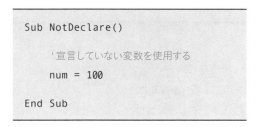

```
Sub NotDeclare()

    '宣言していない変数を使用する
    num = 100

End Sub
```

図1-4

上記のコード例を実行しようとしても、コンパイルエラーとなり、マクロを実行できません。これは、numという変数を宣言せずに、いきなり値を代入する式を記述してしまったためです。

---

**補足**

エラーを起こさないためには、変数numを使用する以前の行で「Dim num As 型（Long など）」などと記述して変数を宣言しておく必要があります。

---

## 補足：「Option Explicit」ステートメントが 自動挿入される

「**変数の宣言を強制する**」オプションを有効にすると、以降新しいモジュールを追加した際に、宣言セクションという領域（1つ目のプロシージャが記述される以前の領域）に「Option Explicit」ステートメントが自動的に挿入されます。

図1-5

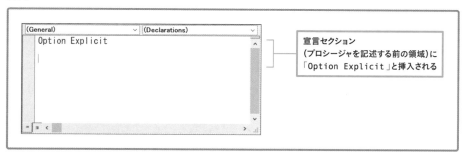

これも、モジュール内で変数の宣言を強制するという意味のステートメントです。したがって、オプションで「変数の宣言を強制する」を有効にしない場合でも、Option Explicitステートメントを記述した場合は、同様に変数の宣言を強制することになります。しかし、毎回このステートメントを記述するのは面倒ですので、オプションで「変数の宣言を強制する」を有効にしておくことをおすすめします。

## 「変数の宣言を強制する」にしないとどんなデメリットがある?

もしこの設定をしなかった場合にはどんなエラーやミスが起こるでしょうか? 代表的な例として、「ちゃんと変数を宣言したのにも関わらず、スペルミスによって意図しない結果になってしまう」というのが挙げられます。

■

以下のコード例（コード1-3）は、

- 「変数の宣言を強制する」オプションを有効にしていない。
- 変数「num」を宣言した。
- しかし、「num」を間違えて「nam」と記述してしまった。

という状況でのコードです。

コード1-3：[FILE：**1-3.xlsm**]

▶ 解説動画

https://excel23.
com/vba-book/1-3/

```
'変数の宣言を強制しない場合のミス
Sub SpecllMiss()

    '変数を宣言して値を代入
    Dim num As Long
    num = 100

    '変数のスペルを間違えた
    MsgBox nam

End Sub
```

### 実行結果

空白が出力されてしまう（図1-6）

図1-6

上記のコードは、本来は変数numを宣言して「100」を代入したはずで
したが、最後に「nam」とスペルミスしてしまいました。VBEは、「変数
の宣言を強制する」を有効にしなかった場合（またOption Explicit
ステートメントも無い場合）、宣言されていない変数名があったら自動的に
Variant型で宣言をしてしまいます。つまり、スペルミスしたMsgBox
namという行では「nam」という新しい変数が宣言され、その値が
MsgBox関数で出力されてしまうのです。変数namにはまだ値が代入さ
れていないため、Emptyという空白の値（Variant変数に何も格納され
ていない場合の初期値）が出力されてしまいました。

上記のミスは、変数をしっかり宣言したにも関わらず、変数名のスペルミ
スにより起こる現象です。このようなエラーは、実際のコーディングの現
場では意外と気づきにくいことが多く、マクロが実行できているのに意図
しない結果になってしまう「論理エラー」という種類のエラーです。原因
を探すのに苦労することが少なくありません。

では、「変数の宣言を強制する」オプションを有効にした場合はどうでしょうか？　マクロの実行ボタンを押した時点で、「変数が定義されていません。」という警告が表示され、「nam」がハイライトされます。そのため、「nam」がスペルミスだったことが瞬時にわかりますね。

図1-7

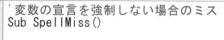

```vba
' 変数の宣言を強制しない場合のミス
Sub SpellMiss()

    ' 変数を宣言して値を代入
    Dim num As Long
    num = 100

    ' 変数のスペルを間違えた
    MsgBox nam

End Sub
```

Microsoft Visual Basic for Applications ✕

⚠ コンパイル エラー:

変数が定義されていません。

OK　　ヘルプ

いかがだったでしょうか？　以上のように、「変数の宣言を強制する」オプ
ションは、単に変数の宣言を忘れないようにするだけでなく、スペルミス
で論理エラーに陥ることを防ぐためにもとても有効な手段となります。ぜ
ひ、面倒くさがらずにオプションを有効にしておきましょう。

## ＼ 鉄則！／

# 適切なインデントと改行で
# コード全体を見やすくする

VBA関連の質問掲示板などに、初心者の方がコードを貼り付けて質問をしているとき、回答者が「そのコードは、インデント（字下げ）が無いので読みにくいです。」と漏らしているのをしばしば見ます。このことから言えるように、**インデント**が無いコードは他人にとって読みにくいのです。実のところ、私も初心者の頃に人から言われたことがありました。コードに適度なインデントや改行が行われていると、自分にも他人にも読みやすくなります。逆に、それらが一切含まれていないコードはとても読みにくくなってしまいます。

解説動画

https://excel23.
com/vba-book/1-4-
bad_good/

## 改行やインデントが無いコード vs 有るコード

以下の2つのコード例（コード1-4-bad、コード1-4-good）を比較して、どちらが読みやすいか考えてみましょう。

コード1-4-bad：**読みにくい例**［FILE：1-4-bad_good.xlsm］

```
1   Sub CalcAmount_NoFormat()                   改行がなく、構文の切れ目が
2   Dim maxRow As Long                          分かりにくい
3   Dim amount As Long
4   Dim i As Long
5   maxRow = Cells(Rows.Count, 1).End(xlUp).Row
6   For i = 2 To maxRow
7   amount = Cells(i, "G").Value * Cells(i, "H").Value
8   Cells(i, "I").Value = amount
9   Next i
10  End Sub
```

インデントがなく、コードの階層が分かりにくい

```
1    Sub CalcAmount_Format()
2                                                              適度に改行されている
3        Dim maxRow As Long
4        Dim amount As Long
5        Dim i As Long
6
7        maxRow = Cells(Rows.Count, 1).End(xlUp).Row
8
9        For i = 2 To maxRow
10           amount = Cells(i, "G").Value * Cells(i, "H").Value
11           Cells(i, "I").Value = amount
12       Next i
13                    インデントされていて、コードの階層構造が分かりやすい
14   End Sub
```

コード1-4-goodの方を「読みやすい」と感じる人が多いはずです。なぜ
でしょうか？ ポイントを挙げてみます。

- ☑ 「**改行**」が適度に入っている
- ☑ 「**インデント**」が適切に入っている

これらのポイントが「読みやすさ」に関係してくることがわかります。
では、どのように改行やインデントを入れればいいのでしょうか？ それぞ
れ解説していきます。

## インデントで、コードの階層を伝える

「**インデント**はどこで入れればコードが読みやすくなるのだろう？」という
ことですが、一般的には、次のステートメントの「間」のコードにインデ
ントを入れます。

- ☐ Sub ～ End Sub
- ☐ If～End If
- ☐ For～Next
- ☐ With～End With　など

このように、構文の始めから終わりの間にあるコードは、その前後よりも
1段階深くインデントすることが望ましいとされます。

コード1-4-indent1：[ FILE：**1-4-indent1.xlsm**]

```
Sub IndentedCode1()

    Dim num As Long
    num = 100
    Range("A1").Value = num

End Sub
```

解説動画

https://excel23.
com/vba-book/1-4-
indent1/

上記のコードでは、Sub ～ End Subの間にあるコードがインデントさ
れていますね。これは、「インデントされているコードは、Sub ～ End
Subの中にありますよ」という階層を伝えていることになります。これによ
って、読み手は、どこからどこまでが1つのSubプロシージャなのかが直
感的にわかりやすくなります。次のコード例も見てみましょう。

コード1-4-indent2：[ FILE：**1-4-indent2.xlsm**]

```
Sub IndentedCode2()

    If Range("A1").Value >80 Then
        MsgBox "80より大きい値です"
        Range("B1").Value = "合格"
    End If

    With Sheets("Sheet1")
        .Range("C1").Value = .Range("D1").Value
```

解説動画

https://excel23.
com/vba-book/1-4-
indent2/

次ページに続きます

```
        MsgBox "D1からC1に値を転記しました"
    End With

End Sub
```

上記の例では、「Sub～End Sub」の間のコードがインデントされている中で、さらに「If～End If」間や、「With～End With」間もインデントされています。これは、コード全体の階層を図1-8のように分けているのです。

図1-8

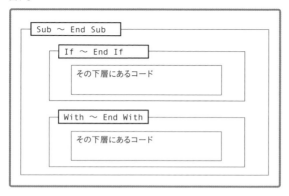

　上記の図のように、コード全体が3段階の階層に分かれていることがわかりますね。

このように、「●●の下層に××があり、さらにその下層に▲▲がある」といった場合、インデントを複数重ねて、コードの階層をわかりやすくすることが重要となります。

## 適度な改行でコードの「塊」を表す

もしビジネス文書やEメールで、まったく改行の無い長文がびっしりと送られてきたら、「うわぁ…読むのが大変だ…。」と感じてしまいますよね。VBAのコードもそれと同様で、まったく改行がないと読みにくくなってしまいます。それに対し、適度に改行されているコードは読みやすく理解しやすくなります。では、どこで改行すれば良いのか？ということですが、以下のコード例と合わせてご覧ください。

## コード例の説明

解説動画

図1-9のようなユーザー情報一覧表があります。「ユーザー名」の名と姓の間に半角スペース（" "）がある/ないデータが混合しています。また、「Eメールアドレス」には全角/半角のデータが混在しています。そこで、ユーザー名の半角スペースを削除し、Eメールアドレスを半角に変換するマクロを考えました（コード1-4-改行）。

https://excel23.
com/vba-book/1-4-
newline/

図1-9

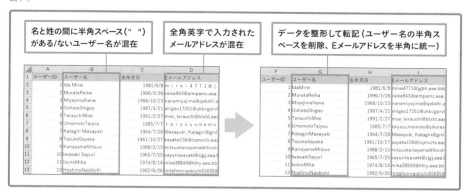

コード1-4-改行：[FILE：1-4-newline.xlsm]

```
1    'データを整形して右の表に出力
2    Sub FormatData()
3
4        '変数を宣言
5        Dim userId As Long        'ユーザーID
6        Dim userName As String    'ユーザー名
7        Dim birthDate As Date     '生年月日
8        Dim userMail As String    'Eメールアドレス
9
10       '最終行を取得する
11       Dim maxRow As Long
12       maxRow = Cells(Rows.Count, 1).End(xlUp).Row
13
14       '最終行目まで繰り返す
15       Dim i As Long
16       For i = 2 To maxRow
```

同様の処理ごとに空行を入れてグループ分け

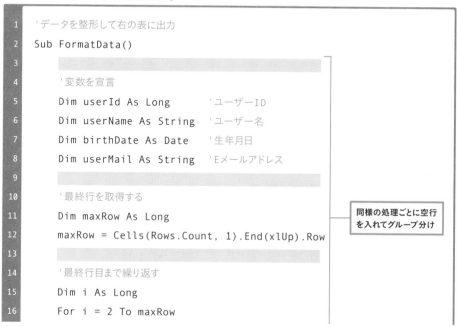

次ページに続きます

適切なインデントと改行でコード全体を見やすくする　　019

```
17
18              '左の表からデータを変数に取得
19              userId = Cells(i, "A").Value
20              userName = Cells(i, "B").Value
21              birthDate = Cells(i, "C").Value
22              userMail = Cells(i, "D").Value
23
24              'データを整形する
25              userName = Replace(userName, " ", "")
26              userMail = StrConv(userMail, vbNarrow)
27
28              '右の表に出力する
29              Cells(i, "F").Value = userId
30              Cells(i, "G").Value = userName
31              Cells(i, "H").Value = birthDate
32              Cells(i, "I").Value = userMail
33
34          Next
35
36          MsgBox "データ整形を完了しました。"
37
38      End Sub
```

上記のコード例では、同様の処理のコードどうしを「塊」としてとらえ、
その間に空行を入れます。例えば、

- 変数を宣言
- 最終行を取得する
- 最終行まで繰り返す
- 左の表からデータを変数に取得

などの処理ごとにコードを「塊」として分けていることがわかります。
このような改行ルールは「絶対にそうしなければいけないルール」という
わけではなく、あくまで筆者の主観として「このように改行すると読みや
すい」と感じるようにしているに過ぎません。ポイントは、人が読みやす
いように適宜、空行を入れることです。ぜひ、色々と試してみてください。

## コードを途中で改行するには?

「改行」について「コードを途中で改行する」という話題があります。
VBAでは、行の途中で「 _」(半角スペース+アンダースコア)を入力することでコードを改行することができます。コードの1行が長くなってしまうと、読みにくくなってしまいます。次のコード例をご覧ください。

### コード例の概要

シート「Sheet1」のセルA1をコピーし、シート「Sheet2」のセルA2
に貼り付けるというコードです。

コード例:**改行なしのコード**

```
1    '1行が長くなってしまったコード
2    Worksheets("Sheet1").Range("A1").Copy Destination:=Worksheets
       ("Sheet2").Range("A2").Value
```

### 補足

上記のコード例では誌面の関係上、1行のコードを途中で改行して表示しましたが、本来
VBEではコードは自動改行されず、右へ右へとコードが長く続きます。

上記のように1行が長くなってしまうと、コードを読むために右へ右へと
視線を動かさなければなりません。これでは不便ですね。
また、もしコードがVBEのウインドウの右端を超えてしまった場合、行
末まで読むためにスクロールバーで右へスクロールしなければいけません
(図1-10)。これも不便ですね。

図1-10

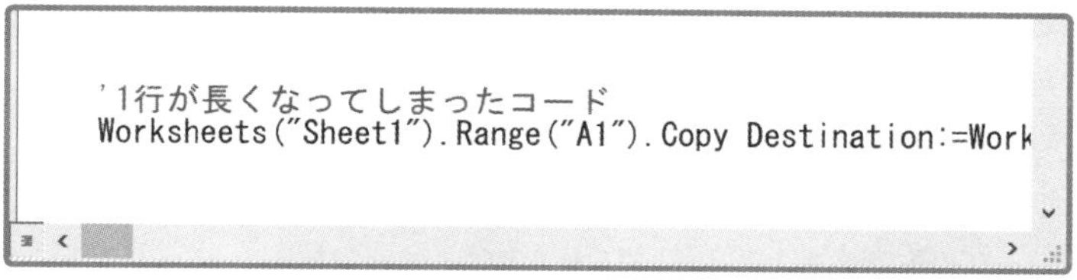

そこで、図1-11のように改行を挿入してみます。

図1-11

```
'行の途中で改行したコード
Worksheets("Sheet1").Range("A1").Copy _
    Destination:=Worksheets("Sheet2").Range("A2").Value
```

上記のように途中改行した結果、コードが長すぎて読みにくかった問題
が解決しました。「.Copy」の後ろに半角スペース＋「_」を入力してか
ら改行することで、次の行へコードが継続することを意味しています。
なおコード例では、2行目の「Destination」の前に2回ほどTabキ
ーを押してインデントしています。その理由は、「2行目は、1行目を途中
で改行した続きのコードである」ということを視覚的に表現するためです。
ただし、インデントは必須ではなく任意です。もしインデントせずに左端
を揃えてもコード上は問題ないのですが、個人的には筆者がこれまで出
会ったコードの中で「わかりやすい」と感じたこの方法を採用しています。

図1-12

```
Worksheets("Sheet1").Range("A1").Copy _
    Destination:=Worksheets("Sheet2").Range("A2").Value
```

1行目の続きのコードであることをインデントで表現（任意）

\ 鉄則！ /

## コメントを書いてコードを説明する

他人のコードを読んでいると「この部分はどういう意図で書いたんだろ
う？」などという疑問を感じたことがあるかもしれません。そんな時に頼り
になる情報が「**コメント**」です。しっかりコメントを記入しておくことで、そ
のコードを書いた意図を読み手に伝えることができます。適切なコメント
が書かれたコードは、他人にわかりやすいだけでなく、自分で見直す際
にも読みやすくなり、デバッグの生産性も上げることになります。

## 適切なコメントとは？

では、コメントには何をどのくらい記述すればいいのでしょうか？ 次のコード例（コード1-5）と合わせて説明いたします。

### マクロの概要

「**適度な改行でコードの「塊」を表す**」の項で例に挙げたものと同じマクロです。

▶ 解説動画

https://excel23.
com/vba-book/1-5/

コード1-5：**コメント** [FILE：**1-5.xlsm**]

```vba
'データを整形して右の表に出力                    ❶ プロシージャを説明する
Sub FormatData()

    '変数を宣言
    Dim userId As Long          'ユーザーID
    Dim userName As String      'ユーザー名
    Dim birthDate As Date       '生年月日
    Dim userMail As String      'Eメールアドレス    ❷ 変数を説明する

    '最終行を取得する
    Dim maxRow As Long
    maxRow = Cells(Rows.Count, 1).End(xlUp).Row

    '最終行目まで繰り返す
    Dim i As Long
    For i = 2 To maxRow

        '左の表からデータを変数に取得
        userId = Cells(i, "A").Value
        userName = Cells(i, "B").Value
        birthDate = Cells(i, "C").Value
        userMail = Cells(i, "D").Value

        'データを整形する
        userName = Replace(userName, " ", "")
        userMail = StrConv(userMail, vbNarrow)
```

次ページに続きます

```
27
28          '右の表に出力する
29          Cells(i, "F").Value = userId
30          Cells(i, "G").Value = userName          ❸ 各処理を説明する
31          Cells(i, "H").Value = birthDate
32          Cells(i, "I").Value = userMail
33
34      Next
35
36      MsgBox "データ整形を完了しました。"
37
38  End Sub
```

コード1-5では、次のような説明を入力しています。

表1-4

| ❶ プロシージャ全体の説明 | プロシージャ全体を通してどのような処理を行うか。また、引数や戻り値があればその説明。 |
|---|---|
| ❷ 変数や定数の説明 | 変数や定数について、何を格納するためのものか。 |
| ❸ 各処理の説明 | 各処理について、何がどんな結果になる処理か。 |
| その他 | その他、もし特筆すべき事項があれば適宜記載する。 |

　上記のようなコメントを過不足なく記述すれば、自分にとっても他人にとっても親切なコードになるでしょう。

## コメントは多ければ多いほど良いか?

ここまで読むと、「ではコメントはできるだけ多く書けばいいのだろうか?」と思う方もいるかもしれません。ですが、多ければ多いほどいいかというと、必ずしもそうとも限りません。コメントが多すぎると、かえって読みにくい場合もあります。
例えば、以下のような場合があります。

# 1. コードの内容をそのままコメントで説明しているだけの場合

```
'i行1列のセルの値をuserNameに代入
userName = Cells(i, 1).Value
```

上記のようなコメントは、コードの意味をそのまま説明しているだけなの
で、「それならコードだけ読めばわかる」と感じる方もいるでしょう。この
ようなコメントは、思い切って削減してしまってもいいかもしれません。
もしくは、コードの「意味」よりも「目的」を説明する方が有効な場合
があります。
例えば、「ユーザー名を取得」などにコメントを書き換えることも考えら
れます。

# 2. 同様の処理について1つずつ個別にコメントしている場合

```
'ユーザーIDを取得
userId = Cells(i, "A").Value
'ユーザー名を取得
userName = Cells(i, "B").Value
'誕生日を取得
birthDate = Cells(i, "C").Value
'メールアドレスを取得
userMail = Cells(i, "D").Value
```

上記のようなコメントは、4つの値をそれぞれ隣り合ったセルから取得し
ています。
このように同様の処理について1つずつ個別にコメントすることは、場合
によっては冗長で読みにくく感じられることもあります。
次のように、1つのコメントにまとめてしまうことも考えられます。

```
'ユーザー情報を取得
userId = Cells(i, "A").Value
userName = Cells(i, "B").Value
birthDate = Cells(i, "C").Value
userMail = Cells(i, "D").Value
```

こちらの方が、すっきりとして読みやすくなったと感じる方も多いのではないでしょうか？ 上記のように、同様の処理は1つのコメントに総括してしまうのも良い手段です。

ただし、上記は私が経験上「読みやすい」と感じるコメントの量に調整したに過ぎませんので、万人が同じように読みやすく感じるとも限りません。

コメントの量と読みやすさのバランスは難しいところでもあります。

大切なことは、「コメントを書くことによって他人が読みやすいコードになるか？」を常に意識してコメントを考えることだと思います。

# 第2章

変数・定数を使いこなして
可読性・メンテナンス性を
向上させる

変数だけではなく
定数を使いこなすことで
メンテナンス性が向上！

本章では、**変数**の扱い方についてさらに踏み込むとともに、**定数**についても解説いたします。

定数は変数に似ていますが、後から値を変更できないという特徴があります。VBA初心者の方はまだ定数に慣れ親しんでいないかもしれませんが、定数を利用することで、マクロのメンテナンス性が向上することをご紹介します。また、後半では変数や定数の「**スコープ（有効範囲）**」という概念を理解することで、より自信を持って変数や定数を扱えるようになりましょう。

＼ 鉄則 ！ ／

## 定数を使いこなそう

読者の皆さんは、変数と定数を使い分けていますか？ 初心者向けのVBAの書籍などでは、まず変数から学習することがほとんどです。しかし、マクロ開発の現場では、「定数」も変数と同じくらい重要なものとして活用されています。定数を活用することで、コードの可読性・メンテナンス性を高めることができます。定数を使いこなし、一歩上のVBAスキルを身につけていきましょう。

### 定数とは？

**定数**とは、変数と同様に、データを一時記憶することができる箱のようなものです。ただし、変数と大きく異なる点は、<u>一度データを格納したら</u>

以降のコードでは<u>値を変更できない</u>ということです。そのような特徴から、マクロ開発においては、一度決めた値をそれ以降は変更できないように扱いたいケースなどによく活用されます。とはいっても、具体的にどんな場合に定数が役立つのでしょう？

## もし定数を使わずコードに値をベタ打ちすると？ そのデメリット

まずは、定数を使わずにコードを書いた場合にどんなデメリットがあるのか、以下のマクロを例に見てみましょう。

 解説動画

https://excel23.
com/vba-book/2-1_
to_2-2/

### マクロの概要

名簿の［フリガナ］列をすべて半角カタカナに変換し、スペースを削除するマクロです（図2-1）。

コード2-1：［FILE：**2-1_to_2-2.xlsm**］

```
1    '[フリガナ]を半角カタカナに変換し、スペースを削除
2    Sub NarrowKana2()
3
4        '最終行を取得
5        Dim maxRow As Long
6        maxRow = Cells(Rows.Count, 1).End(xlUp).Row
7
8        '最終行まで処理する
9        Dim i As Long
10       For i = 2 To maxRow
11           Dim str As String
12           str = Cells(i, 3).Value
13           str = StrConv(str, vbNarrow)       '半角に置換
14           str = Replace(str, " ", "")        'スペース削除
15           Cells(i, 3).Value = str
16       Next i
17
18   End Sub
```

> コードに3と入力

図2-1

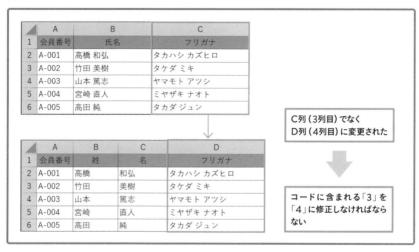

コード2-1では、「フリガナ」列を指定するためにCellsの引数に「3」をベタ打ちしてCells(i,3)と入力しています。

このままでもマクロは問題なく動作します。これの何が問題なのでしょうか。もし、後からコードを修正する必要が発生したらどうでしょうか?

## 変更内容

ワークシートに次の変更があったとします。

- [氏名] の列を [姓] と [名] の2つの列に分割した。
- そのため、[フリガナ] 列は3列目から4列目に変更された。

図2-2

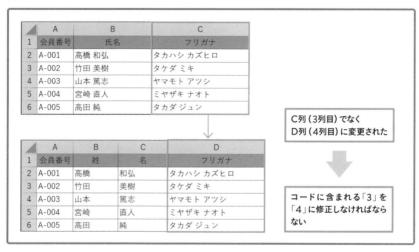

上記のような変更があった場合、VBAのコードにおいても、Cellsの引数の「3」をすべて「4」に書き換える修正を行う必要があります。すると、次のような問題があります。

> 🔲 **コードを一箇所ずつ修正するには手間がかかる。**
>
> 🔲 **修正箇所を見落として修正漏れを起こすリスクがある。**

このように、コードに値をベタ打ちしてしまうと、後から変更しなければいけない場合に非常に手間がかかります。しかも、修正箇所を見落としてしまうことでバグの原因になるリスクもあります。
このような問題は、「定数」を利用することで解決できます。

## 定数の特徴

あらためて定数についてもう少し詳しく見ていきます。定数は、変数と似ていますが、一度データを格納したら以降のコードで値を変更できない特徴がありました。その他にも、変数と定数には以下のような違いがあります。

> 🔲 **定数は変数と同じように、名前と型を指定して宣言できる。**
>
> 🔲 **定数を宣言するには「Dim」でなく「Const」ステートメントを使用する。**
> Const [定数名] As [型] = 値
>
> 🔲 **定数は、宣言とともに値を格納する。**（以降、値を変更できない）
> Const COL_KANA As Long = 3
>
> 🔲 **定数名は、スネークケースで英語の大文字で名付けられることが比較的多い。**
> （例：COL_KANAなど）

では、どのように定数を利用すれば、先ほど挙げたマクロの問題を解決できるのでしょうか？　次項で具体的に見ていきましょう。

## 定数を使ってコードを改善。
## 保守性と利便性がアップ

以下のコード2-2は、定数を利用してコード2-1を修正した例です。

コード2-2：[FILE：2-1_to_2-2.xlsm]

```vba
1    ' [フリガナ]を半角カタカナに変換し、スペースを削除
2    Sub NarrowKana3()
3
4        '定数を宣言
5        Const COL_KANA As Long = 3    ' [フリガナ]列番号
6
7        '最終行を取得
8        Dim maxRow As Long
9        maxRow = Cells(Rows.Count, 1).End(xlUp).Row
10
11       '最終行まで処理する
12       Dim i As Long
13       For i = 2 To maxRow
14           Dim str As String
15           str = Cells(i, COL_KANA).Value
16           str = StrConv(str, vbNarrow)      '半角に置換
17           str = Replace(str, " ", "")       'スペース削除
18           Cells(i, COL_KANA).Value = str
19       Next i
20
21   End Sub
```

> 定数を宣言し、初期値「3」を代入

> 「3」でなく定数を引数にする

 解説動画

https://excel23.
com/vba-book/2-1_
to_2-2/

**解説**

上記のコードは、実行結果はコード2-1と変わりませんが、定数を利用することで保守性が向上しています。詳しく解説していきましょう。まず、

```vba
Const COL_KANA As Long = 3
```

という行では、定数「COL_KANA」を宣言し、初期値「3」を代入し

ています（［フリガナ］列の列番号である「3」を意味しています）。このように、定数は宣言しながら初期値を代入しなければならない点は変数と違うので注意しましょう。

続いて、修正前のコードで「Cells(i,3)」と入力していたコードを、定数に置き換えて「Cells(i,COL_KANA)」と入力しています。定数COL_KANAには「3」が代入されているため、修正前のコードと同じになりますね。

しかし、コードの修正について考えてみましょう。

もしもこの先ワークシートの仕様変更があって［フリガナ］列が3列目から4列目に変更されたとします。今回のコードなら、定数の初期値を「3」から「4」に変更するだけで済みます。他の箇所ではCOL_KANAが参照されるため、コードを修正をする必要がありません。

```
(修正前)Const COL_KANA As Long = 3
     ↓
(修正後)Const COL_KANA As Long = 4
```

このように、定数に値を格納しておけば、コード内の修正箇所を1箇所にまとめられるということですね。また、今後もしまた［フリガナ］列が変更された場合にも、定数の初期値を変更すればすぐにマクロを修正完了できます。マクロの保守性がとても高くなったということですね。

## 文字列も定数にすることで、一元管理できる！

さらに、定数に文字列を格納するという例をご紹介します。まずは、定数を使わなかった場合のコードを例に、問題点を挙げてみましょう（コード2-3）。

解説動画

https://excel23.
com/vba-book/2-3_
to_2-4/

### マクロの概要

- メッセージボックスで［OK］［キャンセル］ボタンを出力
- ［OK］を押されたら［数量］列をクリアし、［キャンセル］を押されたらキャンセルします（図2-3）。

図2-3

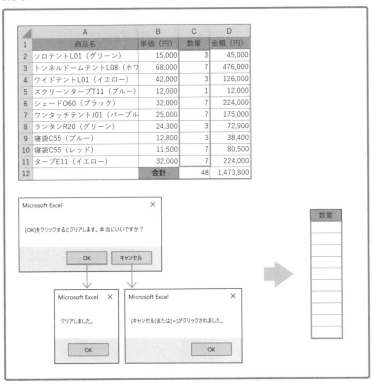

コード2-3：[FILE：2-3_to_2-4.xlsm]

```
1   '[数量]を一括でクリアする
2   Sub ClearNum()

4       'メッセージで[OK]か[キャンセル]を解答
5       Dim Ans As Long
6       Ans = MsgBox("[OK]をクリックするとクリアします。本当にいいですか?", vbOKCancel)

8       '[OK]ならばクリアする
9       If Ans <> vbOK Then
10          MsgBox "[キャンセル]または[×]がクリックされました。"
11      Else
12          Range("C2:C12").ClearContents
13          MsgBox "クリアしました。"
```

長い文言があちらこちらに散在する

```
14        End If
15
16    End Sub
```

コード2-3では、長いメッセージ文がコードのあちこちに散在してしまっています。例えば「"［OK］をクリックするとクリアします。本当にいいですか?"」などの文がありますね。そのため、コードの一行一行が長くなり読みにくくなっています。また、各メッセージ文を管理・修正したい場合にも、コード全体からあちこち探さなければなりません。これは効率的ではありませんね。定数を利用すると、どのようにコードを改善できるでしょうか?（コード2-4）

▶解説動画

https://excel23.
com/vba-book/2-3_
to_2-4/

コード2-4：[FILE：2-3_to_2-4.xlsm]

```
1    '［数量］を一括でクリアする
2    Sub ClearNum2()
                                    文言を定数化し、一元管理する
3
4        '定数を宣言
5        Const MSG_QUEST  As String = "[OK]をクリックするとクリアします。" & _
6                                      "本当にいいですか?"
7        Const MSG_CANCEL As String = "[キャンセル]または[×]がクリックされました。"
8        Const MSG_YES    As String = "クリアしました。"
9
10       'メッセージで[OK]か[キャンセル]を選択
11       Dim Ans As Long
12       Ans = MsgBox(MSG_QUEST, vbOKCancel)
                                                      定数名
13
14       '[OK]ならばクリアする
15       If Ans <> vbOK Then
16           MsgBox MSG_CANCEL
17       Else
18           Range("C2:C12").ClearContents
19           MsgBox MSG_YES
20       End If
21
22   End Sub
```

コード2-4では、定数を宣言してメッセージ文をそれぞれ格納しています。するといかがでしょうか？ 定数の宣言文をプロシージャの上部の一箇所にまとめているため、メッセージ文をすぐに探せるようになりました。これでメッセージ文の管理・修正が効率的になります。また、それ以降のコードには長い文言がなくなり、読みやすくなりました。コードには定数名を入力しておけば定数からメッセージ文を参照するため、コードが短くて済むからです。

このように、メッセージ文などの文字列も定数に格納することで一元管理でき、コード全体の可読性や保守性を向上することができるのです。

コード2-4では、定数名はすべてMSG_●●●（Messageの単語から子音を抜粋）といった名前に統一しています。

\ 鉄則 ! /

# 「この変数、どの範囲まで使えるの？」 適用範囲（スコープ）を理解しよう

本節では、変数や定数の適用範囲（スコープ）という概念について解説いたします。「この変数はどの範囲まで使えるのか？」を理解しておかないと、ムダな変数を宣言してしまったり、マクロのプロジェクト全体にリスクが高くなる変数の使い方をしてしまうなどのデメリットがあります。一方、適用範囲（スコープ）について理解すると、ムダ無く効率的に変数を使いこなすことができるようになるでしょう。

## これってムダ？ あちこちで同じ変数を宣言

変数について、このような経験はないでしょうか？

> ☑ 同じ変数名、同じ役割の変数を別の場所でいくつも宣言している。
>
> ☑ しかも、それらの変数に毎回同じデータを格納している。

解説動画

https://excel23.com/vba-book/2-5_to_2-6/

こういったムダがあるコードを書いているとしたら、見直す必要があるかもしれません。例えば、次のマクロ（コード2-5）を例に挙げてみます。

## マクロの説明

- 表全体に罫線（格子）を適用する。
- 1行おきに薄い緑色で塗りつぶす（図2-4）。

図2-4

コード2-5：［FILE：**2-5_to_2-6.xlsm**］

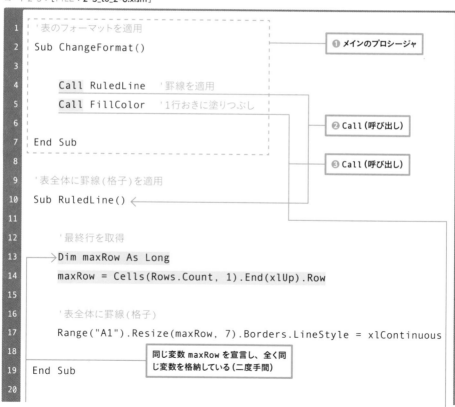

```
 1    '表のフォーマットを適用
 2    Sub ChangeFormat()                        ❶ メインのプロシージャ
 3
 4        Call RuledLine    '罫線を適用
 5        Call FillColor    '1行おきに塗りつぶし
 6                                              ❷ Call（呼び出し）
 7    End Sub
 8                                              ❸ Call（呼び出し）
 9    '表全体に罫線（格子）を適用
10    Sub RuledLine()  ←
11
12        '最終行を取得
13      →Dim maxRow As Long
14        maxRow = Cells(Rows.Count, 1).End(xlUp).Row
15
16        '表全体に罫線（格子）
17        Range("A1").Resize(maxRow, 7).Borders.LineStyle = xlContinuous
18
19    End Sub
20
```

同じ変数 maxRow を宣言し、全く同じ変数を格納している（二度手間）

次ページに続きます

```
21    '奇数行を薄い緑色で塗りつぶす ←
22    Sub FillColor()
23
24        '最終行を取得
25    →  Dim maxRow As Long
26        maxRow = Cells(Rows.Count, 1).End(xlUp).Row
27
28        '奇数行を薄い緑色
29        Dim i As Long
30        For i = 2 To maxRow
31            If i Mod 2 = 1 Then
32                Cells(i, 1).Resize(, 7).Interior.Color = RGB(233, 244, 216)
33            End If
34        Next i
35
36    End Sub
```

上記のコードの概要を説明します。全体としては3つのプロシージャに
よって処理を行っています。最初に「ChangeFormat」というメインの
プロシージャが実行されると、そこから「RuledLine」プロシージャを
呼び出して（Call）、表に罫線を適用します。その後、さらに
「FillColor」プロシージャを呼び出して（Call）、1行おきにセルを
塗りつぶします。そこで注目したいのは、以下のコードです。

```
'最終行を取得
Dim maxRow As Long
maxRow = Cells(Rows.Count, 1).End(xlUp).Row
```

2つのプロシージャ（「RuledLine」「FillColor」）において、全く同
じ変数「maxRow」を宣言して全く同じ値を代入していることになります。
全く同じコードを別々の場所に2回入力することは、作業的に無駄があ
るように思えませんか？ また、もしコードを修正したいと思ったら、2箇
所のコードを探してどちらも修正しなければならず、メンテナンス性に欠
けるといえます。

## 使った変数を別のプロシージャでも再利用できるか？

コード2-5の問題点に気づいたところで、こう考えたとします。

『そうだ！「RuledLine」プロシージャで使った変数（maxRow）を、別の「FillColor」プロシージャでも再利用すればいいじゃないか？』

『一度使った変数だから、二度目は宣言せずにそのまま使えるんじゃないだろうか？』

そこで、コード2-6のように修正したとします。ところが、エラーになってしまいました（図2-5）。

解説動画

https://excel23.
com/vba-book/2-5_
to_2-6/

コード2-6：[FILE：**2-5_to_2-6.xlsm**]

```vba
1    '表全体に罫線(格子)を適用
2    Sub RuledLine()
3
4        '最終行を取得
5        Dim maxRow As Long
6        maxRow = Cells(Rows.Count, 1).End(xlUp).Row
7
8        '表全体に罫線(格子)
9        Range("A1").Resize(maxRow, 7).Borders.LineStyle = xlContinuous
10
11   End Sub
12
13   '奇数行を薄い緑色で塗りつぶす
14   Sub FillColor()
15
16       '奇数行を薄い緑色
17       Dim i As Long
18       For i = 2 To maxRow
19           If i Mod 2 = 1 Then
20               Cells(i, 1).Resize(, 7).Interior.Color = RGB(233, 244, 216)
21           End If
22       Next i
23
24   End Sub
```

> この変数「maxRow」を別のプロシージャでも再利用したいので……

> 変数の宣言をせず、いきなり変数「maxRow」を使用

図2-5：変数を使用できずにエラー

実は、一度使用した変数「maxRow」を別のプロシージャ（FillColor）でも再利用したいからといって、変数を宣言せずにいきなり変数名をコードに書き込んでもエラーになってしまうのです。

> 第1章で紹介した「変数の宣言を強制する」設定をしている場合に限ります。

つまり、1つのプロシージャで宣言した変数を、別のプロシージャでそのまま再利用することはできないのです。なぜでしょうか？　その理由は、次に説明する「適用範囲（スコープ）」というものに関わってきます。

## 変数の適用範囲（スコープ）を理解しよう

VBAの変数には、「どの範囲まで使用できるか」の適用範囲（スコープ）というものがあります。図2-6を見てください。プロシージャA内で宣言した変数を、プロシージャB内でそのまま再利用することはできません。それは、この変数が**「ローカル変数」**という種類の変数であり、同じプロシージャ内でしか利用できないからです。

図2-6

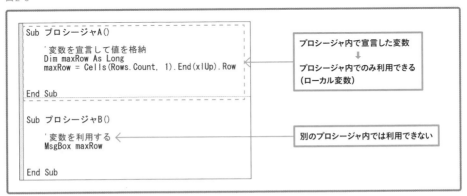

変数には、大きく分けて表2-1の3種類があります。それぞれにスコープの違いがあり、変数の宣言の方法も違います。

表2-1：**変数の種類**

| 変数の種類 | 適用範囲(スコープ) | 宣言の方法 |
| --- | --- | --- |
| ローカル変数 | 同じプロシージャ内 | プロシージャ内で宣言<br>(Dimステートメントを使用)<br>例 Dim maxRow As Long |
| モジュールレベル変数 | 同じモジュール内 | モジュールの宣言セクション(先頭から、最初のプロシージャが記述される前の領域)で宣言<br>(DimまたはPrivateステートメントを使用)<br>例 Private maxRow As Long |
| グローバル変数 | 全モジュール | モジュールの宣言セクションで宣言<br>(Publicステートメントを使用)<br>例 Public maxRow As Long |

ここまで読んで、「モジュール？ プロシージャ？ よくわからなくなってきた。」と感じた読者の方もいるかと思います。いったん、モジュールとプロシージャという言葉について整理しておきましょう。

## 「モジュール」と「プロシージャ」

モジュールとプロシージャのそれぞれの意味を解説します（図2-7）。

図2-7

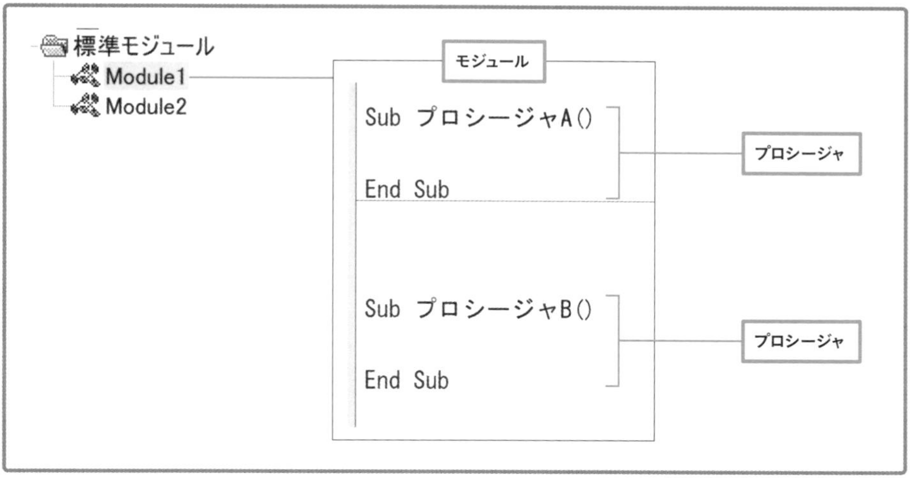
標準モジュール
Module1
Module2
モジュール
Sub プロシージャA()
End Sub
プロシージャ
Sub プロシージャB()
End Sub
プロシージャ

> ☒ **モジュール** … VBAを保存するファイルのようなもの。その中にプロシージャを1つ～複数入力できる。
>
> ☒ **プロシージャ** … VBAで記述した処理のひとかたまり。

**モジュール**とは、VBAを保存する1つのファイルのようなものとお考えください。よく、VBAの入門書の説明などでは、「まずは標準モジュールを挿入しましょう。すると"Module1"という名前のモジュールが挿入されます。VBAのコードは、ここに書くのが基本です。」と言われていますね。それが「モジュール」という単位です。モジュール内には、1つ～複数のプロシージャを入力することができます。

**プロシージャ**とは、例えば「Sub ～End Sub」でひとくくりにまとめた、VBAによる処理内容のかたまりです。

他にもFunctionプロシージャなどの種類があります。

## ローカル変数

**ローカル変数**は、同じプロシージャ内でしか利用できない変数です。プロシージャ内で変数を宣言すると、それはローカル変数とみなされます。通常、VBAの入門書などで最初に紹介される変数の使い方は、多くの場合、ローカル変数についての使い方です。したがって、読者の皆さんは既に（本書でも）ローカル変数の利用方法について学ばれていますね。

## モジュールレベル変数

**モジュールレベル変数**は、同じモジュール内であればどのプロシージャからも利用することができる変数です（図2-8）。

モジュールレベル変数を宣言するためには、モジュールの上部にある「**宣言セクション**」という領域に宣言文を書く必要があります。

■

コード2-7は、モジュールレベル変数を使って先程のコード2-5、コード2-6を改善した例です。コード2-7では、宣言セクションにて

```
Private maxRow As Long
```

と書くことで、変数「maxRow」を宣言しています。

▶ 解説動画

https://excel23.com/vba-book/2-7/

すると、モジュール内であればどのプロシージャからもこの変数を利用することができます。したがって、コード2-7ではChangeFormatプロシージャ内からも、RuledLineプロシージャ内からも、FillColorプロシージャ内からも、変数「maxRow」を利用することができます。

このように、複数のプロシージャから変数を利用したい場合には、モジュールレベル変数を利用すると良いでしょう。

図2-8

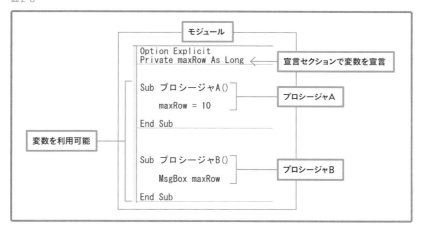

コード2-7：[FILE：**2-7.xlsm**]

```
1   Option Explicit
2   Private maxRow As Long    '最終行
3
4   '表のフォーマットを適用
5   Sub ChangeFormat()
6
7       '最終行を取得
8       maxRow = Cells(Rows.Count, 1).End(xlUp).Row
9
10      Call RuledLine    '罫線を適用
11      Call FillColor    '1行おきに塗りつぶし
12
13  End Sub
14
```

宣言セクションで変数を宣言

どのプロシージャでも変数を利用できる

次ページに続きます

```
15    '表全体に罫線(格子)を適用
16    Sub RuledLine()
17
18        '表全体に罫線(格子)
19        Range("A1").Resize(maxRow, 7).Borders.LineStyle = xlContinuous
20
21    End Sub
22
23    '奇数行を薄い緑色で塗りつぶす
24    Sub FillColor()
25
26        '奇数行を薄い緑色
27        Dim i As Long
28        For i = 2 To maxRow
29            If i Mod 2 = 1 Then
30                Cells(i, 1).Resize(, 7).Interior.Color = RGB(233, 244,
                     216)
31            End If
32        Next i
33
34    End Sub
```

> どのプロシージャでも変数を利用できる

## グローバル変数

**グローバル変数**は、別のモジュールからもコードを利用できる変数です。例えばコード2-8を見てみましょう。Module1とModule2の2つのモジュールで構成されています（図2-9）。
Module1の宣言セクションにて

図2-9

```
Public maxRow As Long
```

と記述して、変数「maxRow」を宣言しています。すると、この変数はグローバル変数とみなされ、異なるモジュール（Module2）からも変数を利用できるのです。したがって、コード2-8では、Module2においても

▶ 解説動画

https://excel23.
com/vba-book/2-8/

変数「maxRow」を利用できています。このように、複数のモジュール
をまたいで利用したい場合にはグローバル変数を使うと良いでしょう。

コード2-8：Module1［FILE：2-8.xlsm］

```
1   Option Explicit
2   Public maxRow As Long    '最終行
3
4   '表のフォーマットを適用
5   Sub ChangeFormat()
6
7       '最終行を取得
8       maxRow = Cells(Rows.Count, 1).End(xlUp).Row
9
10      Call RuledLine    '罫線を適用
11      Call FillColor    '1行おきに塗りつぶし
12
13  End Sub
```

> 宣言セクションで
> Publicで変数を宣言

コード2-8：Module2［FILE：2-8.xlsm］

```
1   Option Explicit
2
3   '表全体に罫線(格子)を適用
4   Sub RuledLine()
5
6       '表全体に罫線(格子)
7       Range("A1").Resize(maxRow, 7).Borders.LineStyle = xlContinuous
8
9   End Sub
10
11  '奇数行を薄い緑色で塗りつぶす
12  Sub FillColor()
13
14      '奇数行を薄い緑色
15      Dim i As Long
```

次ページに続きます

```
16      For i = 2 To maxRow                              別のモジュールでも変数maxRowを利用可能
17          If i Mod 2 = 1 Then
18              Cells(i, 1).Resize(, 7).Interior.Color = RGB(233, 244, 216)
19          End If
20      Next i
21
22  End Sub
```

## 変数はどれもグローバル変数にすればいいの？

ここまで読んで、疑問に思われた方もいるかもしれません。

『それなら変数はすべてグローバル変数として宣言してしまえば、スコープも広いから便利じゃないだろうか?』

確かにそうかもしれませんが、常にそれで良いとも限りません。以下にグローバル変数を利用することのデメリットを挙げます。

> ☑ どのモジュール / どのプロシージャからも変数を操作できてしまうため、誤って変数に思わぬ値が代入されてしまうリスクがある。
>
> ☑ デバッグ時に、あちらこちらのモジュールで変数が宣言されているため、変数を把握しにくくなり、見落としがちになる。デバッグが複雑で困難になる。

こうした理由から、何でもグローバル変数にしてしまうのはリスクやデメリットもあります。

スコープはできるだけ最低限に狭く限定し、プライベート変数やモジュールレベル変数を中心に利用していくことが望ましいでしょう。

## 定数の適用範囲（スコープ）も使い分けよう

定数にもスコープがあります。定数のスコープの種類は、変数と同じで3種類です。それぞれ、次のように宣言します（表2-2）。

表2-2

| 定数の種類 | 宣言の方法 |
|---|---|
| ローカル定数 | プロシージャ内で下記のように入力<br>Const MAX_COL As Long = 初期値 |
| モジュールレベル定数 | 宣言セクションで下記のように入力<br>Private Const MAX_COL As Long = 初期値 |
| グローバル定数 | 宣言セクションで下記のように入力<br>Public Const MAX_COL As Long = 初期値 |

 解説動画

https://excel23.
com/vba-book/2-9/

次のコード例（コード2-9）では、コード2-7を改良し、モジュールレベル定数を活用しています。

コード2-9：[FILE：2-9.xlsm]

```vba
1   Option Explicit
2   Private maxRow As Long   '最終行
3   Private Const MAX_COL As Long = 7      '列数
4
5   '表のフォーマットを適用
6   Sub ChangeFormat()
7
8       '最終行を取得
9       maxRow = Cells(Rows.Count, 1).End(xlUp).Row
10
11      Call RuledLine    '罫線を適用
12      Call FillColor    '1行おきに塗りつぶし
13
14  End Sub
15
16  '表全体に罫線(格子)を適用
17  Sub RuledLine()
18
19      '表全体に罫線(格子)
20      Range("A1").Resize(maxRow, MAX_COL).Borders.LineStyle =
          xlContinuous
21
```

宣言セクションでモジュールレベル定数を宣言

次ページに続きます

```
22    End Sub
23
24      '奇数行を薄い緑色で塗りつぶす                          定数を利用して列番号を指定
25    Sub FillColor()
26
27        '奇数行を薄い緑色
28        Dim i As Long
29        For i = 2 To maxRow
30            If i Mod 2 = 1 Then
31                Cells(i, 1).Resize(, MAX_COL).Interior.Color =
                    RGB(233, 244, 216)
32            End If
33        Next i
34
35    End Sub
```

コード2-9は、モジュールレベル定数を宣言して、表の列数 (7) を格納
しています。そうすることで、モジュール内のどのプロシージャにおいても
その値を利用できるようにしています。宣言セクションにて、

```
Private Const MAX_COL As Long = 7
```

として、表の列数（7）を初期値として代入しています。
以降、別のプロシージャにおいても

```
Resize(maxRow, MAX_COL)
```

のように、定数MAX_COLの値を利用して列番号を指定しています。
このように、どのプロシージャでもよく利用するデータや文字列は、モジ
ュールレベル定数として管理することも、コードの質を上げる方法の一つ
といえます。

# 第3章

## プロシージャを部品化して
## 再利用できるコードを書く

# コードの「部品化と再利用」で効率化しましょう！

本章では、「コードを部品化して再利用する」というテーマでお伝えします。

> ☑ 長いコードを小さく分割する（部品化）
>
> ☑ その部品を、他のプロシージャから呼び出して使い回す（再利用）

このようにすると、マクロの開発を効率化できるだけでなく、コードの読みやすさも改善できるのです。例えばマクロ開発でこんな悩みはありませんか？

> ☑ 1つのプロシージャが数十行の長いコードになってきた。読みにくいし、エラーの原因を探すのも大変だ…。
>
> ☑ 他人や前任者が書いたVBAのコード。プロシージャが長〜いコードになっていて、読みとるのが大変だ…。

上記の悩みは、「部品化と再利用」によって解決できるかもしれません。部品化とは、コードの一部の機能だけを分割して、他のコードから呼び出せるようにすることです。どのように解決できるのでしょう？例を挙げて解説していきます。

\ やってみよう！ /

# 長すぎるプロシージャは、
# 分割して部品化しよう

実際にコードを分割して部品化しながら説明します。ここでは、第2章でも登場したマクロを応用したものを題材にします（コード3-1）。

 解説動画

https://excel23.
com/vba-book/3-1/

## マクロの概要

- 表全体に罫線（格子）を適用する。
- 奇数行を緑色に塗りつぶす。

コード3-1：［FILE：**3-1.xlsm**］

```vba
1    Option Explicit
2    Private maxRow As Long   '最終行
3    Private Const MAX_COL As Long = 7   '列数
4
5    '表のフォーマットを適用
6    Sub ChangeFormat()
7
8        '最終行を取得
9        maxRow = Cells(Rows.Count, 1).End(xlUp).Row
10
11       '表全体に罫線(格子)を適用
12       Range("A1").Resize(maxRow, MAX_COL).Borders.LineStyle =
          xlContinuous
13
14       '奇数行を薄い緑色で塗りつぶす
15       Dim i As Long
16
17       For i = 2 To maxRow
18
19           If i Mod 2 = 1 Then
20
```

次ページに続きます

```
21              Cells(i, 1).Resize(, MAX_COL).Interior.Color =
                RGB(233, 244, 216)

22

23          End If

24

25      Next i

26

27  End Sub
```

このマクロには2つの処理が含まれています。

> ☑ **表全体に罫線（格子）を適用する**
>
> ☑ **奇数行を薄い緑色で塗りつぶす**

このままでもマクロは問題なく動作するのですが、2つの機能が1つのプロシージャに詰め込まれていることには以下のようなデメリットがあります。

∧

コード3-1は、誌面の都合上、「何十行にもわたる長いコード」とまではいきません。しかし、1つのプロシージャに複数の処理を詰め込んでいるという観点で「長いコード」と呼称して説明します。

### 【デメリット1】 一部の処理を別のプロシージャからも 使い回すこと（再利用）ができない

例えば、マクロのうち「表全体に罫線（格子）を適用する」という処理だけを別のプロシージャから呼び出して使い回したい場合があるとします。ところが、1つのプロシージャに処理を複数詰め込んでしまっていると、それはできません。コードを分割しておけば、1つの処理を別プロシージャから呼び出して使い回すことができます。これが「**コードの再利用**」といわれる方法です。

### 【デメリット2】 コードが長くなり可読性が下がってしまう

1つのプロシージャに複数の処理を詰め込むと、コードの行数が多くなってしまいます。すると、コードの全体像や流れを把握しにくくなり、可読性も下がります。コードを分割しておけば、1つ1つのプロシージャの行数は少なくなり、コードもまとまって読みやすくなります。

\ やってみよう！ /

# コードを分割して部品化する

▶ 解説動画

https://excel23.
com/vba-book/3-1/

コードを分割するには、どうすればいいのでしょうか？　分割した例を見
てみましょう。次のコード例（コード3-2）は、コード3-1から一部の処
理を分割して新しいプロシージャに記述したものです。

コード3-2：[FILE：**3-1.xlsm**]

```
1   Option Explicit
2   Private maxRow As Long    '最終行
3   Private Const MAX_COL As Long = 7    '列数
4
5   '表のフォーマットを適用
6   Sub ChangeFormat()
7
8       '最終行を取得
9       maxRow = Cells(Rows.Count, 1).End(xlUp).Row
10
11      Call RuledLine
12      Call FillColor
13
14  End Sub
15
16  '表全体に罫線（格子）を適用
17  Sub RuledLine()
18
19      Range("A1").Resize(maxRow, MAX_COL).Borders.LineStyle =
          xlContinuous
20
21  End Sub
22
23
24  '奇数行を薄い緑色で塗りつぶす
25  Sub FillColor()
```

❷ 元のプロシージャか
らCallで呼び出す

❶ 処理を新しいプロシ
ージャに分割

次ページに続きます

```
26
27      Dim i As Long
28      For i = 2 To maxRow
29          If i Mod 2 = 1 Then
30              Cells(i, 1).Resize(, MAX_COL).Interior.Color =
                    RGB(233, 244, 216)
31          End If
32      Next i
33
34  End Sub
```

❶ 処理を新しいプロシ
　ージャに分割

❶ まず、もともとあったChangeFormatプロシージャ内から、

- 表全体に罫線（格子）を適用する
- 奇数行を薄い緑色で塗りつぶす

以上の処理をそれぞれ抜き出し、新しいプロシージャ「RuledLine」
「FillColor」へ分割しました。

❷ 次に、もとのChangeFormatプロシージャ内からはCallステートメ
ントで、「RuledLine」「FIllColor」プロシージャをそれぞれ呼び出
すように修正しました。

```
Call RuledLine    '罫線を引くプロシージャ(RuledLine)を呼び出す
Call FillColor    '色を塗るプロシージャ(FillColor)を呼び出す
```

### 補足：Callステートメントとは？

**Callステートメント**を使用すると、あるプロシージャから別のプロシー
ジャを呼び出すことができます。

【Callステートメント】

**構文：**
**Call プロシージャ名**

## 補足

「Call」キーワードを省略して、単にプロシージャ名だけを記述する方法でもプロシージャを呼び出すことができます。しかし、「Call」を省略してしまうと、プロシージャ名だけが書かれた行になってしまい、何を意味するコードなのか読み手にぱっと伝わりにくくなるため、省略しないことを筆者は推奨します。

これによって、呼び出し元のCangeFormatプロシージャは、コード全体の処理の流れがシンプルになり、分かりやすくなりました。また、分割された2つの新しいプロシージャ「RuledLine」「FillColor」を作成したことにより、今後も同じ処理が必要な場合にはCallステートメントで呼び出せば再利用できるようになりました。

\ やってみよう！ /

## 分割することで、コード全体の流れがシンプルになる

コードを分割したことで、メインのプロシージャは非常にシンプルなコードにまとまりました。

コード3-3

```
1   '表のフォーマットを適用
2   Sub ChangeFormat()
3
4       '最終行を取得
5       maxRow = Cells(Rows.Count, 1).End(xlUp).Row
6
7       '罫線を適用
8       Call RuledLine
9
```

別プロシージャを呼び出すコードにまとまった

次ページに続きます

```
10        ' 奇数行を塗りつぶす
11        Call FillColor
12
13   End Sub
```

上記のコードでは、メインとなる1つのプロシージャから、部品化された
他の2つのプロシージャを呼び出しています。細かい処理の内容につい
ては別プロシージャに分割してまとめられたので、コード全体の流れが
非常にシンプルでわかりやすくなりました。
コード全体の流れはたった3つで構成されるということがひと目でわかり
ます。

> 1.  表の最終行を取得する
> 2.  罫線を適用する
> 3.  奇数行を塗りつぶす

以上のように、コードを分割することで様々なメリットがあることを説明
しました。
ただし、分割する際には注意点もあります。次の項で説明します。

\ 注意 ! /

# ローカル変数は
# 別プロシージャから参照できない

プロシージャを分割する際の注意点について説明いたします。代表的な
注意点は、「ローカル変数は別プロシージャから参照できない」というこ
とです。
コード3-4を例に解説いたします。

## マクロの概要

解説動画

コード3-2と同様に、ChangeFormatプロシージャからRuledLine
プロシージャを呼び出しています。ただし、変数「maxRow」は、ロ
ーカル変数として宣言されています。

https://excel23.
com/vba-book/3-4/

コード3-4：[FILE：**3-4.xlsm**]

```
1    '表のフォーマットを適用
2    Sub ChangeFormat()
3
4        'ローカル変数を宣言
5        Dim maxRow As Long                           ❶ 元のプロシージャにローカ
6                                                        ル変数がある
7        '最終行を取得
8        maxRow = Cells(Rows.Count, 1).End(xlUp).Row
9
10       Call RuledLine
11
12   End Sub
13
14   '表全体に罫線(格子)を適用
15   Sub RuledLine()
16
17       Range("A1").Resize(maxRow, 7).Borders.LineStyle = xlContinuous
18                                                    ❷ 分割したプロシージャから
19   End Sub                                             参照することができない
```

## 実行結果

変数「maxRow」を参照できず、コンパイルエラーになってしまう。

図3-1

コード3-4では、変数「maxRow」をローカル変数として宣言しています。この場合、「RuledLine」プロシージャからは、変数を参照することができません。

ローカル変数については第2章（P.042）を参照。

このように、コードを分割する際には、変数の適用範囲（スコープ）に注意しましょう。ただコードをコピーして新しいプロシージャに貼り付けるだけでは、ローカル変数を参照できなくなってしまう場合があります。

この場合、もっとも簡単な解決策としては、変数「maxRow」をローカル変数でなくモジュールレベル変数として宣言することです（第2章で解説した通り、変数の宣言文を宣言セクションに記述します）。そうすれば、別のプロシージャからも同じ変数を参照できるようになります。

その他の方法として、変数の値を「引数」として別プロシージャに渡す方法などもあります。第4章の「Subプロシージャに引数を設定して、活用の幅を拡げる」をご参照ください。

## まとめ

いかがだったでしょうか。コードを分割して部品化すると、コードの全体像がシンプルで読みやすくなるだけでなく、他のコードからいつでも呼び出して再利用できるようになります。

様々なメリットがあるので、ぜひご自身のマクロ開発で実行してみてください。

# 第4章

## 引数つきプロシージャで
## 複雑な処理を
## シンプルに記述する

Subプロシージャや
Functionプロシージャを
活用してマクロの幅を広げよう！

第3章では、プロシージャの一部を部品化できることを紹介し、それに
よってコードの再利用によるマクロ開発の効率アップやコードの可読性・
メンテナンス性の向上につながることを学びました。
本章では、さらに柔軟なマクロ開発を行うことができる、引数つきのSub
プロシージャや、戻り値を返すFunctionプロシージャの扱い方などに
ついて解説します。

\ やってみよう！ /

## Subプロシージャに引数を設定して、
## 活用の幅を拡げる

いくつも似たようなSubプロシージャが増えてしまう…。
1つにまとめられないの？

ここでは、表のE列に"東京"、"千葉"、"埼玉"という文字列を含むセ
ルが存在するかどうかをFindメソッドで検索するというマクロを題材に
説明します（図4-1、コード4-1）。

 解説動画

https://excel23.
com/vba-book/4-1_
to_4-2/

図4-1

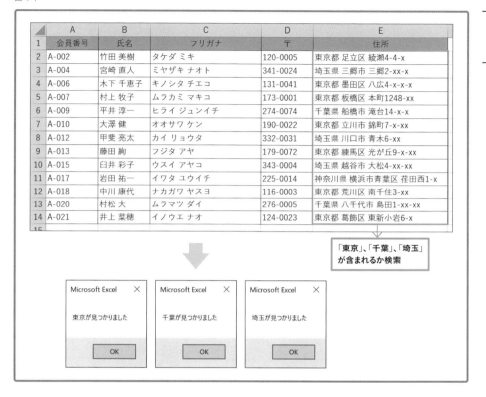

コード4-1：[FILE：4-1_to_4-2.xlsm]

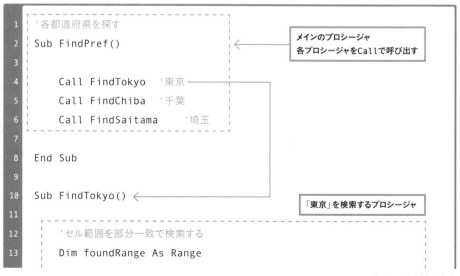

```vba
'各都道府県を探す
Sub FindPref()

    Call FindTokyo     '東京
    Call FindChiba     '千葉
    Call FindSaitama   '埼玉

End Sub

Sub FindTokyo()

    'セル範囲を部分一致で検索する
    Dim foundRange As Range
```

メインのプロシージャ
各プロシージャをCallで呼び出す

「東京」を検索するプロシージャ

次ページに続きます

```
14      Set foundRange = Columns("E").Find("東京", LookAt:=xlPart)
15
16          '見つかったかどうかの判定
17      If foundRange Is Nothing Then
18          MsgBox "東京は見つかりませんでした"
19      Else
20          MsgBox "東京が見つかりました"
21      End If
22
23   End Sub
24
25   Sub FindChiba()                    「千葉」を検索するプロシージャ
26
27          'セル範囲を部分一致で検索する
28      Dim foundRange As Range
29      Set foundRange = Columns("E").Find("千葉", LookAt:=xlPart)
30
31          '見つかったかどうかの判定
32      If foundRange Is Nothing Then
33          MsgBox "千葉は見つかりませんでした"
34      Else
35          MsgBox "千葉が見つかりました"
36      End If
37
38   End Sub
39
40   Sub FindSaitama()                  「埼玉」を検索するプロシージャ
41
42          'セル範囲を部分一致で検索する
43      Dim foundRange As Range
44      Set foundRange = Columns("E").Find("埼玉", LookAt:=xlPart)
45
46          '見つかったかどうかの判定
47      If foundRange Is Nothing Then
48          MsgBox "埼玉は見つかりませんでした"
49      Else
```

```
50          MsgBox "埼玉が見つかりました"
51      End If
52
53  End Sub
```

コード4-1では、メインとなるFindPrefプロシージャから、3つの部品
化されたSubプロシージャ（FindTokyo、FindChiba、FindSaitama）
をCallステートメントで呼び出しています。

しかし、呼び出している3つのプロシージャは、検索する地名以外はほと
んどコードが同じです。このままですと様々なデメリットがあります。

> ☒ 例えば「群馬」「栃木」など、別の文字列を検索するプロシージャを作る際、また
> 新たなプロシージャを作らなければならない。
>
> ☒ 似たような機能のプロシージャをどんどん増やさなければならないことは効率的で
> はない上に、コード全体の可読性も低下する。
>
> ☒ また、これらの各プロシージャを修正・改良する際、複数箇所で同じようなコード
> の修正を行わなければならず、メンテナンス性が低い。

これらの似たプロシージャを1つにまとめることはできないのでしょうか？
それは、「**引数つきのSubプロシージャ**」を利用することで解決できます。

## 引数つき Sub プロシージャなら1つにまとめられて スッキリ！ 柔軟性もあり、メンテナンス性も向上

先ほどのコード4-1を、引数つきSubプロシージャを使って書き直せば、
下記のコード4-2のように1つのプロシージャにまとめることができます。

▶ 解説動画

https://excel23.
com/vba-book/4-1_
to_4-2/

コード4-2：[FILE：**4-1_to_4-2.xlsm**]

```
1   '各都道府県を探す
2   Sub FindPref()
3
4       Call FindString("東京")        引数を変えて同じプロシージャを呼び出す
5       Call FindString("千葉")
6       Call FindString("埼玉")
```

次ページに続きます

```
 7
 8   End Sub
 9
10   '(引数を受け取るSubプロシージャの例)
11   'ある文字列をE列から検索する
12   '引数1:検索したい文字列
13   Sub FindString(str As String) ←        引数を受け取れば1つのプロシー
14                                           ジャでも多様な処理が可能!
15       'セル範囲を部分一致で検索する
16       Dim foundRange As Range
17       Set foundRange = Columns("E").Find(str, LookAt:=xlPart)
18
19       '見つかったかどうかの判定
20       If foundRange Is Nothing Then
21           MsgBox str & "は見つかりませんでした"
22       Else
23           MsgBox str & "が見つかりました"
24       End If
25
26   End Sub
```

いかがでしょうか? 改善前のコード4-1では似たようなプロシージャが乱
立していたのに対し、改善後のコード4-2では、検索処理を行うプロシー
ジャが「FindString」プロシージャ1つにまとまっています。そのた
め、コード全体がすっきりとして読みやすくなりました。

■

では、コード4-2は具体的にどう改善されているのでしょうか? 大まかな
コードの流れから解説いたします。
メインのFindPrefプロシージャでは

```
Call FindString("東京")
Call FindString("千葉")
Call FindString("埼玉")
```

と記述して、それぞれ"東京"、"千葉"、"埼玉"という引数を渡しな
がらCallで「FindString」プロシージャを呼び出しています。呼び
出されたFindStringプロシージャは、受け取った引数（"東京"、"千
葉"、"埼玉"）に応じて検索を実行することができます。この概念を理解
するために、下記の図4-2をご覧ください。

図4-2

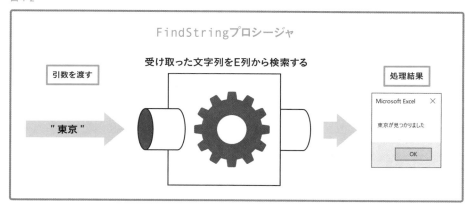

図4-2のFindStringプロシージャは、データを受け取って処理を行う
ことができる装置だと考えてみましょう。引数としてデータを受け取り（図
では"東京"）、受け取った文字列をE列から検索します。このように引数
を受け取ることができるSubプロシージャを、本書では「**引数つきSub
プロシージャ**」と呼称します。

## 引数つきSubプロシージャの書き方

引数つきSubプロシージャは、以下のように記述します。

```
Sub プロシージャ名(引数名 As 型)
    '引数を用いた処理
End Sub
```

具体的なコード例として示すため、コード4-2から一部を抜粋いたします。

```
1   Sub FindString(str As String)
2       'strを用いた処理
3   End Sub
```

ここで、なぜ「**引数名**」「**型**」というものが必要なのか？と疑問を持った
方もいるかもしれません。図4-3でさらに詳しく説明します。

図4-3

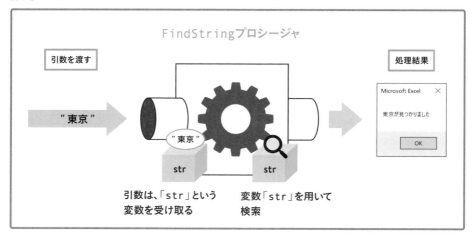

引数つきSubプロシージャであるFindStringは、引数を受け取る際
に、「str」という名前のString型のローカル変数へ格納します。そ
して、変数strを用いて検索を行うのです。ですから、

```
Columns("E").Find(str, LookAt:=xlPart)
```

という記述箇所では、Findメソッドの引数として変数strを渡していま
す。ここで行っているのは、

```
E列においてFind関数で、strに格納された値を、部分一致で検索する。
```

という意味になります。
このように、引数つきSubプロシージャは、引数を受け取るための受け

皿として str のようなローカル変数と、その型を決めておく必要がありま
す。だから、「**引数名**」「**型**」が必要なのです。

## まだ柔軟性に欠けるよね…。引数は増やせないの?

ここまで、引数つき Sub プロシージャの有用性について学習しました。し
かし、先述の FindString プロシージャを例にしますと、不便を感じる
方もいるかもしれません。

「引数つきの FindString という便利なプロシージャを作ることができた。
でも、まだこのプロシージャは柔軟性に欠けるのではないか? なぜなら、
E列から検索することしかできないから! 他にも、A列やB列、その他
の列から特定の文字列を検索することができればもっと便利なのに…」
そんな問題を解決する方法として、<u>Sub プロシージャの受け取る引数を2
つに増やす</u>ことができます。

## 引数を2つ以上もつ Sub プロシージャの例

以下は、Sub プロシージャの引数を2つに増やすことで、検索する文字
列だけでなく「どの列から検索するか?」を引数で指定できるように変更
したコード例(コード4-4)です。

 解説動画

https://excel23.
com/vba-book/4-4_
to_4-6/

コード4-4:[FILE:**4-4_to_4-6.xlsm**]

```
1   '各都道府県を探す
2   Sub FindPref()
3
4       Call FindString("東京", "E")   '東京をE列から検索
5       Call FindString("藤田", "B")   '藤田をB列から検索
6       Call FindString("A-018", "A")    'A-018をA列から検索
7
8   End Sub
9
10  'ある文字列を列から検索する
11  '引数1:検索したい文字列
12  '引数2:検索する列
13  Sub FindString(str As String, col As String)
14
```

> 2つの引数をFindStringプロシージャに渡す

次ページに続きます

```
15      'セル範囲を部分一致で検索する
16      Dim foundRange As Range
17      Set foundRange = Columns(col).Find(str, LookAt:=xlPart)
18
19      '見つかったかどうかの判定
20      If foundRange Is Nothing Then
21          MsgBox str & "は" & col & "列に見つかりませんでした"
22      Else
23          MsgBox str & "が" & col & "列で見つかりました"
24      End If
25                                          2つの引数を受け取ることで
26  End Sub                                 ・検索する文字列
                                            ・検索する列
                                            を指定できるようになった!
```

上記のコードでは、メインの FindProf プロシージャにて

```
Call FindString("東京", "E")      'FindStringプロシージャを呼び出す(東京をE列から)
Call FindString("藤田", "B")      'FindStringプロシージャを呼び出す(藤田をB列から)
Call FindString("A-018", "A")    'FindStringプロシージャを呼び出す(A-018をA列から)
```

と記述して、検索する文字列と、検索する列名を引数で指定して
FindStringプロシージャを呼び出しています。

また、FindStringプロシージャは、2つの引数を受け取って検索を行
うことができます(図4-4)。

図4-4

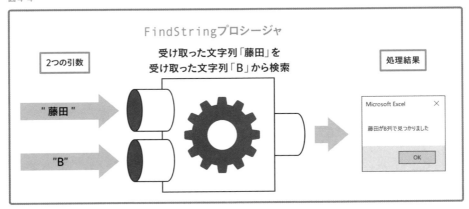

図4-4の例は、"藤田"という引数と"B"という引数を2つ受け取り、"藤田"という文字列を、"B"列から検索することができるという意味です。FindStringプロシージャが2つの引数を受け取るようにすることで、より柔軟に検索を行うことができるようになりました。

## 2つ以上の引数をもつSubプロシージャの書き方

2つ以上の引数をもつSubプロシージャは、以下のように記述します。

```
Sub プロシージャ名(引数名 As 型,引数名 As 型,…)
    '引数を用いた処理
End Sub
```

なお、引数を2つより多く持たせたい場合は、

```
引数名 As 型,引数名 As 型,引数名 As 型…
```

というように、「,」で区切って引数名と型を続けていきます。

■

引数を2つもたせる具体的なコード例として示すため、コード4-4から一部を抜粋いたします。

コード4-5（コード4-4より抜粋）

```
1  Sub FindString(str As String,col As String)
2      'strを用いた処理
3  End Sub
```

上記のコードは、String型の変数「str」、String型の変数「col」として引数をそれぞれ受け取ることを意味します。
概念図で表すと、次ページの図4-5のように表すことができます。2つの変数（strとcol）が処理に用いられているのです。

図4-5

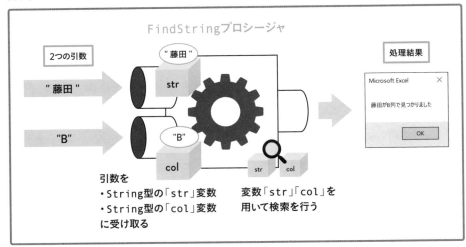

▶ 解説動画

https://excel23.
com/vba-book/4-4_
to_4-6/

## 引数を省略可能にする「Optional」

なお、省略可能な引数を設定する方法があります。

先ほどのFindStringプロシージャを例に説明します（コード4-6）。

コード4-6：[FILE：4-4_to_4-6.xlsm]

```
1    '引数1:検索したい文字列
2    '引数2:省略可能。省略した場合は既定で"E"とする
3    Sub FindString2(str As String, Optional col As String = "E")
4
5        'セル範囲を部分一致で検索する
6        Dim foundRange As Range
7        Set foundRange = Columns(col).Find(str, LookAt:=xlPart)
8
9        '見つかったかどうかの判定
10       If foundRange Is Nothing Then
11           MsgBox str & "は" & col & "列に見つかりませんでした"
12       Else
13           MsgBox str & "が" & col & "列で見つかりました"
14       End If
15
16   End Sub
```

コード4-6では、

```
Sub FindString2(str As String, Optional col As String = "E")
```

と記述することで、

> ・このプロシージャを呼びだす際に2つ目の引数は省略してもよい。
>
> ・省略された場合は既定値として"E"を格納する。

という意味になります。

このように、省略可能な引数を指定する際には、変数名の前に「Optional」を記述し、既定値を指定するためには型の後ろに「=既定値」を記述することができます。

コード4-6のように省略可能な引数を設定した場合、プロシージャを呼び出す側のコードの記述としては、

```
Call FindString2("東京")      '2番目の引数を省略
```

というように2番目の引数を省略して呼び出すことができます（その場合、既定値として"E"が渡されます）。

また、

```
Call FindString2("藤田","B")      '2番目の引数を省略しない
```

というように、2番目の引数を省略せずに値を渡すことも可能です。

# 「Functionプロシージャ」を使ってますか？
# 戻り値を返す発展技

## 処理結果を値として返して欲しい…
## そんなときはFunctionプロシージャ

前項まで、Subプロシージャを分割してコードを部品化するだけでなく、
引数つきSubプロシージャを記述することで、より柔軟性のあるコードを
作成することについて学習しました。

ここからは、「**戻り値**」という値を返すことができる、「**Functionプロシー
ジャ**」について、次のようなマクロを題材に説明します。

以下は、[住所] から都道府県名だけを抽出し、[都道府県] 列に書き
出すというマクロです（図4-6、コード4-7）。

▶ 解説動画

https://excel23.
com/vba-book/4-7_
to_4-10/

図4-6

| | A | B | C | D | E | F | | F |
|---|---|---|---|---|---|---|---|---|
| 1 | 会員番号 | 氏名 | フリガナ | 〒 | 住所 | 都道府県 | | 都道府県 |
| 2 | A-002 | 竹田 美樹 | タケダ ミキ | 120-0005 | 東京都 足立区 綾瀬4-4-x | | | 東京都 |
| 3 | A-004 | 宮崎 直人 | ミヤザキ ナオト | 341-0024 | 埼玉県 三郷市 三郷2-xx-x | | | 埼玉県 |
| 4 | A-006 | 木下 千恵子 | キノシタ チエコ | 131-0041 | 東京都 墨田区 八広4-x-x-x | | | 東京都 |
| 5 | A-007 | 村上 牧子 | ムラカミ マキコ | 173-0001 | 東京都 板橋区 本町1248-xx | | | 東京都 |
| 6 | A-009 | 平井 淳一 | ヒライ ジュンイチ | 274-0074 | 千葉県 船橋市 滝台14-x-x | | | 千葉県 |
| 7 | A-010 | 大澤 健 | オオサワ ケン | 190-0022 | 東京都 立川市 錦町7-x-xx | | | 東京都 |
| 8 | A-012 | 甲斐 亮太 | カイ リョウタ | 332-0031 | 埼玉県 川口市 青木6-xx | | | 埼玉県 |
| 9 | A-013 | 藤田 絢 | フジタ アヤ | 179-0072 | 東京都 練馬区 光が丘9-x-xx | | | 東京都 |
| 10 | A-015 | 臼井 彩子 | ウスイ アヤコ | 343-0004 | 埼玉県 越谷市 大松4-xx-xx | | | 埼玉県 |
| 11 | A-017 | 岩田 祐一 | イワタ ユウイチ | 225-0014 | 神奈川県 横浜市青葉区 荏田西1-x | | | 神奈川県 |
| 12 | A-018 | 中川 康代 | ナカガワ ヤスヨ | 116-0003 | 東京都 荒川区 南千住3-xx | | | 東京都 |
| 13 | A-020 | 村松 大 | ムラマツ ダイ | 276-0005 | 千葉県 八千代市 島田1-xx-xx | | | 千葉県 |
| 14 | A-021 | 井上 菜穂 | イノウエ ナオ | 124-0023 | 東京都 葛飾区 東新小岩6-x | | | 東京都 |

コード4-7：[FILE：**4-7_to_4-10.xlsm**]

```
1    'F列に都道府県をすべて書き込む

2    Sub EnterPref()

3

4        '最終行を取得
5        Dim maxRow As Long
6        maxRow = Cells(Rows.Count, 1).End(xlUp).row
```

**最終行を取得する処理は**
❶ **様々なマクロで利用する。**
**コードを部品化できないか？**

```
 7
 8          '都道府県を抽出し2行目から最終行まで書き込む
 9      Dim i As Long
10      For i = 2 To maxRow
11          Dim str As String                              住所から都道府県名だけを抽
12          str = Cells(i, 5).Value                   ❷ 出する処理。こちらもコード
13          str = Left(str, 4)                            を部品化できないか?
14
15          If str Like "??都*" Then
16              str = Left(str, InStr(str, "都"))
17          End If
18
19          If str Like "??道*" Then
20              str = Left(str, InStr(str, "道"))
21          End If
22
23          If str Like "??府*" Then
24              str = Left(str, InStr(str, "府"))
25          End If
26
27          If str Like "*県*" Then
28              str = Left(str, InStr(str, "県"))
29          End If
30
31          '都道府県を書き込む
32          Cells(i, 6).Value = str
33
34      Next i
35
36  End Sub
```

コード4-7のうち、2ヶ所のコードをそれぞれ分割してプロシージャに部
品化したいとします。

❶ 最終行を取得する処理。他のマクロでもよく利用するので、コードを部品化して再利用できないだろうか?

❷ [住所] から都道府県名だけを抽出する処理。こちらもコードを部品化できないだろうか?

しかし、Subプロシージャとして分割する方法だけでは、うまく動作するように部品化するのは難しいのです。Functionプロシージャとして分割すれば、その問題は解決できます。

その理由は、❶、❷どちらも、結果を「戻り値」として返す処理であるためです。Subプロシージャでは、戻り値を返すことができません。一方で、Functionプロシージャは戻り値を返すことができます。

図4-7で、SubプロシージャとFunctionプロシージャの違いについて概念的にお伝えします。

厳密には、Subプロシージャでも「参照渡し」をすることで擬似的に戻り値を返すことができるのですが、直接返すことはできないため、ここでは説明を割愛いたします。

図4-7

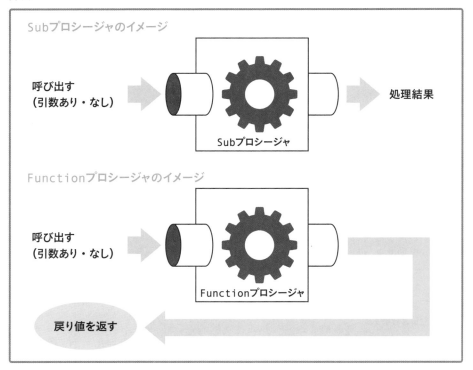

図4-7のように、

> ☒ Subプロシージャは、呼び出されると処理を行い、処理
> 結果だけが残る。
>
> ☒ Functionプロシージャは、呼び出されると処理を行い、
> 何らかの戻り値を返す。

といった違いがあります。どのようにFunctionプロシージャを利用すれ
ばいいのでしょうか?

## Functionプロシージャの活用例1（引数なし）

Functionプロシージャの活用例をお見せします。まずは、コード4-7に
おいて、❶最終行を取得する処理をFunctionプロシージャとして部品
化した例を下記に紹介します（コード4-8）。

 解説動画

https://excel23.
com/vba-book/4-7_
to_4-10/

コード4-8：[FILE：**4-7_to_4-10.xlsm**]

```vba
1    'F列に都道府県をすべて書き込む
2    Sub EnterPref()
3
4        '都道府県を抽出し2行目から最終行まで書き込む
5        Dim i As Long
6        For i = 2 To getMaxRow
7            Dim str As String
8            str = Cells(i, 5).Value
9            str = Left(str, 4)
10
11           If str Like "??都*" Then
12               str = Left(str, InStr(str, "都"))
13           End If
14
15           If str Like "??道*" Then
16               str = Left(str, InStr(str, "道"))
17           End If
```

> Functionプロシージャ
> 「getMaxRow」を呼び出し、
> 戻り値を利用する

次ページに続きます

```
18
19          If str Like "??府*" Then
20              str = Left(str, InStr(str, "府"))
21          End If
22
23          If str Like "*県*" Then
24              str = Left(str, InStr(str, "県"))
25          End If
26
27          '都道府県を書き込む
28          Cells(i, 6).Value = str
29
30      Next i
31
32   End Sub
33
34   '1列目の最終行の行数を返す                          最終行の行数を返す
35   Function getMaxRow() As Long
36
37      Dim row As Long
38      row = Cells(Rows.Count, 1).End(xlUp).row
39      getMaxRow = row
40
41   End Function
```

上記のコードでは、メインとなる EnterPref プロシージャにて

```
For i = 2 To getMaxRow
```

と記述して、Function プロシージャ「getMaxRow」を呼び出してい
ます。

ここで、getMaxRow プロシージャが呼び出されると、ワークシートのA
列の最終行の行数を取得し、それを戻り値として返します。

サンプルのワークシートでは最終行が14行目となっているため、戻り値は
「14」となります。つまり、

```
For i = 2 To getMaxRow
```

という記述では、getMaxRowによって「14」という戻り値が返ってくるため、

```
For i = 2 To 14
```

と同様の処理が行われるということになります。

最終行を取得するためによく使う、いつものお決まりのコードを記述する必要がなくなり、「getMaxRow」とだけ記述すればよい…と考えると、利便性が向上しました。

では、Functionプロシージャはどのように記述すればいいのでしょうか?

## Functionプロシージャの書き方1(引数なし)

Functionプロシージャは、以下のように記述します。ここではまず引数のないFunctionプロシージャの書き方を紹介し、引数のある場合は後述します。

```
Function プロシージャ名() As 型
    '処理内容
    プロシージャ名 = 戻り値
End Function
```

具体的なコード例として示すため、コード4-8から一部を抜粋いたします。

コード4-9 (コード4-8より抜粋)

```
1  Function getMaxRow() As Long
2      Dim row As Long
3      row = Cells(Rows.Count, 1).End(xlUp).row
4      getMaxRow = row
5  End Function
```

コード4-9では、As Longという記述により、戻り値はどういうデータ型
で返すのかを指定しています。この場合Long型（整数型）となります。
では、戻り値として何を返すのか? というと、getMaxRow = row と記
述することで、戻り値としてrowの値を返しています。
戻り値を返すための記述は、

```
プロシージャ名 = 戻り値
getMaxRow = row
```

と書く必要があります。以下の概念図（図4-8）をご覧ください。

図4-8

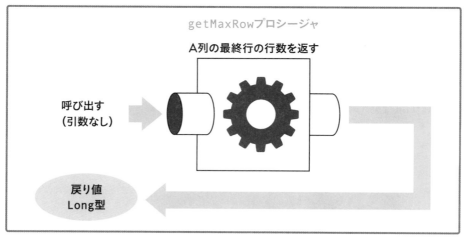

図4-8のように、getMaxRowプロシージャを呼び出すと、A列の最終
行の行数を調べ、その戻り値をLong型のデータとして返すのです。

## Functionプロシージャの活用例2（引数あり）

次に、引数のあるFunctionプロシージャの活用例を紹介します。コー
ド4-10は、コード4-7にあった「❷［住所］から都道府県名だけを抽出
する処理」を、Functionプロシージャとして部品化した例です。

解説動画

https://excel23.
com/vba-book/4-7_
to_4-10/

コード4-10：[FILE：**4-7_to_4-10.xlsm**]

```vba
1    'F列に都道府県をすべて書き込む
2    Sub EnterPref()
3
4        '都道府県を抽出し2行目から最終行まで書き込む
5        Dim i As Long
6        For i = 2 To getMaxRow
7
8            '都道府県を書き込む
9            Cells(i, 6).Value = getPref(Cells(i, 5).Value)
10
11       Next i
12
13   End Sub
14
15   '1列目の最終行の行数を返す
16   Function getMaxRow() As Long
17
18       Dim row As Long
19       row = Cells(Rows.Count, 1).End(xlUp).row
20       getMaxRow = row
21
22   End Function
23
24
25   '住所から都道府県名を抽出して返す
26   Function getPref(str As String) As String
27
28       '先頭4文字を抽出
29       str = Left(str, 4)
30
31       '都道府県を抽出
32       If str Like "??都*" Then
33           str = Left(str, InStr(str, "都"))
34       End If
35
```

Functionプロシージャ「getPref」を呼び出し、戻り値を利用する。
引数としてCells(i, 5).Valueを渡す

都道府県名を抽出して返す

次ページに続きます

```
36      If str Like "??道*" Then
37          str = Left(str, InStr(str, "道"))
38      End If
39
40      If str Like "??府*" Then
41          str = Left(str, InStr(str, "府"))
42      End If
43
44      If str Like "*県*" Then
45          str = Left(str, InStr(str, "県"))
46      End If
47
48      getPref = str      '戻り値
49
50  End Function
```

コード4-10では、メインとなるEnterPrefプロシージャにて

```
Cells(i, 6).Value = getPref(Cells(i, 5).Value)
```

と記述して、Functionプロシージャ「getPref」を呼び出しています。
また、引数として「Cells(i,5).Value」（各行の住所）を渡していま
す。
getPrefプロシージャが呼び出されると、引数で受け取った住所から
都道府県名だけを抽出し、戻り値として返します。例えばワークシート
の2行目では「東京都」というデータが戻り値として返ります。
つまり、

```
Cells(i, 6).Value = getPref(Cells(i, 5).Value)
```

という記述では、getPrefによって「東京都」という戻り値が返ってく
るため、

```
Cells(i,6).Value = "東京都"
```

と同様の処理が行われるということになります。

このように、都道府県名を抽出する処理だけを部品化することで、メイン
であるEnterPrefプロシージャは、以下のように短くシンプルなコード
になり、コード全体の流れを把握しやすくなったと言えます。

```
Sub EnterPref()

    '都道府県を抽出し2行目から最終行まで書き込む
    Dim i As Long
    For i = 2 To getMaxRow

        '都道府県を書き込む
        Cells(i, 6).Value = getPref(Cells(i, 5).Value)

    Next i

End Sub
```

では、引数つきFunctionプロシージャはどのように記述すればいいの
でしょうか？

## Functionプロシージャの書き方2（引数あり）

引数つきFunctionプロシージャは、以下のように記述します。

```
Function プロシージャ名(引数名 As 型) As 型
    '処理内容
    プロシージャ名 = 戻り値
End Function
```

具体的なコード例として示すため、コード4-10から一部を抜粋いたします
（コード4-11）。

```
1    Function getPref(str As String) As String
2        '引数を使った処理
3        getPref = str
4    End Function
```

コード4-11では、（str As String）という記述により、引数を String型（文字列型）のstrという変数に受け取るという意味になります。

以下の概念図（図4-9）をご覧ください。

> （ ）の右側にあるAs Stringは、戻り値のデータ型を指定する記述ですので、混同しないよう気をつけましょう。

図4-9

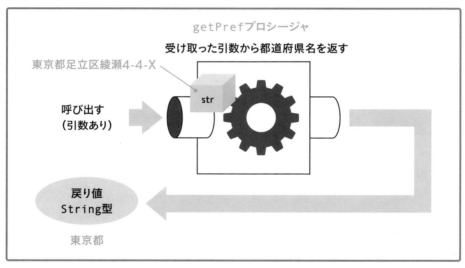

上記のように、getPrefプロシージャに引数を渡すと、String型のローカル変数「str」に受け取り、そこから都道府県名だけを抽出し、データとして返すのです。

# 第5章

## 外部アプリと連携し、活用の幅を広げる（1）
### Word編

実務の現場では、
他のアプリケーションとの連携は
必要不可欠です！

前章まではExcelを操作するVBAをテーマに扱ってきましたが、第5章
から第9章まではExcel以外のアプリケーションやデータをExcelと連携
する方法がテーマとなります。

実務の現場では、業務がExcelだけで完結することは少なく、Word、
Outlookなどの他のアプリケーションや外部データ、Webとの連携は必
要不可欠といっても過言ではありません。本章からは、それらとExcelを
連携する方法について解説いたします。

この章では、Excel VBAでWordを操作する方法を解説いたします。

## 差し込み印刷やデータ収集を自動化できる

「WordをExcelで操作する」といっても、何に役立つのかイメージしにく
いかもしれません。例えば、実務でこのようなケースはないでしょうか？

---

【ケース1】

「送付状」を印刷して多数のお客様に郵送したい。普段はWordの文書に、[日付][社
名][担当者名] …などデータを直接コピー＆ペーストして印刷している。一度に何件、
何十件もそれを行うのは大変だ……。

【ケース2】

過去にWordで作成した送付状が多数。そこから [日付][社名][担当者名] …などの
データを収集して、Excelで一覧データにしたい。1件1件ファイルを開いてデータをコ
ピー＆ペーストでExcelにまとめるのは大変だ……。

---

このような悩みは、Excel VBAでWordと連携することで解決されます。

Wordには標準で「差し込み印刷」という機能があり、マクロを使用しなくても差し込み印刷をすることはできます。しかし、現在のところ、データの差し込みから印刷・ファイル保存までをワンストップで自動化することはマクロ無しには行えません。

## 【ケース1】 ExcelからデータをWordに顧客別のデータを差し込み、多数のWord文書を印刷・保存する

Excel VBAを利用して、Excelの一覧表から［日付］［社名］［担当者名］などの各データをWordの雛形に自動で差し込み、印刷・保存をすることができます（図5-1）。

図5-1

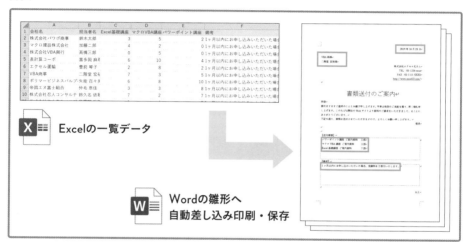

Excelの一覧データ

Wordの雛形へ
自動差し込み印刷・保存

## 【ケース2】 多数のWordファイルから欲しいデータを収集し、Excelの一覧表に挿入する

Excel VBAを利用して、多数のWord文書から［日付］［社名］［担当者名］などの各データを収集し、Excelの一覧表にまとめることができます（図5-2）。

以上のように、Excel VBAでWordを操作することで、

- ☒ Excel ➡ Word へのデータ差し込み
- ☒ Word ➡ Excel へのデータ収集

といった操作を自動化することができます。

それでは、Excel VBAでWordを操作する方法を学んでいきましょう。

図5-2

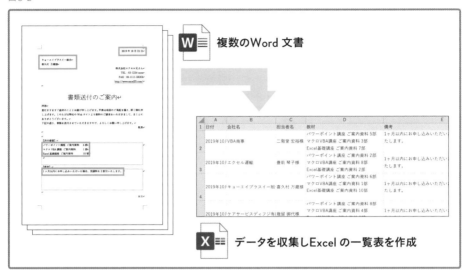

## オブジェクトの参照設定：Excel VBAでWordを操作するためのファーストステップ

Excel VBAでWordを操作するために、「オブジェクトの参照設定」を行うと非常に便利です。オブジェクトの参照設定とは何でしょうか？

概念図（図5-3）をご覧ください。

なお、ここからの操作は、パソコンにWordがインストールされていることが前提となります。お持ちのパソコンにWordがインストールされていない場合は再現できませんのでご了承ください。

---

**補足**

この節の操作は、ExcelのVBEにて操作を行ってください。「Wordに関する操作だからWordのVBEで操作をする必要があるのではないか？」と疑問を持つ方もいるかもしれません。しかし、あくまで「ExcelからWordを操作するための設定」ですので、ExcelのVBEにて操作を行えばよいのです。WordのVBEを操作する必要はありませんので、ご注意ください。

図5-3

 Excelマクロ

標準で参照　　　　　　　　　参照設定が必要

 Excelを操作するための
オブジェクトライブラリ
（Microsoft Excel x.x Object Library）

例　ブック
Workbookオブジェクト

ワークシート
Worksheetオブジェクト

セルやセル範囲
Rangeオブジェクト

など

 Wordを操作するための
オブジェクトライブラリ
（Microsoft Word x.x Object Library）

例　文書（ドキュメント）
Documentオブジェクト

段落
Paragraphオブジェクト

文書の特定の部分
Rangeオブジェクト

など

Excel VBAでは、Excelの操作対象（例えばブックやワークシート、セルなど）を操作するために、Workbook、Worksheet、Rangeといったオブジェクトを利用しています。これらのオブジェクトの情報が、「**オブジェクトライブラリ**」というものにまとめられています。

Excelのオブジェクトライブラリは、「Microsoft Excel x.x Object Library」という名称です（x.xにはバージョンごとの数字が入ります）。Excelマクロは、標準でExcelを操作するためのライブラリを参照しています。オブジェクトライブラリを参照しているときのメリットは何かというと、

- ☒ **コードの入力中にTabキーでメソッド名やプロパティ名を自動補完してくれる機能**
- ☒ **「.」を入力するとプロパティ名やメソッド名を表示してくれる自動メンバー表示機能**

といった機能を享受できるため、コーディングが効率化し、ミスタイプを減らすことができます。

一方、Wordオブジェクト（例えば文書、段落、文字列の特定の部分など）を操作するために、**Wordのオブジェクトライブラリ**というものがあります。

Wordのオブジェクトライブラリは、「Microsoft Word x.x Object Library」という名称です。（Excelと同じく、x.xにはバージョンごとの数字が入ります。）

しかしExcelマクロは、標準ではWordのオブジェクトライブラリを参照しません。そこで、参照設定をする必要があるのです。（参照設定をしない方法もありますが、その場合は自動補完や自動メンバー表示機能などを享受できません。また、コードの記述方法も異なるので、のちに補足します。）

そこで次に、Excelから、Wordのオブジェクトライブラリを参照設定する方法を解説します。

## Wordのオブジェクトライブラリを参照設定する

**1. Excel VBEにて［ツール］→［参照設定］をクリック**

**2.「Microsoft Word x.x Object Library」にチェックを入れて［OK］をクリック（図5-4）**

以上で、Wordライブラリへの参照設定は完了です。

x.xの数値がOfficeのバージョンによって異なります。図5-4では「16.0」となっていますが、ご自分のVBEで表示されるバージョンを使用してください。

図5-4：Wordライブラリへの参照設定

\ やってみよう！/

# Wordアプリを起動し、終了する

ここからは、実際にWordを操作するコードを解説していきます。
コード5-1でWordアプリを起動して、その後終了することができます（図
5-5）。

 解説動画

https://excel23.
com/vba-book/5-1_
to_5-3/

コード5-1：[FILE：**5-1_to_5-3.xlsm**]

```
1    'Wordを起動して終了
2    Sub LaunchWord()
3
4        'Wordアプリを格納する変数
5        Dim wdApp As Word.Application
6
7        'Wordアプリを起動し、変数に格納
8        Set wdApp = New Word.Application
9
10       'Wordを表示する
11       wdApp.Visible = True
12
13       MsgBox "Wordを起動しました"
14
15       'Wordを終了
16       wdApp.Quit
17
18       'オブジェクト変数が何も参照していない状態に
19       Set wdApp = Nothing
20
21   End Sub
```

図5-5：Wordアプリケーションが起動する

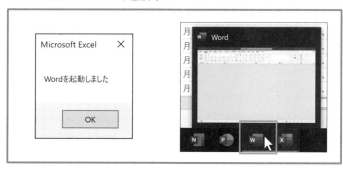

コード5-1の結果、

1. Wordアプリが起動する。

2. Excelでメッセージボックスが出力される。

3. ［OK］を押すと、その後、Wordアプリが終了する。

という操作が行われます。まだ、「何を書いてあるのか、ちんぷんかんぷんだ」と感じる方も多いかと思います。コード5-1について順番に説明します。

## Wordアプリを起動するには？

Wordアプリを起動するための箇所だけをコード5-1から抜粋します。

コード5-1**より抜粋**

```
'Wordアプリへの参照を格納するオブジェクト変数
Dim wdApp As Word.Application

'Wordアプリをオブジェクト変数に格納
Set wdApp = New Word.Application

'Wordを表示する
wdApp.Visible = True
```

「オブジェクト変数？ Wordアプリへの参照？ どういう意味だろう？」という点を理解するために、順を追って解説いたします。

## オブジェクト変数とは？　何に利用するの？

**オブジェクト変数**を理解するために、いったんWordを抜きにして、Excel内でだけの例を用いて解説します。

例えば、Excelマクロで以下の操作を行いたいとします。

> ☑ **ワークシートの名前を**MsgBox**関数で出力する**
>
> ☑ **ワークシートを右にコピー（複製）する**

▶ 解説動画

https://excel23.
com/vba-book/5-1_
to_5-3/

上記の操作は、通常、コード5-2のように記述すれば実現できます。

コード5-2：[FILE：5-1_to_5-3.xlsm]

```
1    'オブジェクト変数を使わない場合
2    Sub ControlWorksheet()
3
4        'ワークシートの名前を出力
5        MsgBox Worksheets("Sheet1").Name          同じ「Worksheets("Sheet1")」
6                                                    という記述が3回もある
7        'ワークシートを右にコピー（複製）
8        Worksheets("Sheet1").Copy After:=Worksheets("Sheet1")
9
10   End Sub
```

上記でも目的の通りの処理ができるのですが、同じWorksheets("Sheet1")という記述が3回もあり、コードが冗長で可読性もメンテナンス性も高くありません。

これを解決する方法として、Withステートメントで同じオブジェクト名を省略する方法が挙げられます。ですが、ここではもう1つの方法として「オブジェクト変数」を利用する方法をとってみます。

オブジェクト変数を利用してコードを書き直すと、コード5-3のようになります。

▶ 解説動画

https://excel23.
com/vba-book/5-1_
to_5-3/

```
1    'Excelでオブジェクト変数でワークシートを操作
2    Sub ControlWorksheet2()
3
4        'Worksheet型のオブジェクト変数を宣言
5        Dim ws As Worksheet
6
7        '変数にシート「Sheet1」を格納
8        Set ws = Worksheets("Sheet1")
9
10       'ワークシートの名前を出力(変数名.プロパティ)
11       MsgBox ws.Name
12
13       'ワークシートを右にコピー(変数名.メソッド)
14       ws.Copy After:=ws
15
16   End Sub
```

> 「Worksheets("Sheet1")」という記述は1回で済む
> あとは「ws」という変数名を書くだけ

いかがでしょうか？ Worksheets("Sheet1")という記述は1回で済み、コードがすっきりと見やすくなりました。

では、コード5-3は何を行っているのでしょう？

以下の概念図（図5-6）で説明いたします。

図5-6

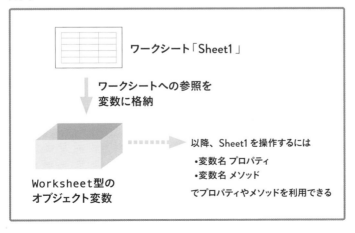

ワークシート「Sheet1」

ワークシートへの参照を
変数に格納

Worksheet型の
オブジェクト変数

以降、Sheet1を操作するには
- 変数名 プロパティ
- 変数名 メソッド
でプロパティやメソッドを利用できる

図5-6は、変数にワークシートを格納することを表しています。

変数にワークシートを格納しておけば、それ以降、

```
変数名.プロパティ
変数名.メソッド
```

などと記述するだけで、そのワークシートを操作できるようになるのです。
したがって、`Worksheets("Sheet1")`のようなコードを何度も書く必要がありません。

ただし、変数の種類として「オブジェクト変数」を使用する必要があります。

∎

では、オブジェクト変数とは何でしょうか?
VBAの変数には、次の2種類があります。

> ☒ **値を格納するための変数**
>
> ☒ **オブジェクトを格納するための変数 (オブジェクト変数)**

前者は、`Long`型や`String`型など、皆さんもVBAの入門書などで慣れ親しんでいるかと思います。数値や文字列といった値そのものを格納するための変数です。

一方、後者の「オブジェクト変数」には、ワークシートやブックやセル範囲といったような操作対象(オブジェクト)への参照を格納できます。

例えば、ワークシートを格納するための**Worksheet型**の他に、ブックを格納するための**Workbook型**、セル範囲を格納するための**Range型**、その他にも様々な型のオブジェクト変数が用意されています。

## オブジェクトへの「参照」とは何?

ここで、オブジェクトへの「参照」という言葉を使っているのはなぜでしょうか?

図5-7で説明いたします。

図5-7

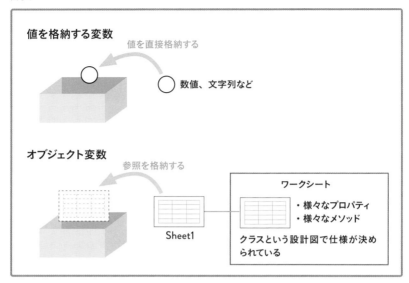

図5-7は、値を格納するための変数とオブジェクト変数の違いを表しています。

値を格納するための変数は、数値や文字列のような値を直接格納します。一方で、オブジェクト変数に格納するのは、オブジェクトへの「参照」です。参照とは、例えるならば、辞書で調べ物をして「何ページ目にあるか?」という情報だけを格納しているようなイメージです。

ワークシートを具体例に解説します。もともとワークシートというオブジェクトは、様々なプロパティや様々なメソッドを持っています。例えばNameプロパティ、Copyメソッドなど、多くのものが用意されています。それらを全部まとめてオブジェクトが内包しているのですから、単に数値や文字列のようなデータを変数に格納するのとは勝手が違うのですね。

したがって、変数にオブジェクトを格納する場合には、値として格納するのではなく、「参照」という情報を格納するのです。

コード5-3では、

```
'Worksheet型のオブジェクト変数を宣言
Dim ws As Worksheet
```

にてWorksheet型の変数「ws」を宣言しています。

次に、

```
'変数にシート「Sheet1」を格納
Set ws = Worksheets("Sheet1")
```

にて、シート「Sheet1」を変数 ws に格納しています。
最後に、

```
'ワークシートの名前を出力(変数名.プロパティ)
MsgBox ws.Name
'ワークシートを右にコピー(変数名.メソッド)
ws.Copy After:=ws    'ワークシートを右に複製
```

<Set というキーワードは、オブジェクト変数に参照を格納する際に必要になります。普段、Long 型や String 型などの変数を扱う際には必要がありませんが、オブジェクト変数に参照を格納する際には Set が必要になるので、忘れないように注意しましょう。

というコードで、ワークシートの Name プロパティと Copy メソッドを利用しています。これは、

```
変数名.Name
変数名.Copy
```

と記述すればプロパティとメソッドを利用できるということを意味します。
以上の例は、ワークシートだけに限りません。ブック(Wordkbook)や
セル範囲(Range)など、様々なオブジェクトでも同様に応用できます。
操作したい対象をオブジェクト変数に格納しておくことで、

```
変数名.プロパティ
変数名.メソッド
```

と記述するだけでオブジェクトを操作できるようになります。

## オブジェクト変数を利用する目的

以上の例では、Excel のオブジェクトを操作するためにオブジェクト変数
を利用しました。それだけでもメリットがありますが、他にもオブジェクト

変数を利用する目的はあります。

オブジェクト変数を利用する目的は大きく分けて2つあります。

> ☑ **Excel内のオブジェクトを便利に利用するため**
>
> ☑ **Excel以外のオブジェクトを利用するため（Wordや Chrome・EdgeやOutlookなど）**

Wordを操作することは後者の目的に当てはまります。

次項からは、Wordアプリを操作するためにオブジェクト変数を利用する
方法を解説します。

## Wordアプリを参照するため、オブジェクト変数を利用する

Wordアプリを操作するために、オブジェクト変数を利用する例を図5-8
で説明いたします。

図5-8

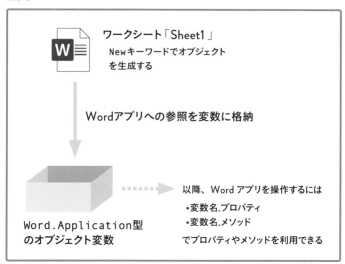

オブジェクト変数として、`Word.Application`型の変数を宣言します。
そこにWordアプリへの参照を格納します。そうすることで、以降、Word

アプリを操作するために

```
変数名.プロパティ
変数名.メソッド
```

と記述すればプロパティやメソッドを利用できるようになります。

また、Wordアプリをオブジェクトとして扱えるようにするため、**New**とい
うキーワードを記述します。

具体的にVBAのコードで確認するため、コード5-1に戻ってみましょう。

> オブジェクトライブラリの参照設定をしていない場合は、「New Word. Application」の代わりに「Create Object("Word. Application")」と記述します。

コード5-1**から抜粋**

```
'Wordアプリへの参照を格納するオブジェクト変数
Dim wdApp As Word.Application

'Wordアプリをオブジェクト変数に格納
Set wdApp = New Word.Application

'Wordを表示する
wdApp.Visible = True
```

上記のうち、

```
'Wordアプリへの参照を格納するオブジェクト変数
Dim wdApp As Word.Application
```

で、Word.Application型の「wdApp」という名前のオブジェクト変
数を宣言しています。

次に、

```
'Wordアプリをオブジェクト変数に格納
Set wdApp = New Word.Application
```

にて、Newキーワードによって、Wordアプリのオブジェクトを生成してい
ます。それと同時に、Wordアプリへの参照を変数wdAppに格納してい

> 「オブジェクトを生成する」という表現は耳慣れないかもしれませんが、Wordアプリをオブジェクトとして扱えるようすることを「生成」といいます。その際にNewというキーワードが必要となります。

ます（オブジェクト変数ですので、Setを忘れないようにしましょう）。
最後に、

```
'Wordを表示する
wdApp.Visible = True
```

と記述することで、WordアプリのVisibleプロパティに値を代入してい
ます。Visibleプロパティは、Wordの表示・非表示を切り替えるプロ
パティです。Trueを代入することで、Wordを表示させることができます。

なお、「wdApp.」まで
入力すると、自動メンバ
ー表示機能により候補
が一覧に表示されます。
これもWordオブジェク
トライブラリを参照設定
したおかげです。設定し
ていない場合、このよう
なメンバー表示機能は
利用できません。

## Wordを終了する

次に、Wordアプリを終了するためのコードについて解説いたします。
以下は、コード5-1から該当部分を抜粋したコードです。

```
'Wordを終了
wdApp.Quit

'オブジェクト変数が何も参照していない状態に
Set wdApp = Nothing
```

上記のwdApp.QuitはQuitメソッドというもので、Wordのアプリケー
ションを終了させます。
また、Set wdApp = Nothingでは、オブジェクト変数wdAppが何
も参照していない状態にする処理をしています。これにより、使用してい
たメモリを解放します。
Nothingとは、オブジェクトを何も参照してないことを意味する特別な
値です。Wordを操作して終了した後は、Nothingを代入しておくこと
が一種の「お作法」として推奨されています。

やってみよう！

# Wordで保存済みの文書ファイルを開き、閉じる

続いて、あらかじめ保存済みのWord文書ファイルを開くコードを紹介します（コード5-4）。

ここでは、VBAを保存するマクロ有効ブックと同じフォルダーにある「wd_sample.docx」というWord文書ファイルを開きます（図5-9）。

解説動画

https://excel23.com/vba-book/5-4/

図5-9

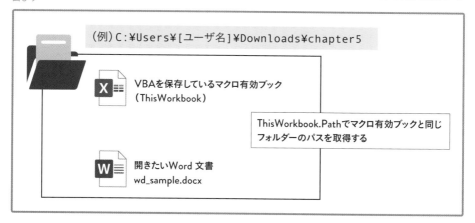

（例）C:¥Users¥[ユーザ名]¥Downloads¥chapter5

VBAを保存しているマクロ有効ブック（ThisWorkbook）

ThisWorkbook.Pathでマクロ有効ブックと同じフォルダーのパスを取得する

開きたいWord文書
wd_sample.docx

コード5-4：[FILE：5-4.xlsm]

```vba
1   'Wordの文書ファイルを開く
2   Sub OpenWordDoc()
3
4       '---Wordアプリを起動する---
5       Dim wdApp As Word.Application
6       Set wdApp = CreateObject("Word.Application")
7       wdApp.Visible = True
8
9       '---Word文書を開く----
10          'ファイルを開くパス
11      Dim path As String
```

❶ Wordアプリを起動

次ページに続きます

```
12      path = ThisWorkbook.path                        ❷ Word文書ファイルを開く
13      '(特定のパスを指定する場合は以下のように記述)
14      'path = "C:¥Users¥[ユーザ名]¥Downloads¥chapter5"
15
16      '文書ファイルを開く
17      Dim wdDoc As Word.Document
18      Set wdDoc = wdApp.Documents.Open(path & "¥wd_sample.docx")
19
20      MsgBox "文書ファイルを開きました"
21
22  '---Word文書を閉じる---
23      '文書ファイルを閉じる
24      wdDoc.Close                                      ❸ Word文書ファイルを閉じる
25
26      'オブジェクト変数が何も参照していない状態に
27      Set wdDoc = Nothing
28
29  '---Wordアプリを終了する---
30      wdApp.Quit                                       ❹ Wordアプリを終了
31      Set wdApp = Nothing
32
33  End Sub
```

コード5-4は、大きく分けて4つの処理で構成されています。

> **❶** Wordアプリを起動する
> **❷** 文書ファイルを開く
> **❸** 文書ファイルを閉じる
> **❹** Wordアプリを終了する

各箇所を説明しやすくするため、変数の宣言はその変数を利用する直前の行に記述しています。本来はプロシージャの先頭付近に変数の宣言文をまとめることが望ましいのですが、説明の都合上そうなっていない点をご了承ください。

ここで、Wordアプリの操作と文書ファイルの操作では、それぞれ別のオブジェクトを利用していることに着目しましょう。

> ☑　Wordアプリの操作 … Word.Applicationオブジェクト
>
> ☑　文書ファイルの操作 … Word.Documentオブジェクト

これは、ExcelVBAにおいて、Excelアプリを操作するには
Applicationオブジェクトを、ワークブックを操作するにはWorkbook
オブジェクトを利用することと対比すると理解しやすいでしょう。

以下に、Wordの操作でよく利用するオブジェクトのイメージを図示しま
す（図5-10）。

図5-10

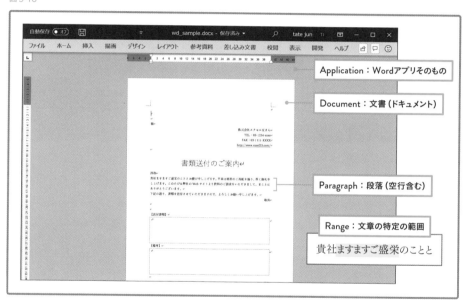
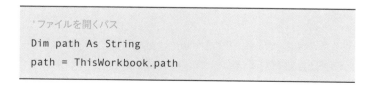

コード5-4の該当箇所を抜粋して説明いたします。

```
'ファイルを開くパス
Dim path As String
path = ThisWorkbook.path
```

この後で文書ファイルを開くためのパスをString型の「path」変数
に格納しています。

ThisWorkbook.pathで、マクロ有効ブックと同じフォルダーのパスを取得することができます。

なお、補足として

```
'(特定のパスを指定する場合は以下のように記述)
'path = "C:¥Users¥[ユーザ名]¥Downloads¥chapter5"
```

マクロ有効ブックと同じフォルダーに文書ファイルが保存されていることが前提となります。ご注意ください。

[ユーザ名]の箇所は、Windowsのユーザ名によって異なります。ご自身のユーザ名に合わせて書き換えてください。

コメントとして記入した補足のコードですが、文書を開くフォルダーのパスを直接指定したい場合は、上記のように絶対パスとして入力する必要があります。

次に、文書を開くコードです。

```
'文書ファイルを開く
Dim wdDoc As Word.Document
Set wdDoc = wdApp.Documents.Open(path & "¥wd_sample.docx")
```

WordのDocumentオブジェクトへの参照を格納するためのオブジェクト変数「wdDoc」を宣言しています。また、wdApp.Documents.Openで文書を開いて、開いた文書をDocumentオブジェクトとして変数「wdDoc」に参照を格納しています。

なおOpenメソッドの引数には、

```
path & "¥wd_sample.docx"
```

と記述することで、変数「path」に格納されたパスと、"¥wd_sample.docx"という文字列を"&"で連結しています。"wd_sample.docx"はファイル名.拡張子ですが、その前に"¥"を付けることを忘れないよう注意しましょう。

もし仮に「path」の文字列が"C:¥Users¥[ユーザ名]¥Downloads¥chapter5"ならば、ファイル名と連結されてC:¥Users¥[ユーザ名]¥Downloads¥chapter5¥wd_sample.docxという文書ファイルが開かれることになります。

## Word文書を閉じる

次に、開いた文書ファイルを閉じるコードを抜粋します。

```
'文書ファイルを閉じる
wdDoc.Close

'オブジェクト変数が何も参照していない状態に
Set wdDoc = Nothing
```

**wdDoc.Close**で文書ファイルを閉じることができます。なお、文書に何らかの変更を加えてあった場合でも、変更内容を保存せずそのまま終了させたい場合には、wdDoc.Close SaveChanges:=wdDoNotSaveChangesというオプションを入力することで、未保存のまま終了することができます。逆に、保存して終了させたい場合にはwdDoc.Close SaveChanges:=wdSaveChangesとなります。

また、Set wdDoc = Nothingでは、オブジェクト変数にNothingを代入して、オブジェクトを何も参照していない状態に戻しておきます。

\ やってみよう！ /

# Wordの文字列を取得したり、
# 文字列を挿入する

開いた文書から文字列を取得したり、文字列を挿入するコードを解説します（コード5-5）。

今回のマクロでは、下記の操作を行います（図5-11）。

解説動画

> ☑ 開いた文書から特定の文字列をExcelに取得する
>
> ☑ 開いたWord文書の特定の位置に文字列を挿入する

https://excel23.
com/vba-book/5-5/

図5-11

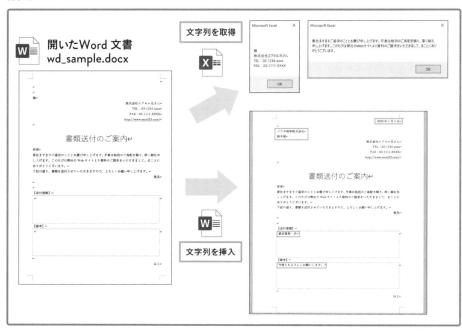

コード5-5：[FILE：5-5.xlsm]

```
1    '文書ファイルから文字列を取得したり、文字列を挿入する
2    Sub OpenWordDoc()
3
4        Dim wdApp As Word.Application
5        Dim wdDoc As Word.Document
6        Dim path As String
7
8    '---Wordアプリを起動して文書を開く                        ❶ Wordを起動し、文書ファイルを開く
9        Set wdApp = New Word.Application
10       wdApp.Visible = True
11       path = ThisWorkbook.path
12   '(特定のパスを指定する場合は以下のように記述)
13       'path = "C:¥Users¥[ユーザ名]¥Downloads¥chapter5"
14       Set wdDoc = wdApp.Documents.Open(path & "¥wd_sample.docx")
15
16   '---文字列を取得したり、文字列を挿入する
```

104

```
17
18        '文書の0〜50文字目を取得
19        MsgBox wdDoc.Range(Start:=0, End:=50).Text
20
21        '12段落のすべての文字列を取得
22        MsgBox wdDoc.Paragraphs(12).Range.Text
23
24        '12段落の3〜10文字目を出力する
25        With wdDoc
26            MsgBox .Range(.Paragraphs(12).Range.Start + 2, .
                Paragraphs(12).Range.Start + 10).Text
27        End With
28
29        '段落の先頭に文字列を挿入する
30        wdDoc.Paragraphs(1).Range.InsertBefore "2020年1月1日"
31        wdDoc.Paragraphs(3).Range.InsertBefore "パワポ商事株式会社"
32        wdDoc.Paragraphs(4).Range.InsertBefore "鈴木"
33
34        '表内のセルに文字列を挿入する
35        wdDoc.Tables(1).Cell(Row:=1, Column:=1).Range.InsertBefore "請
            求資料一式"
36        wdDoc.Tables(2).Cell(Row:=1, Column:=1).Range.InsertBefore "今
            後ともよろしくお願いします。"
37
38    ' ---文書を閉じてWordアプリを終了する
39        wdDoc.Close SaveChanges:=wdSaveChanges
40        wdApp.Quit
41
42        Set wdDoc = Nothing
43        Set wdApp = Nothing
44
45    End Sub
```

❷ 文字列を取得したり、文字列を挿入する

❸ 文書を閉じ、Wordを終了

コードは、大きく分けて3つで構成されています。

① Wordを起動し文書を開く

② 文字列を取得したり、文字列を挿入する

③ 文書を閉じ、Wordを終了する

①と③は前節とほぼ同じですが、コードを整理し行数を短くまとめています。内容については前節で説明したため、割愛します。

ここでは「② **文字列を取得したり、文字列を挿入する**」について解説いたします。

## Rangeオブジェクトで文書の特定の範囲を取得する

```
'文書の0〜50文字目を取得
MsgBox wdDoc.Range(Start:=0, End:=50).Text
```

上記は、文書の先頭〜50文字目の範囲を指定し、Textプロパティでその文字列を取得しています。

Wordの**Rangeオブジェクト**は、文書の先頭からの文字数によって文字列を範囲指定できます。引数Startで開始文字数を、Endで終了文字数を指定します。なお、「Start:=」「End:=」という引数名は省略して「0,50」とだけ入力することもできます。

しかし、上記の方法では文書の先頭から文字数を指定しなければならず、文字数の多い文書から文字列を取得する上では困難です。

そこで、段落番号を指定して文字列を取得するコードが次の例です。

## Paragraphsコレクションで段落を指定する

```
'12段落目のすべての文字列を取得
MsgBox wdDoc.Paragraphs(12).Range.Text
```

上記は、文書の12段落目の文字列すべてを指定し、**Textプロパティ**でその文字列を取得しています。

Wordにおいて、段落はParaghraphsコレクションに属しています。
Paragraphs(数値)で、先頭からの段落数を指定することができます。
なお、ただの改行も1つの段落とみなされます。

### 段落内で何文字かを指定するには？

今回のコード5-5では使用していませんが、例えば「12段落の3〜10文字目だけを取得したい」という場合、直感的には以下のように記述すれば良さそうに思えます。
しかし、これではエラーとなります。

```
'エラーになる
MsgBox Paragraphs(12).Range(3,10).Text
```

代わりに、以下のように記述する必要があります。

```
'12段落の3〜10文字目を出力する
With wdDoc
    MsgBox .Range(.Paragraphs(12).Range.Start + 2, .Paragraphs(12).
        Range.Start + 10).Text
End With
```

上記は、Range(Start,End)の引数として、それぞれ

```
.Paragraphs(12).Range.Start + 2  (12段落の先頭から2文字目)
.Paragraphs(12).Range.Start + 10  (12段落の先頭から10文字目)
```

と指定しています。**Range.Startプロパティ**は、文字列の先頭の文字数を返します。それらに文字数を加算することで、「段落の先頭から●文字目」を表すのです。

### 段落の先頭に文字列を挿入する

以下のように記述すると、指定した段落の先頭に文字列を挿入できます。
例えば日付の段落の先頭に"2020年1月1日"、会社名の段落の先頭

に"パワポ商事株式会社"、氏名の段落の先頭に"鈴木"などと挿入で
きます。

```
' 段落の先頭に文字列を挿入する
wdDoc.Paragraphs(1).Range.InsertBefore "2020年1月1日"
wdDoc.Paragraphs(3).Range.InsertBefore "パワポ商事株式会社"
wdDoc.Paragraphs(4).Range.InsertBefore "鈴木"
```

InsertBeforeメソッドに引数として文字列を渡すことで、段落の先頭
に文字列を挿入することができます。Excelから自動差し込みをするには
使い勝手の良い方法でしょう。

## Tables コレクションで表を指定する

次のコードは、Word文書における表のセルに文字列を挿入する方法で
す。

```
' 表内のセルに文字列を挿入する
wdDoc.Tables(1).Cell(Row:=1, Column:=1).Range.InsertBefore "請求資料一
    式"
wdDoc.Tables(2).Cell(Row:=1, Column:=1).Range.InsertBefore "今後ともよろ
    しくお願いします。"
```

Word文書における表は、Tablesコレクションに属します。Tables(数
値)と入力することで、文書のはじめから何番目かにある表を指定できま
す。また、表のセルを指定するには、.Cell(Row,Column)プロパティ
で、表内の行と列を数値で指定できます。ちょうどExcel VBAにおける
Cellsプロパティのイメージに似ています。
「Row:=」「Column:=」を省略して単に「1,1」などと入力することも
できます。今回の文書(wd_sample.docx)にある表は、1行1列のセルし
かない表なので、「1,1」とだけ指定します。

ところで、なぜ表に文字列を挿入しているのでしょうか? 　図5-12をご覧
ください。

図 5-12：wd_sample.docx

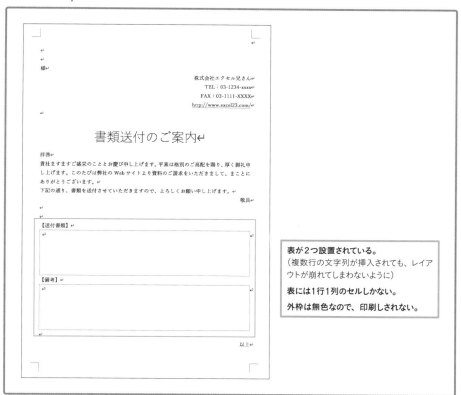

実は今回、コード5-5で扱ったWord文書（wd_sample.docx）は、文書の下方に「表」が2つ設置されています。その理由は、【送付書類】欄と【備考】欄に文字列を差し込んだ際、それが複数行だった場合にも、文書全体のレイアウトが崩れてしまわないようにです。この対策を行わず、段落に直接文字列を挿入すると、もしも文字列が複数の行にわたる場合、以降の段落も下へずれてしまうため、文書全体が1ページに収まらなくなってしまうことがあります。そこで、あらかじめ表を設置しておくことで、複数行の文字列が挿入されても以降の段落がずれてしまわないように対策しているのです。

なお、表には1行1列のセルしかありません。また、外枠は無色（枠なし）に設定してあるので、印刷した場合にも外枠は表示されません。

# Excelから Wordに
# 差し込み印刷・ファイル保存する

 解説動画

## Excelから Wordへの差し込み印刷

ここでは、前節まで学習した内容を活かして、Excelから Wordに差し込み印刷する方法をご紹介します。

今回のマクロは、Excelの一覧表から Word文書に順番にデータを差し込み、印刷プレビューとファイル保存を行います（図5-13）。

https://excel23.
com/vba-book/5-6/

＜ 誤って印刷してしまうことを防ぐため、ここでは印刷プレビューの表示を行います。印刷を行うコードは後述します。

図5-13

### X Excelの一覧表

| | A | B | C | D | E | F |
|---|---|---|---|---|---|---|
| 1 | 会社名 | 担当者名 | Excel基礎講座 | マクロVBA講座 | パワーポイント講座 | 備考 |
| 2 | 株式会社パワポ商事 | 鈴木太郎 | 3 | 5 | 2 | 1ヶ月以内にお申し込みいただいた場合、受講料を2割引いたします。 |
| 3 | マクロ建設株式会社 | 加藤二郎 | 4 | 2 | 0 | 1ヶ月以内にお申し込みいただいた場合、受講料を2割引いたします。 |
| 4 | 株式会社VBA興行 | 高橋三郎 | 0 | 5 | 0 | 1ヶ月以内にお申し込みいただいた場合、受講料を2割引いたします。 |
| 5 | 表計算コーポ | 喜多岡 麻理 | 6 | 10 | 4 | 1ヶ月以内にお申し込みいただいた場合、受講料を2割引いたします。 |
| 6 | エクセル運輸 | 豊前 琴子 | 2 | 8 | 2 | 1ヶ月以内にお申し込みいただいた場合、受講料を2割引いたします。 |
| 7 | VBA商事 | 二階堂 宏和 | 7 | 3 | 5 | 1ヶ月以内にお申し込みいただいた場合、受講料を2割引いたします。 |

### W Wordへ自動差し込み印刷・保存

```
1   'Excelの表から文字列を差し込み印刷する
2   Sub OpenWordDoc()
3
4       Dim wdApp As Word.Application
5       Dim wdDoc As Word.Document
6       Dim path As String
7
8   '---Wordアプリを起動、文書を開く準備
9       Set wdApp = New Word.Application
10      wdApp.Visible = True
11      path = ThisWorkbook.path
12      '(特定のパスを指定する場合は以下のように記述)
13      'path = "C:¥Users¥[ユーザ名]¥Downloads¥chapter5"
14      Set wdDoc = wdApp.Documents.Open(path & "¥wd_sample.docx")
15
16  '---Excelの表から文字列を差し込み印刷する
17
18      '表の最終行を取得する
19      Dim maxRow As Long
20      maxRow = Cells(Rows.Count, 1).End(xlUp).Row
21
22      '表のタイトル行を除き先頭から最終行まで繰り返す
23      Dim i As Long
24      For i = 2 To maxRow
25
26          '文書を開く
27          Set wdDoc = wdApp.Documents.Open(path & "¥wd_sample.docx")
28
29          '日付
30          wdDoc.Paragraphs(1).Range.InsertBefore Format(Now, "yyyy年
            m月d日")
31          '会社名
32          wdDoc.Paragraphs(3).Range.InsertBefore Cells(i, 1).Value
33          '担当者名
34          wdDoc.Paragraphs(4).Range.InsertBefore Cells(i, 2).Value
```

❶ Wordを起動し、文書ファイルを開く

❷ Excelからデータを差し込み、印刷と保存をする

次ページに続きます

```
35        '添付書類
36        Dim str As String
37        Dim j As Long
38        For j = 3 To 5
39            If Cells(i, j).Value <> 0 Then
40                str = Cells(1, j).Value & "ご案内資料"
41                str = str & vbTab
42                str = str & Cells(i, j).Value & "部"
43                str = str & vbCrLf
44                wdDoc.Tables(1).Cell(1, 1).Range.InsertAfter str
45            End If
46        Next j
47        '備考
48        wdDoc.Tables(2).Cell(1, 1).Range.InsertBefore Cells(i,
          6).Value
49
50        '印刷プレビュー
51        wdApp.ActiveDocument.PrintPreview
52        '印刷する場合は以下を有効化
53        'wdDoc.PrintOut
54
55        'PDFで出力する
56        wdDoc.ExportAsFixedFormat _
57            OutputFileName:=path & "¥" & Cells(i, 1).Value & ".pdf", _
58            ExportFormat:=wdExportFormatPDF
59
60        '文書を別名で保存する
61        wdDoc.SaveAs path & "¥" & Cells(i, 1).Value & ".docx"
62
63        '文書を閉じる
64        wdDoc.Close SaveChanges:=wdDoNotSaveChanges
65    Next
66
67 '---文書を閉じてWordアプリを終了する              ❸ 文書を閉じ、Wordを終了
68    wdApp.Quit
69    Set wdDoc = Nothing
70    Set wdApp = Nothing
```

```
69
70   End Sub
```

コード全体は大きく次の3つで構成されております。ここでは「❷Excel からデータを差し込む・印刷と保存をする」について解説いたします。

> ❶ Wordを起動し文書を開く準備
> ❷ Excelからデータを差し込む・印刷と保存をする
> ❸ 文書を閉じ、Wordを終了

## 表の最終行を取得し、先頭から最終行まで繰り返す

まず、Excelの表全体を上から最終行まで順番に繰り返すため、最終行 の行数を取得し、**Forループ**で繰り返しを行っています。

```
'文書を開く
Set wdDoc = wdApp.Documents.Open(path & "¥wd_sample.docx")

    '差し込み印刷する処理内容(省略)

    '文書を閉じる
    wdDoc.Close SaveChanges:=wdDoNotSaveChanges

Next i
```

注意したいのは、文書を開く処理と文書を閉じる処理です。 これらは、Forループの先頭と末尾に記述しています。その理由は、1つ の文書で差し込み印刷を行った後、一度その文書は閉じて、もう一度文 書を開き直してから、次の差し込み印刷を行うためです。

## 文書の各場所にデータを差し込む

次に、文書の各場所にExcelからデータを差し込む処理について解説し ます。以下は、コード5-6の該当部分のコードの抜粋です。

```
'日付
wdDoc.Paragraphs(1).Range.InsertBefore Format(Now, "yyyy年m月d日")
'会社名
wdDoc.Paragraphs(3).Range.InsertBefore Cells(i, 1).Value
'担当者名
wdDoc.Paragraphs(4).Range.InsertBefore Cells(i, 2).Value
'添付書類
Dim str As String
Dim j As Long
For j = 5 To 3 Step -1
If Cells(i, j).Value <> 0 Then
    str = Cells(1, j).Value & "ご案内資料"
    str = str & vbTab
    str = str & Cells(i, j).Value & "部"
    str = str & vbCrLf
    wdDoc.Tables(1).Cell(1, 1).Range.InsertBefore str
    End If
Next j
'備考
wdDoc.Tables(2).Cell(1, 1).Range.InsertBefore Cells(i, 6).Value
```

上記のコード全体としては、以下の表5-1のようにデータを差し込んでいます。

表5-1

| 項目 | 段落や場所 | 挿入するデータ |
| --- | --- | --- |
| 日付 | 段落1<br>Paragraphs(1) | 現在の年月日を yyyy 年 m 月 d 日形式で挿入 |
| 会社名 | 段落3<br>Paragraphs(3) | i 行 1 列目の値（すなわち会社名） |
| 担当者名 | 段落4<br>Paragraphs(4) | i 行 2 列目の値（すなわち担当者名） |
| 添付書類 | 表1<br>Tables(1) | i 行 3 〜 5 列目の値を「Excel 基礎講座ご案内資料 7 部」のような文字列として 1 行ずつ改行して挿入 |
| 備考 | 表2<br>Tables(2) | i 行 6 列目の値（すなわち備考） |

「日付」に関しては、以下のように記述しています。

```
'日付
wdDoc.Paragraphs(1).Range.InsertBefore Format(Now, "yyyy年m月d日")
```

ここでは現在の日付をyyyy年m月d日形式で自動挿入しています。
**Now関数**は現在の日付時刻を返します。例えば2020/1/10
19:21:45 のようなデータがシリアル値（Excel内部で日付時刻データを
管理する数値）として取得されます。上記の日付データをyyyy年m月d
日形式に変換するため、**Format関数**を使用しています。
Format(Now, "yyyy年m月d日")という記述で、Now関数で取得
した日付時刻をyyyy年m月d日形式に変換しています。
「添付書類」に関しては、少々、手間をかける必要があります。
例えば、Excelにおいてi行目のデータが表5-2のようになっていた場合を
考えてみましょう。

表5-2

| | 会社名 | 担当者名 | Excel 基礎講座 | マクロ VBA 講座 | パワー ポイント 講座 | 備考 |
|---|---|---|---|---|---|---|
| 1行目 | | | | | | |
| i行目 | 株式会社 パワポ商事 | 鈴木 太郎 | 3 | 5 | 2 | 1ヶ月以内にお申し込みい ただいた場合、受講料を 2割引いたします。 |

差し込む文字列は、以下のように加工する必要があります。
- **Excel基礎講座ご案内資料**　　3部
- **マクロVBA講座ご案内資料**　　5部
- **パワーポイント講座ご案内資料**　　2部

そのためのコードが以下のようなものです。

```
'添付書類
Dim str As String
Dim j As Long
```

次ページに続きます

ExcelからWordに差し込み印刷・ファイル保存する　|　115

```
For j = 3 To 5
    If Cells(i, j).Value <> 0 Then
    str = Cells(1, j).Value & "ご案内資料"
    str = str & vbTab
        str = str & Cells(i, j).Value & "部"
        str = str & vbCrLf
        wdDoc.Tables(1).Cell(1, 1).Range.InsertAfter str
    End If
Next j
```

i行の3列目～5列目の値を順番に挿入するため、カウンター変数jを
3～5に増加させながらForループを行っています。

```
Dim j As Long
For j = 3 To 5

        'データをWordの表の末尾に挿入する処理

Next j
```

なお、Excelの表で、部数が「0」だった場合にはその資料の部数は差し
込まないようにするため、**Ifステートメント**で条件分岐しています。

```
If Cells(i, j).Value <> 0 Then

        'データをWordの表の末尾に挿入する処理

End If
```

また、文字列を「Excel基礎講座ご案内資料［タブ区切り］3部［改行］」
のように加工するために、以下のデータを順番に結合しています（表5-3）。

表5-3

| | |
|---|---|
| **タイトル行にある資料の名前** | Cells(1,j).Value |
| **"ご案内資料"という文字列** | "ご案内資料" |

116

| タブ区切り | vbTab |
|---|---|
| i行j列のデータ | Cells(i,j).Value |
| 改行コード | vbCrLf |

そのためのコードが以下の箇所です（変数strに順番に値を格納し、&で連結させています）。

```
str = Cells(1, j).Value & "ご案内資料"
str = str & vbTab
str = str & Cells(i, j).Value & "部"
str = str & vbCrLf
```

## 印刷、PDF出力、文書ファイルの保存

文書を印刷するコードは以下です。

```
'印刷プレビュー
 wdApp.ActiveDocument.PrintPreview
'印刷する場合は以下を有効化
'wdDoc.PrintOut
```

**PrintOut**メソッドで、文書全体を印刷します。このとき、OSで指定された既定のプリンターで印刷されます。

また、PDFファイルとして出力する場合のコードは以下です。

```
'PDFで出力する
 wdDoc.ExportAsFixedFormat _
    OutputFileName:=path & "¥" & Cells(i, 1).Value & ".pdf", _
    ExportFormat:=wdExportFormatPDF
```

**ExportAsFixedFormat メソッド**で、ファイルを別形式で出力します。
引数として`ExportFormat:=wdExportFormatPDF`を指定すると、
PDF形式で出力できます。

また、ファイルを出力する場所とファイル名を指定するために、`Output`
`FileName:=`パス¥ファイル名`.pdf`を文字列で指定する必要がありま
す。上記のコード例では、`OutputFileName:=path & "¥" &`
`Cells(i, 1).Value & ".pdf"`と記述しています。これは、表5-4
のデータを`"&"`で結合しています。

表5-4

| 変数 path の文字列 | 文書ファイルを開く前にこの変数を使用しています。マクロ保存ブックと同じパスが文字列として格納されています。 |
|---|---|
| "¥" | パスの区切り文字です。 |
| i 行 1 列目の文字 ( 会社名 ) | Cells(i,1) で指定します。 |
| ".pdf" | PDF ファイルの拡張子です。 |

文書ファイルを保存するコードは以下です。

```
'文書を別名で保存する
wdDoc.SaveAs path & "¥" & Cells(i, 1).Value & ".docx"
```

**SaveAs メソッド**で、文書に名前をつけて保存します。
PDFの出力と同じように、引数にパス¥ファイル名`.docx`を指定します。
ここでもPDFの出力と同じように、`path & "¥" & Cells(i,`
`1).Value & ".docx"`と指定しています。

# 第6章

外部アプリと連携し、
活用の幅を広げる（2）
Outlook編

# ExcelからOutlookを操作すれば、メールの差し込み一斉送信や、メール一覧をExcelに取得できる!

この章では、Excel VBAでOutlookを操作する方法について解説いたします。Outlookといえば電子メールを送信したり受信したりできるソフトですが、Excelと連携することでどんなメリットがあるでしょうか。

例えば、実務でこのようなケースはないでしょうか?

---

【ケース1】

多数の相手にメールを一斉送信したい。でも、相手ごとに本文の一部を差し替えながら送信するのは大変だ…。

【ケース2】

受信した多数のメールから必要な情報をExcelに取り込んで一覧にしたい。手作業では大変だ…。

---

これらの悩みは、Excel VBAでOutlookと連携することで解決できます。

---

**補足**

マクロを使用しなくてもメールの差し込み送信をする方法はあります。Wordでは、「差し込み印刷」からメールを送信するオプションがあります。しかし、現在のところ、データの差し込みからメール送信までワンストップで自動化することはマクロ無しには行えません。

## 【ケース1】Excelのアドレス帳を元に、相手ごとに本文を書き換えながらメールを一斉送信する

Excel VBAからOutlookを操作することで、Excelで作成したアドレス帳のメールアドレスに対して一斉メール送信をすることができます。また、相手ごとに本文の一部を変更し、［会社名］［氏名］といった文字列を差し込むことができます（図6-1）。

図6-1

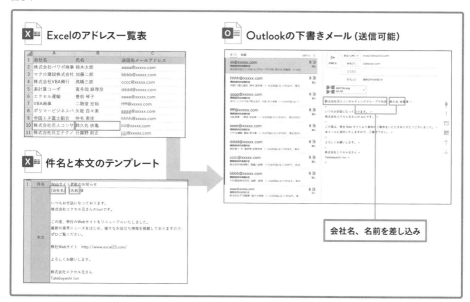

## 【ケース2】多数の受信メールの情報を取り込んでExcelの一覧表にする

Excel VBAを利用して、Outlookで受信した多数のメールから［受信日時］［送信元名］［送信元アドレス］［件名］［本文］などの各データを収集し、Excelの一覧表にまとめることができます（図6-2）。

なお、ここからの操作は、パソコンにOutlookがインストールされていることが前提となります。お持ちのパソコンにOutlookがインストールされていない場合は再現できませんのでご了承ください。

図6-2

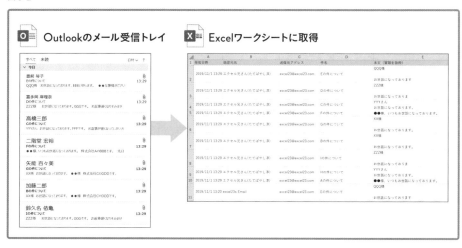

図6-1、図6-2のように、Excel VBAでOutlookを操作することで、

> ◻ Excel ➡ Outlookへデータを差し込みメール送信
> ◻ Outlook ➡ Excelへのデータ収集

といった操作を自動化することができます。それでは、Excel VBAで
Oulookを操作する方法について学んでいきましょう。

Outlookの操作をする
前に、Outlookの初期
設定を行っておく必要が
あります。

## Outlookのオブジェクトライブラリを参照設定する

第5章で説明したように、ExcelからExcel以外のOfficeアプリケーショ
ンを操作する前には、オブジェクトライブラリの参照設定をすると便利
です（図6-3）。

これ か ら の 操 作 は、
ExcelのVBEにて操作
を行ってください。

> 1. Excel VBEにて［ツール］→［参照設定］をクリック
> 2. 「Microsoft Outlook x.x Object Library」にチェックを
>    入れて［OK］をクリック

Wordと同様、x.xには
Officeのバージョンごと
に違った数値が入ります。

以上で、Outlookライブラリへの参照設定は完了です。
次項からは、実際にOutlookを操作するコードを解説していきます。

図6-3

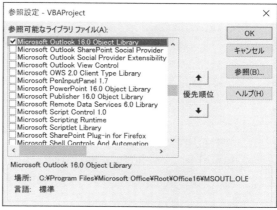

\ やってみよう！ /

# Outlookアプリの
# メール作成ウインドウを起動する

解説動画

コード6-1（次ページ）で、Outlookアプリを起動して、メール作成ウインドウを起動することができます。
その結果、

https://excel23.
com/vba-book/6-1/

---

1. **Outlookアプリを起動する**
2. **メール作成ウインドウを表示する。**
3. **Excelでメッセージボックスを表示する。**

---

という操作が行われます（図6-4）。

∎

コード6-1において、Outlookでメールを操作する上で重要となる
「**MailItemオブジェクト**」などについて触れています。それらの重要な
要素について、順を追って説明します。

コード6-1：[FILE：6-1.xlsm]

```
1      'Outlookを開き空のメールをプレビューする
2    Sub CreateMail()
3
4        'Outlookアプリをオブジェクト変数に格納する
5        Dim olApp As Outlook.Application
6        Set olApp = New Outlook.Application
7
8        'MailItemオブジェクトを生成
9        Dim olMail As Outlook.MailItem
10       Set olMail = olApp.CreateItem(olMailItem)
11
12       'メールをプレビュー表示
13       olMail.Display
14
15       MsgBox "Outlookを開きました"
16
17       'オブジェクト変数の参照を無しにする
18       Set olMail = Nothing
19       Set olApp = Nothing
20
21   End Sub
```

図6-4：**コード6-1の結果**

## Outlookアプリを起動する

まず、Outlookアプリを起動するためのコードをコード6-1から抜粋します。

```
'Outlookアプリをオブジェクト変数に格納する
Dim olApp As Outlook.Application
Set olApp = New Outlook.Application
```

上記では、Outlookアプリを操作するために、**オブジェクト変数**に格納しています。次の概念図（図6-5）もご覧ください。

> オブジェクト変数にアプリを格納するという詳しい意味については、第5章（P.091～）で説明したので、省略します。

図6-5

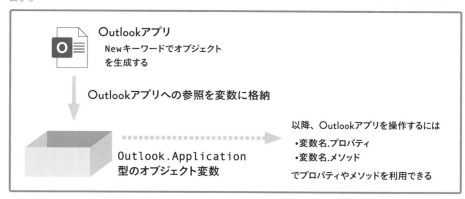

Dim olApp As Outlook.Applicationで、Outlook.Application型のオブジェクト変数「olApp」を宣言しています。また、Set olApp = New Outlook.Applicationでは、Newキーワードによって、Outlookアプリのオブジェクトを生成し、変数olAppに格納しています。
上記のように、Outlookアプリへの参照をオブジェクト変数に格納することで、以降、Outlookアプリを操作するために

> オブジェクトライブラリの参照設定をしない場合、「New Outlook.Application」の代わりに、「CreateObject("Outlook.Application")」と記述する必要があります。

- 🔲 **変数名.プロパティ**
- 🔲 **変数名.メソッド**

と記述すればプロパティやメソッドを利用できるようになります。

## メール作成ウインドウを表示する

実は、Outlookの起動をVBAで記述しても、見た目上、Outlookのウインドウは開かれません。

そこで、メール作成ウインドウを表示するためのコードが以下です。

```
'MailItemオブジェクトを生成
Dim olMail As Outlook.MailItem
Set olMail = olApp.CreateItem(olMailItem)

'メールをプレビュー表示
olMail.Display
```

上記を実行すると、メール作成ウインドウが表示されます。概念図（図6-6）とともにオブジェクトの関係性を説明します。

図6-6

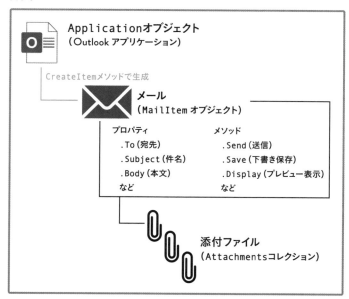

先ほど「**Outlookアプリを起動する**」の項で説明したように、Outlookのアプリを操作するためにオブジェクト変数に格納しました。Outookアプリそのものは**Applicationオブジェクト**として扱われます。

126

次に、メールそのものを表すオブジェクトが「**MailItemオブジェクト**」
です。MailItemオブジェクトは、

---

**メールの件名や宛先といった情報を格納するプロパティ**

**メールの送信、下書き保存、プレビュー表示をするための
メソッド**

---

などを持っています。メールの作成ウインドウを表示するために、この
MailItemオブジェクトを利用する必要があります。
Dim olMail As Outlook.MailItemでは、MailItem型のオブ
ジェクト変数「olMail」を宣言しています。
また、Set olMail = olApp.CreateItem(olMailItem)では、
変数olAppに格納されているOutlookアプリのCreateItemメソッド
を利用して、MailItemオブジェクトを生成しています。そして変数
「olMail」に格納しています。最後に、olMail.Displayでは、
MailItemのDisplayメソッドで、メールをプレビュー表示しています。
このときMailItemオブジェクトはまだ件名や本文といった情報を何も
プロパティに格納していないため、ウインドウは空白の状態で表示されま
す。

## オブジェクト変数の参照を無しにする

最後に、オブジェクト変数の参照を無しにするコードについて解説いた
します。
以下は、コード6-1から該当部分を抜粋したコードです。

```
'オブジェクト変数の参照を無しにする
Set olMail = Nothing
Set olApp = Nothing
```

ここまで利用していた各オブジェクト変数(olMailとolApp)にNothing
を格納することで、オブジェクト変数が何も参照していない状態にする処
理をしています。これにより、使用していたメモリを解放します。

# Outlookでメール（1通）を送信する

## Outlookでメール1通を送信する

続いて、メール1通を送信するコード（コード6-2）を紹介します。ここ
では、以下のようなメールを作成します。

▶ 解説動画

| | |
|---|---|
| **宛先** | test@excel23.com |
| **件名** | こんにちは |
| **本文** | こちらが本文です |
| **本文の形式** | テキスト形式 |

https://excel23.
com/vba-book/6-2/

「本文の形式」には、一般的な文字列のみを送るメールと
しての「テキスト形式」と、Webサイトのように文字装飾
やハイパーリンクなどを付加できる「HTML形式」があり
ます。ここではマクロで自動化しやすい「テキスト形式」を
扱います。

コード6-2：［FILE：**6-2.xlsm**］

```
1    'メール(1通)を送信する
2    Sub SendMail()
3
4        'Outlookアプリを参照
5        Dim olApp As Outlook.Application
6        Set olApp = New Outlook.Application
7
8        'MailItemオブジェクトを生成
9        Dim olMail As Outlook.MailItem
10       Set olMail = olApp.CreateItem(olMailItem)
11
12       'メールの情報を入力
13       With olMail
14           '宛先
15           .To = "test@excel23.com"
16
17           '件名
18           .Subject = "こんにちは"
19
```

❶ Outlookアプリを参照し、
MailItemオブジェクトを作成する

❷ メールの情報を入力する

```
20        '本文を作成
21        .Body = "こちらが本文です"
22
23        '本文の形式
24        .BodyFormat = olFormatPlain
25
26    End With
27
28    '添付ファイルを添付
29    olMail.Attachments.Add ThisWorkbook.Path & "¥gazou.png"
30
31    'メール送信
32    olMail.Save        '下書き保存
33    olMail.Display     'プレビュー表示          ❸ メールをプレビュー/下書き保存/送信する
34    'olMail.Send        '送信する
35
36    'オブジェクト変数の参照を無しにする
37    Set olMail = Nothing                         ❹ Outlookアプリの参照を終了する
38    Set olApp = Nothing
39
40  End Sub
```

## 補足

コード6-2を実行すると、実際にはメールを送信する前の状態でメール作成ウインドウが表示されます。その理由は、

```
'送信する
'olMail.Send
```

の部分をコメント化しているためです。 Sendメソッドを実行すると実際にメールが送信されるのですが、メールを不用意に送信してしまうことを避けるためにコメント化してあります。もしも送信も行いたい場合は、コメント化を解除すれば可能です。

コード6-2は、大きく分けて次の4つの処理で構成されています。ここでは、❷と❸について解説します。

❶ Outlookアプリを参照し、MailItemオブジェクトを作成する
❷ メールの情報を入力する
❸ メールをプレビュー / 下書き保存 / 送信する
❹ Outlookアプリの参照を終了する

## メールの情報を入力する

以下は、メールの宛先や件名や本文などの各情報を入力する部分をコード6-2から抜粋しています。あわせて、次ページの図6-7をご覧ください。

```
'メールの情報を入力
With olMail
    '宛先
    .To = "test@excel23.com"

    '件名
    .Subject = "こんにちは"

    '本文を作成
    .Body = "こちらが本文です"

    '本文の形式
    .BodyFormat = olFormatPlain

End With
```

変数「olMail」には、メールを定義するMailItemオブジェクトが格納されています。MailItemオブジェクトの各プロパティで、メールの宛先や件名や本文などの情報を決めることができます。上記のコードでは、それらの情報を決める各プロパティに値を格納しているのです。

図6-7

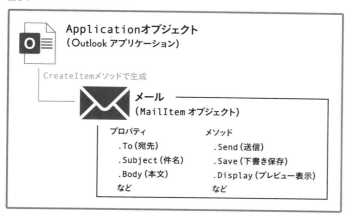

表6-1：上記のコードで使用している MailItem オブジェクトのプロパティと格納している値

| プロパティ | 説明 | 格納する値 |
|---|---|---|
| To | 宛先 | test@excel23.com |
| Subject | 件名 | こんにちは |
| Body | 本文 | こちらが本文です |
| BodyFormat | 本文の形式 | olFormatPlain |

**BodyFormatプロパティ**には、「テキスト形式」を指定するために定数olFormatPlainを格納しています。その他にも以下の定数を指定できます。

表6-2：BodyFormat に指定できる定数

| 名前 | 説明 |
|---|---|
| olFormatHTML | HTML 形式 |
| olFormatPlain | テキスト形式 |
| olFormatRichText テキスト | リッチ テキスト形式 |
| olFormatUnspecified | 形式の指定なし |

その他にも、MailItemオブジェクトのプロパティのうち、よく使われる
ものを紹介します。

表6-3：その他のMailItemオブジェクトのプロパティ

| プロパティ | 説明 |
| --- | --- |
| Cc | カーボンコピー（CC）を指定 |
| Bcc | ブラインドカーボンコピー（BCC）を指定 |

## メールの添付ファイルを添付する

メールに添付ファイルを添付するコードが以下です。図6-8とあわせて
説明いたします。

```
'添付ファイルを添付
olMail.Attachments.Add ThisWorkbook.Path & "\gazou.png"
```

メールの添付ファイルは、MailItemオブジェクトの下層にある
Attachmentsコレクションに追加することで1個〜複数個を添付できま
す。追加するためのメソッドが**Addメソッド**です。

図6-8

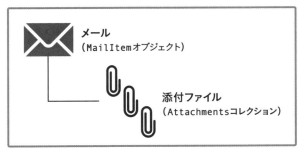

olMail.Attachments.Add ThisWorkbook.Path &
"\gazou.png"と、Addメソッドの引数に添付したいファイルのパスを
指定できます。

ここまでで、メールの情報を入力することができました。しかし、これだ

けではメールの情報を入力したに過ぎず、メール自体を送信することはできません。次に、メールをプレビュー / 下書き保存 / 送信するためのコードを説明いたします。

## メールをプレビュー / 下書き保存 / 送信する

以下は、メールを下書き保存、プレビュー表示、メール送信をする部分をコード6-2から抜粋しています。

```
'メール送信
'olMail.Save      '下書き保存
olMail.Display    'プレビュー表示
'olMail.Send      '送信する
```

それぞれMailItemオブジェクトのメソッドで、下書き保存、プレビュー表示、メール送信をすることができます（表6-4）。

コード6-2では、「olMail.Display　'プレビュー表示」だけを実行するようにしており、その他は**コメント化**しています。前述の通り、メールを不用意に送信してしまうことを避けるために、Sendメソッドはコメント化してあります。もしも送信も行いたい場合は、コメント化を解除すれば可能です。また、Saveメソッドのコメント化を解除すれば、メールを下書きフォルダーに保存することが可能です。

表6-4

| メソッド | 説明 |
|---|---|
| Save | 作成したメールを未送信のまま「下書き」フォルダーに保存します。Save メソッドを実行するだけでは、メールはプレビュー表示されません。 |
| Display | メール作成ウインドウを開いてメールをプレビューします。 |
| Send | メールを送信します。Send メソッドを実行するだけでは、メールはプレビュー表示されません。 |

# Outlookでメールを一斉送信する

## Outlookで複数のメールを一斉送信する

次に、複数のメールを一斉送信する方法について解説します（図6-9）。

図6-9

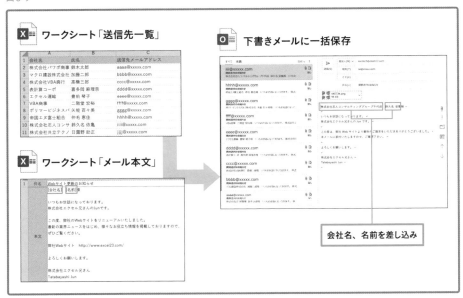

元データとして以下のものを用意してあります。

- ☒ アドレス一覧表のワークシート
- ☒ 件名と本文のテンプレートが入力してあるワークシート

 解説動画

https://excel23.
com/vba-book/6-3/

本文のテンプレートの文字列には、［会社名］［名前］という箇所があり、そこにはアドレス帳のワークシートから自動的に会社名と名前が差し込まれるようにマクロを作りました（コード6-3）。

```vba
'複数メールを一括作成
Sub SendMultiMail()
    'Outlookアプリを参照
    Dim olApp As Outlook.Application
    Set olApp = New Outlook.Application

    '送信先一覧の最終行を取得する
    Worksheets("送信先一覧").Activate
    Dim maxRow As Long
    maxRow = Cells(Rows.Count, 1).End(xlUp).Row

    '送信先一覧の最終行まで繰り返す
    Dim i As Long
    For i = 2 To maxRow
        'MailItemオブジェクト作成
        Dim olMail As Outlook.MailItem
        Set olMail = olApp.CreateItem(olMailItem)

        'メールの情報を入力
        With olMail
            '宛先
            .To = Cells(i, 3).Value
            '件名
            .Subject = Worksheets("メール本文").Range("B1").Value
            '本文
            Dim str As String
            str = Worksheets("メール本文").Range("B2").Value
            str = Replace(str, "[会社名]", Cells(i, 1).Value)
            str = Replace(str, "[氏名]", Cells(i, 2).Value)
            .Body = str
            '本文の形式
            .BodyFormat = olFormatPlain
        End With
```

❶ 最終行を取得する（送信先一覧）

❸ メールの情報を入力（送信先ごとに値を変更）

❷ 繰り返す（送信先一覧の最後まで）

次ページに続きます

```
35        'メール送信
36        olMail.Save        '下書き保存
37        'olMail.Display     'プレビュー表示        ❹ メールを送信（またはプレビュー・保存）
38        'olMail.Send        '送信する
39
40        'MailItemオブジェクト変数の参照を無しにする
41        Set olMail = Nothing
42     Next i
43
44        'Outlook.Applicationオブジェクト変数の参照を無しにする
45     Set olApp = Nothing
46  End Sub
```

図6-10：コード6-3の結果

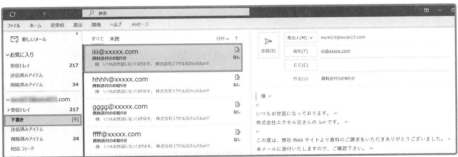

コード6-3の大きな流れとしては、次の通りです。各コードについて解説していきます。

❶ 最終行を取得する（送信先一覧）

❷ 繰り返す（送信先一覧の最後まで）

❸ メールの情報を入力（送信先ごとに値を変更）

❹ メールを送信（またはプレビュー・保存）

## 補足

コード6-3の結果、実際にはメールを送信するのではなく、下書きフォルダーに保存される結果となります。理由は、不用意にメールを大量送信してしまうことを避けるため、コード6-3における「'olMail.Send　'送信する」という箇所をコメント化してあるためです。

## 最終行を取得し、2行目〜最終行まで繰り返す

ワークシート「送信先一覧」には、2行目から11行目まで、メールを送信したい相手の［会社名］［氏名］［メールアドレス］が入力してあります。これらの送信先に、上から順番にメールを作成していく必要があります。そのため、コード6-3では、データの最終行を取得して、**For ステートメント**で2行目から最終行まで繰り返すコードを入力しています。

```
'送信先一覧の最終行を取得する
Worksheets("送信先一覧").Activate
Dim maxRow As Long
maxRow = Cells(Rows.Count, 1).End(xlUp).Row

'送信先一覧の最終行まで繰り返す
Dim i As Long
For i = 2 To maxRow

    （処理内容）

Next i
```

## メールの情報を入力（送信先ごとに値を変更）

続いて、送信先ごとに値を変更しながらメールを作成するコードが以下の部分です。

```
'メールの情報を入力
With olMail
    '宛先
    .To = Cells(i, 3).Value
```

次ページに続きます

```
    '件名
    .Subject = Worksheets("メール本文").Range("B1").Value
    '本文
    Dim str As String
    str = Worksheets("メール本文").Range("B2").Value
    str = Replace(str, "[会社名]", Cells(i, 1).Value)
    str = Replace(str, "[氏名]", Cells(i, 2).Value)
    '本文の形式
    .BodyFormat = olFormatPlain
End With
```

上記のコードでは、Excelの各ワークシートからメールの作成に必要な
値を取得し、MailItemオブジェクトの各プロパティに格納しています。
以下の図6-11とあわせて説明します。

図6-11

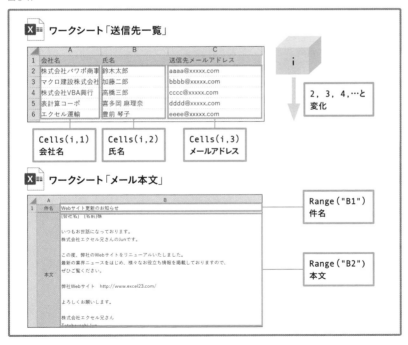

MailItemオブジェクトの各プロパティと、そこに格納するためのデータ
を取得するExcel上の場所の関係を表6-5に示します。

表6-5

| プロパティ | プロパティの説明 | データを取得する Excel 上の場所 |
|---|---|---|
| To | 送信先メールアドレス | ワークシート「送信先一覧」の Cells(i,3) |
| Subject | 件名 | ワークシート「メール本文」の Range("B1") |
| Body | メール本文 | ワークシート「メール本文」の Range("B2")<br>※本文の [ 会社名 ]、[ 氏名 ] はデータを置換する |

**Body プロパティ**に格納するメール本文は、［会社名］と［氏名］という文字列を置換してデータを差し込んでいます。その箇所のコードは以下です。

```
'本文
Dim str As String
str = Worksheets("メール本文").Range("B2").Value
str = Replace(str, "[会社名]", Cells(i, 1).Value)
str = Replace(str, "[氏名]", Cells(i, 2).Value)
```

上記の str = Worksheets("メール本文").Range("B2").Valueでは、String型の変数「str」に本文となる文字列を格納しています。また、本文の ［会社名］［氏名］という文字列は、**Replace 関数**によって置換しています。

```
Replace(元の文字列,検索文字列,置換文字列)
```

Replace関数は、上の書式のように引数を3つ指定することで、元の文字列の中から検索文字列を探し、置換文字列と置き換えて返します。したがって、

```
Replace(str, "[会社名]", Cells(i, 1).Value)
```

では、変数strの文字列のうち［会社名］という文字列を、Cells(i,1)にある文字列と置換します。例えばワークシートのCells(i,1)に「エ

クセル運輸株式会社」と書き込まれていた場合は、本文に「エクセル運輸株式会社」と差し込まれます。

```
Replace(str, "[氏名]", Cells(i, 2).Value)
```

では、変数strの文字列のうち [氏名] という文字列を、Cells(i,2) にある氏名と置換します。例えばワークシートのCells(i,2)に「佐藤太郎」と書き込まれていた場合は、本文に「佐藤太郎」と差し込まれます。

## メールを送信（またはプレビュー・下書き保存）

最後に、作成したメールを送信またはプレビュー表示や下書き保存するコードが以下です。

```
'メール送信
olMail.Save       '下書き保存
'olMail.Display    'プレビュー表示
'olMail.Send       '送信する
```

コード6-3では、下書き保存をするolMail.Saveだけを非コメント化して有効にしており、その他のコードはコメント化しています。理由は2つあります。まず、先述のようにメールを不用意に送信してしまうことを避けるため、Sendメソッド（メールを送信するメソッド）はコメント化しています。また、Displayメソッド（メールをプレビュー表示）を実行すると、メールの送信数だけメール作成ウインドウが表示されてしまうため、それを避けるため、こちらもコメント化してあります。

Displayメソッドを実行すると、例えば10通のメールを一括作成する場合、10個のメール作成ウインドウが同時に表示されてしまうため、多数のメールを作成するマクロにはあまり向かないといえるでしょう。

代わりに、Saveメソッドで下書きフォルダーにメールを一時保存しておくことをおすすめします。

\ やってみよう！ /

# Outlookからメール（1通）を Excelに取得する

## OutlookからExcelにメールを取得する

OutlookからExcelにメールを取得する方法について解説します。
まずは1通のメールを取得する方法について解説します。

●

コード6-4は、Outlookの「受信トレイ」とその下層の「サブフォルダー1」からメールを取得するコードです。
なお、あらかじめOutlookの受信トレイの下に「サブフォルダー1」という名前のサブフォルダーを作成しておく必要があります（図6-12）。

複数のメールを一括で取得する方法については、次の節から解説いたします。

▶ 解説動画

https://excel23.
com/vba-book/6-4/

図6-12

① 受信トレイを右クリックして
　[フォルダーの作成]

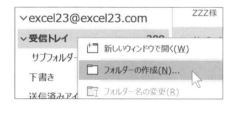

② 「サブフォルダー1」と入力

③ 「受信トレイからサブフォルダー1」へメールをドラッグドロップ

コード6-4：[FILE：6-4.xlsm]

```vba
'受信メールの情報を取得
Sub GetMail()

    'Outlookアプリを参照
    Dim olApp As Outlook.Application
    Set olApp = New Outlook.Application

    'NameSpaceオブジェクトを取得
    Dim myNamespace As Outlook.Namespace
    Set myNamespace = olApp.GetNamespace("MAPI")

    '受信トレイ(Folderオブジェクト)の取得
    Dim myInbox As folder
    Set myInbox = myNamespace.GetDefaultFolder(olFolderInbox)

    '受信トレイの1つ目のメールを出力
    MsgBox myInbox.Items(1).Body

    'サブフォルダーを取得
    Dim subFolder As folder
    Set subFolder = myInbox.Folders("サブフォルダー1")

    'サブフォルダーの1つ目のメールを出力
    MsgBox subFolder.Items(1).Body

    'オブジェクト変数の参照を無しにする
    Set myNamespace = Nothing
    Set myInbox = Nothing
    Set subFolder = Nothing
    Set olApp = Nothing

End Sub
```

❶ Outlookアプリを参照し、NameSpaceオブジェクトを取得

❷ 受信トレイを取得し、最新の1つ目のメールを出力

❸ サブフォルダーを取得し、最新の1つ目のメールを出力

❹ オブジェクト変数の参照を無しにする

図6-13：**コード6-4の結果**

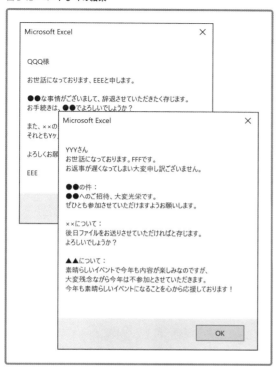

コード6-4の大きな流れは以下の通りです。各コードについて解説します。

---

❶ Outlook アプリを参照し、NameSpace オブジェクトを取得

❷ 受信トレイを取得し、最新の1つ目のメールを出力

❸ サブフォルダーを取得し、最新の1つ目のメールを出力

❹ オブジェクト変数の参照を無しにする

---

## Outlook アプリを参照し、
## NameSpace オブジェクトを取得

コード6-4のマクロの目的は、受信トレイやサブフォルダーにあるメールの情報を取得することです。しかし、Outlookにおいてメールの情報を取得するには、まず「NameSpace オブジェクト」を取得する必要があります。図6-14で説明します。

図6-14

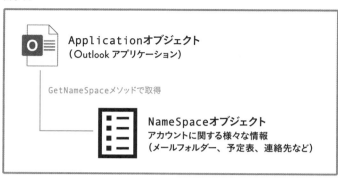

NameSpaceオブジェクトとは、メールアカウントに関する様々な情報（メールフォルダーや予定表、連絡先など）を格納しているオブジェクトです。メールそのものの情報を取得する前の準備として、NameSpaceオブジェクトを取得する必要があるのです。そこまでの処理を記述しているコードを、以下に抜粋します。

```
'Outlookアプリを参照
Dim olApp As Outlook.Application
Set olApp = New Outlook.Application

'NameSpaceオブジェクトを取得
Dim myNamespace As Outlook.Namespace
Set myNamespace = olApp.GetNamespace("MAPI")
```

Dim myNamespace As Outlook.Namespaceで、NameSpaceオブジェクトを格納するための変数「myNamespace」を宣言しています。また、olApp.GetNamespace("MAPI")では、GetNamespaceメソッドというメソッドを用い、NameSpaceオブジェクトを取得することができます。引数として"MAPI"を渡していますが、現在のところ引数は"MAPI"の一種類しか利用できません。（MAPIとは、「Messeging Application Programming Interface」の略であり、Microsoft社がメッセージの送受信をするアプリケーションの仕様を決めた枠組みです。）現状は、「GetNamespace("MAPI")」というコードでNameSpaceオブジェクトを取得できるんだ…と理解して問題ないでしょう。

## 受信トレイを取得し、最新の1つ目のメールを出力

このマクロの目的は受信トレイやサブフォルダーにあるメールの情報を取
得することですが、メールの情報を取得するためには、そのメールを格納
しているフォルダーを取得する必要があります。そして、「受信トレイ」と
いうフォルダーは受信メールを格納する最上位の階層にあるフォルダー
です。ここでは、受信トレイを取得するコードをコード6-4から抜粋します。

```
'受信トレイ(Folderオブジェクト)の取得
Dim myInbox As Folder
Set myInbox = myNamespace.GetDefaultFolder(olFolderInbox)

'受信トレイの1つ目のメールを出力
MsgBox myInbox.Items(1).Body
```

図6-15

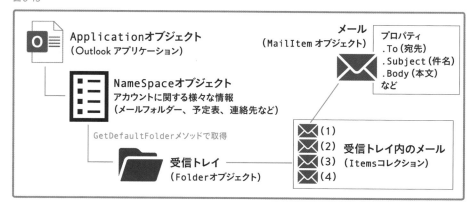

図6-15とあわせて説明します。 Outlookにおいては、フォルダーは
「**Folderオブジェクト**」として扱われます。したがって、まずはFolder
オブジェクトを格納するための変数を宣言し、そこに受信トレイを格納し
ます。コードにおいては、Dim myInbox As FolderにてFolderオブ
ジェクトを格納するための変数「myInbox」を宣言しています。
また、myNamespace.GetDefaultFolder(olFolder Inbox)で
は、GetDefaultFolderというメソッドが、Outlookの既定のフォル
ダー（すなわち受信トレイ）を返しています。GetDefaultFolderメソッ
ドは、引数に応じて、様々なフォルダーを返すことができます。ここでは

引数にolFolderInboxと指定することで、受信トレイを返しています
（例えばolFolderDraftsならば下書きフォルダー、olFolderContactsなら
連絡先フォルダー、olFolderCalendarなら予定表フォルダーといったフォ
ルダーを返します）。そして、変数myInboxにフォルダーが格納されます。

■

続いて、いよいよ受信メール自体の情報を取得するコードです。フォル
ダー内にあるメールは、FolderオブジェクトのItemsコレクションで指
定できます。図6-15にあるように、Folderオブジェクト以下のメールは
「Items(1),Items(2),Items(3)…」のように、1から始まるインデ
ックス番号で指定することができます。そして、取得されるのはメールそ
のものであるMailItemオブジェクトとなります。MailItemオブジェク
トについては、P.127でも解説した通り、様々なプロパティにメールの情
報を記憶しています。コードmyInbox.Items(1).Bodyでは、受信ト
レイの1つ目のメールを取得し、そのMailItemオブジェクトのBodyプ
ロパティを指定することで、メールの本文を取得しています。

なお、厳密にはItems
コレクションのインデッ
クス番号が「1」だからと
いって受信日時が最新
であるとは限りません。
日付の最新順に並べ替
える方法についても後で
解説します。

■

これで、受信フォルダーから最新の1通のメールの情報を取得することが
できました。

## サブフォルダーを取得し、
## 最新の1つ目のメールを出力

続いて、受信フォルダーの下の階層にあるサブフォルダーからメールの
情報を取得する方法です。ここでは、受信トレイの直下にある「サブフ
ォルダー1」を取得するコードをコード6-4から抜粋します。

```
'サブフォルダーを取得
Dim subFolder As Folder
Set subFolder = myInbox.Folders("サブフォルダー1")

'サブフォルダーの1つ目のメールを出力
MsgBox subFolder.Items(1).Body
```

図6-16

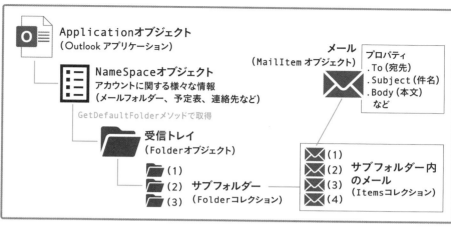

図6-16とあわせて解説いたします。 Outlookにおいては、サブフォルダーも受信トレイと同じくFolderオブジェクトの1つです。

あるフォルダー直下にあるサブフォルダーを指定するには、上位のフォルダーのFoldersコレクションから指定する必要があります。Foldersコレクションから特定のフォルダーを指定する方法には、

> ◻ myInbox.Folders(1)、myInbox.Folders(2)、…
> のようにインデックス番号で指定する方法
>
> ◻ myInbox.Folders("サブフォルダー1")…
> のようにフォルダー名で指定する方法

といった方法があります。コードの例では、myInbox.Folders("サブフォルダー1")としてフォルダー名を指定してフォルダーを取得し、変数subFolderに取得しています。

その後は受信トレイの際と同様に、subFolder.Items(1).Bodyによって、メールの本文を取得しています。

## オブジェクト変数の参照を無しにする

ここまでで、特定のフォルダー内の最新の1つのメールから情報を取得することができました。

最後に、各オブジェクト変数が何も参照していない状態にするため、

Nothingを格納するコードが以下です。

```
'オブジェクト変数の参照を無しにする
Set myNamespace = Nothing
Set myInbox = Nothing
Set subFolder = Nothing
Set olApp = Nothing
```

ここでは、Namespaceオブジェクト、受信トレイ、サブフォルダー、Outlookアプリへの参照を格納する4種類のオブジェクト変数を使用してきたため、それぞれにNothingを格納しています。

\ やってみよう！ /

# Outlookから
# 多数のメールをExcelに取得する

### Outlookから多数のメールを取得する

前項までは単一のメールをExcelに取得する方法を解説しましたが、ここからは、多数のメールを取得する方法について説明します。
コード6-5は、受信トレイから最新10件のメールを取得し、［受信日時］［送信元名］［送信元アドレス］［件名］［本文］を取得するマクロです。

解説動画

https://excel23.
com/vba-book/6-5/

コード6-5：［FILE：6-5.xlsm］

```
1    '多数の受信メールの情報を取得
2    Sub GetMultiMail()
3
4        'Outlookアプリを参照
5        Dim olApp As Outlook.Application
6        Set olApp = New Outlook.Application
7
8        'NameSpaceオブジェクトを取得
```

❶ Outlookアプリを参照し、
NameSpaceオブジェクトを取得

```vba
 9    Dim myNamespace As Outlook.Namespace
10    Set myNamespace = olApp.GetNamespace("MAPI")
11
12    '受信トレイ(Folderオブジェクト)の取得
13    Dim myInbox As folder
14    Set myInbox = myNamespace.GetDefaultFolder(olFolderInbox)
15
16    '受信日時の降順にコレクションを並べ替え
17    Dim myItems As Outlook.Items
18    Set myItems = myInbox.Items
19    myItems.Sort "ReceivedTime", Descending:=True
20
21    '最新10件のメールを取得する
22    Dim i As Long
23    For i = 1 To 10
24        '受信日時
25        Cells(i + 1, 1).Value = myItems(i).ReceivedTime
26        '送信元の名前
27        Cells(i + 1, 2).Value = myItems(i).SenderName
28        '送信元のメールアドレス
29        Cells(i + 1, 3).Value = myItems(i).SenderEmailAddress
30        '件名
31        Cells(i + 1, 4).Value = myItems(i).Subject
32        '本文の先頭20文字
33        Cells(i + 1, 5).Value = Left(myItems(i).Body, 20)
34        '本文の全文を取得する場合は以下をコメント解除
35        'Cells(i + 1, 5).Value = myInbox.Items(i).Body
36    Next i
37
38    'オブジェクト変数の参照を無しにする
39    Set myNamespace = Nothing
40    Set myInbox = Nothing
41    Set olApp = Nothing
42
43    End Sub
```

② 受信トレイを取得し、メールを日付の降順に並べ替える

③ 最新10件のメールからデータを取得する

④ オブジェクト変数の参照を無しにする

図6-17：コード6-5の結果

| | A | B | C | D | E |
|---|---|---|---|---|---|
| 1 | 受信日時 | 送信元名 | 送信元アドレス | 件名 | 本文（冒頭を抜粋） |
| 2 | 2019/11/1 13:29 | エクセル兄さん(たてばやし淳) | excel23@excel23.com | Eの件について | QQQ様<br><br>お世話になっております |
| 3 | 2019/11/1 13:29 | エクセル兄さん(たてばやし淳) | excel23@excel23.com | Dの件について | ZZZ様<br><br>お世話になっておりま |
| 4 | 2019/11/1 13:29 | エクセル兄さん(たてばやし淳) | excel23@excel23.com | Cの件について | YYYさん<br>お世話になっております。 |
| 5 | 2019/11/1 13:29 | エクセル兄さん(たてばやし淳) | excel23@excel23.com | Fの件について | ●●様、いつもお世話になっております。 |
| 6 | 2019/11/1 13:29 | エクセル兄さん(たてばやし淳) | excel23@excel23.com | Gの件について | XX様<br><br>お世話になっております。 |
| 7 | 2019/11/1 13:29 | エクセル兄さん(たてばやし淳) | excel23@excel23.com | Bの件について | XX様<br><br>お世話になっております。 |
| 8 | 2019/11/1 13:29 | エクセル兄さん(たてばやし淳) | excel23@excel23.com | Iの件について | ZZZ様<br><br>お世話になっておりま |
| 9 | 2019/11/1 13:29 | エクセル兄さん(たてばやし淳) | excel23@excel23.com | Hの件について | YYYさん<br>お世話になっております。 |
| 10 | 2019/11/1 13:29 | エクセル兄さん(たてばやし淳) | excel23@excel23.com | Aの件について | ●●様、いつもお世話になっております。 |
| | 2019/11/1 13:20 | excel23s Email | excel23@excel23.com | Eの件について | QQQ様 |

このように、多数のメールの情報を取得してExcelの一覧表に格納する
ことができます（図6-17）。

コード6-5の大きな流れは次のようになっています。

1. Outlookアプリを参照し、NameSpaceオブジェクトを取得
2. 受信トレイを取得し、メールを日付の降順に並べ替える
3. 最新10件のメールからデータを取得する
4. オブジェクト変数の参照を無しにする

ここでは、2と3について解説いたします。

## 受信トレイを取得し、メールを日付の降順に並べ替える

以下のコードは、受信トレイを取得して、メールを最新順に並べ替える
部分をコード6-5から抜粋したものです。

```
'受信トレイ(Folderオブジェクト)の取得
Dim myInbox As folder
Set myInbox = myNamespace.GetDefaultFolder(olFolderInbox)
```

```
'受信日時の降順にコレクションを並べ替え
Dim myItems As Outlook.Items
Set myItems = myInbox.Items
myItems.Sort "ReceivedTime", Descending:=True
```

「**Outlookからメール（1通）をExcelに取得する**」の節で解説した通り、
メールを取得するためには、まずそれを内包しているフォルダー
（Folderオブジェクト）を取得する必要があります。そこで、

```
Dim myInbox As folder
Set myInbox = myNamespace.GetDefaultFolder(olFolderInbox)
```

では、Folderオブジェクトを格納するための変数「myInbox」を宣
言しています。2行目ではGetDefaultFolder関数を利用して「受信
トレイ」フォルダーを取得し、変数myInboxに格納しています。
次に、

<table>
<tr><td>これについての詳しい説明は、「Outlookからメール（1通）をExcelに取得する」（P.141）で解説したので参照してください。</td></tr>
</table>

```
'受信日時の降順にコレクションを並べ替え
Dim myItems As Outlook.Items
Set myItems = myInbox.Items
myItems.Sort "ReceivedTime", Descending:=True
```

というコードでは、フォルダー内のメールを受信日時の降順（つまり日付
の新しい順）に並べ替えています。
ここで、「なぜこの並べ替え処理が必要なのだろう？」と疑問に感じた方
もいるかもしれません。「フォルダーに格納されているメールは、Items
コレクションのItems(1),Items(2),Items(3)…から取得できる。
ならば、並べ替えなど必要なく、Items(1)から順番にデータを取得し
ていけば日付の降順になっているのでは？」と、思う方もいるでしょう。
並べ替えが必要な理由は、図6-18とあわせて説明します。

図6-18

上記のように、フォルダー内のメールは「Items(1),Items(2),
Items(3)…」というインデックス番号で指定できるのですが、これらの
インデックス番号を昇順に読み込んでも、受信日時の順番はバラバラに
なっている場合があるのです。したがって、メールを受信日時の順番で取
得するには、**Itemsコレクション**を降順で並べ替える必要があるのです。
そこで、Itemsコレクションを並べ替えるために図6-19のような処理をし
ています。

図6-19

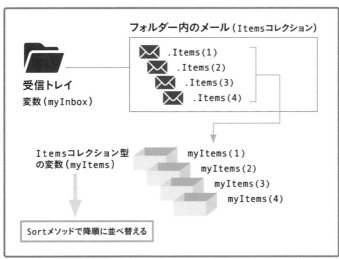

まず、Itemsコレクションを格納するためのオブジェクト変数「myItems」
を宣言します。次に、

```
Set myItems = myInbox.Items
```

では、変数myItemsに受信トレイのItemsコレクションをすべて格納し
ています。最後に、

```
myItems.Sort "ReceivedTime", Descending:=True
```

で、Itemsコレクションの**Sortメソッド**というメソッドにより、降順に並
べ替えを行っています。ItemsコレクションのSortメソッドは、格納し
ているメールを並べ替えることができるメソッドです。
Sortメソッドで指定できるオプションは以下の通りです。

| Sort Property,[Descending]　　※ [] は省略可能 | |
|---|---|
| Property | 並べ替えの基準となるプロパティの名前。メールの並べ替えを行う場合は、MailItem オブジェクトのプロパティ名を指定できます。例えば、受信日時で並べ替えたい場合は "ReceivedTime" を指定できます。他のプロパティも指定できますが、ほとんどの場合で "ReceivedTime" を指定するかと思われます。 |
| [Descending] | 並べ替え順序を降順にするからどうかを True か False で指定します。True ならば降順で並べ替え、False ならば昇順で並べ替えとなります。このオプションは省略でき、省略した場合は False（即ち昇順）となります。 |

以上で、myItems 変数に格納されたメールを日時の降順に並べ替える
ことができました。

## 最新10件のメールからデータを取得する

以降、最新10件のメールを取得するコードについて解説します。
コード6-5より抜粋した該当箇所は以下です。

> なお「本文」は、全文で
> はなく先頭20文字まで
> を抽出しています。

```
'最新10件のメールを取得する
Dim i As Long
For i = 1 To 10
    '受信日時
```

次ページに続きます

```
    Cells(i + 1, 1).Value = myItems(i).ReceivedTime
    '送信元の名前
    Cells(i + 1, 2).Value = myItems(i).SenderName
    '送信元のメールアドレス
    Cells(i + 1, 3).Value = myItems(i).SenderEmailAddress
    '件名
    Cells(i + 1, 4).Value = myItems(i).Subject
    '本文の先頭20文字
    Cells(i + 1, 5).Value = Left(myItems(i).Body, 20)
    '本文の全文を取得する場合は以下を有効化
    'Cells(i + 1, 5).Value = myInbox.Items(i).Body
Next i
```

上記では、For ステートメントにより変数 i を1から10まで増加しながらループしています。

なお、最新10件ではなくもっと多数のメールを処理したい場合は、「10」という最大値を別の数値に書き換えてください。

```
For i = 1 To 10
    '(処理内容)
Next i
```

また、ループ内では、メールを1通ずつ調べて［受信日時］，［送信元の名前］，［送信元アドレス］，［件名］，［本文］といった情報を取得してセルに書き込む処理を行っています。

```
'受信日時
Cells(i + 1, 1).Value = myItems(i).ReceivedTime
'送信元の名前
Cells(i + 1, 2).Value = myItems(i).SenderName
'送信元のメールアドレス
Cells(i + 1, 3).Value = myItems(i).SenderEmailAddress
'件名
Cells(i + 1, 4).Value = myItems(i).Subject
'本文の先頭20文字
Cells(i + 1, 5).Value = Left(myItems(i).Body, 20)
```

```
'本文の全文を取得する場合は以下をコメント解除
'Cells(i + 1, 5).Value = myInbox.Items(i).Body
```

上記のコードでは、変数myItemsに格納されたメール（MailItemオ
ブジェクト）のプロパティをそれぞれ参照し、セルに書き込んでいます。
各プロパティは、MailItemオブジェクトの各プロパティを指定しています。

表6-6

| プロパティ | 説明 | 格納されている値の例 |
| --- | --- | --- |
| ReceivedTime | 受信日時 | 2019/11/1　13:29:01 |
| SenderName | 送信元の名前 | エクセル兄さん（たてばやし淳） |
| SenderEmailAddress | 送信元のメールアドレス | excel23@excel23.com |
| Subject | 件名 | Eの件について |
| Body | 本文 | QQQ様お世話になっております... |

では、どのようにしてメールを1件ずつ指定しながらセルに転記しているの
でしょうか？ 図6-20とあわせて説明いたします。

図6-20

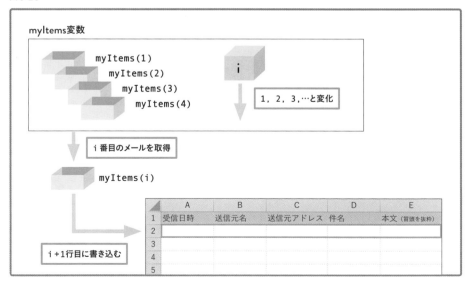

変数 i はループの回数ごとに「1,2,3…」と増加します。そのため、Items
コレクションに格納されているメールを「Items(1),Items(2),
Items(3)…」と順番に指定しながらプロパティを参照します。そのた
め、コード内ではmyItems(i)と記述しています。

一方で、書き込み対象のセルは「シートの2行目、3行目、4行目…」
という順に指定する必要があります。そのため、コード内ではCells
(i+1,列番号)のように指定しています。

また、メール本文を取得するコードは

```
'本文の先頭20文字
Cells(i + 1, 5).Value = Left(myItems(i).Body, 20)
'本文の全文を取得する場合は以下をコメント解除
'Cells(i + 1, 5).Value = myInbox.Items(i).Body
```

と記述してありますが、本文を全文取得すると文字数が多大になってし
まうため、Left関数を使って先頭20文字のみを抜粋しています。もし
も全文取得したい場合は、その下のコード

```
'Cells(i + 1, 5).Value = myInbox.Items(i).Body
```

のコメント記号（'）を削除してコメント解除し、逆にその上のLeft関
数を使用したコードをコメント化してください。

■

いかがだったでしょうか?

以上で、Outlookから多数のメールをExcelへ取り込む方法について解
説いたしました。

Excelにメールを取り込めば、Excelの様々なデータ分析機能を利用して
メールを分析することも可能です。

ぜひ活用してみてください。

# 第7章

## 外部アプリと連携し、活用の幅を広げる（3）
### Chrome・Edge編

ExcelからChromeやEdgeを
操作すれば、WebからExcelへの
データ収集やWebサイトでの
操作を自動化できる!

この章では、Excel VBAでGoogle Chrome（以下「Chrome」）や
Microsoft Edge（以下「Edge」）を操作する方法について解説いたしま
す。ChromeやEdgeをマクロで操作することによって、Webからデータ
を取得したり、Web上の操作を自動化することができます。
例えば、実務でこのようなケースはないでしょうか？

> ChromeやEdgeは、い
> わゆるインターネットブ
> ラウザ（Webサイトなど
> を表示するためのアプリ
> ケーション）です。

---

【ケース1】
Webサイト上の商品や物件などのリストを1つずつ調べて、Excelの一覧表にまとめたい。
1つ1つコピー＆ペーストを繰り返すのは面倒だ……

【ケース2】
Webサイト上のフォームに文字列を順番に打ち込むなどの操作。毎回自分でやるのは
大変だ……

---

上記のような悩みは、Excel VBAでChromeやEdgeと連携することで
解決できます。

## 【ケース1】 Webサイト上の商品や物件などのリストから、欲しいデータを抽出してExcelの一覧表にまとめる（スクレイピング）

Excel VBAからChromeやEdgeを操作することで、Webサイトの商品
一覧ページや検索結果の一覧ページ、ランキング一覧ページなどから、
［商品名］［価格］［仕様］といった欲しい情報だけを取得することができ
ます。

Webサイト上からデータを取得することを「**スクレイピング**」といいます
が、ChromeやEdgeを操作することで簡単なスクレイピングをすること
ができます。また、抽出したデータをExcelの一覧表にまとめておけば、
Excelの優れた集計分析機能やグラフによるデータの視覚化を行うこと
もできます。

図7-1は、不動産物件サイト（https://excel23.com/vbaweb）の物件一
覧ページからExcelにデータを抽出する例です。

図7-1

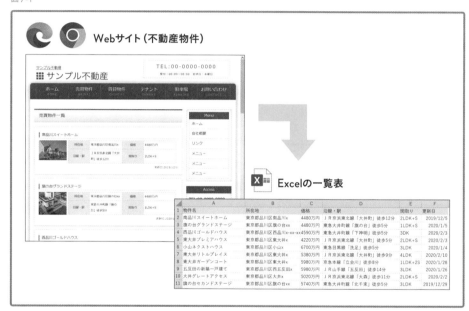

### 【ケース2】 Webサイト上のフォームに文字列を自動で入力し、
### 送信ボタンを実行することを自動化

Webサイトには、ログインフォーム（ユーザー名やパスワードを入力する
フォーム）や検索フォーム（検索キーワードを入力するフォーム）といった
様々な**フォーム**があります。 VBAでChromeやEdgeを操作することで、
それらに自動的に文字列を挿入し、送信ボタンを実行することまで自動
化できます。

図7-2は、Webサイトの書籍検索フォームでの検索を自動実行する例で
す。

図7-2

以上のように、Excel VBAでChromeやEdgeを操作することで、

> 📖 Web ➡ Excelへデータを抽出する（スクレイピング）
>
> 📖 Webサイト上の操作を自動化する
> 　　（Excel ➡ Webフォームへ文字列を入力も可能）

といった操作をすることができます。

なお、ここからの操作は、パソコンにChromeやEdgeがインストールされていることが前提となります。お持ちのパソコンにこれらがインストールされていない場合は再現できませんのでご了承ください。

## Internet Explorerはサポートが終了

従来、Excel VBAでWebブラウザを操作するには、Internet Explorerを操作する方法が簡単で導入も容易なため、主流でした。しかし、Internet Explorerは2022年6月16日にサポートが終了されたため、セキュリティ上の理由から、その方法はお勧めしません。

 解説動画

https://excel23.com/
vba-book/sec7-
update#1

## VBAでChromeやEdgeを操作する仕組み

図7-3

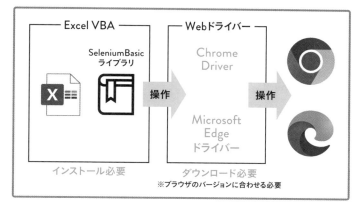

## Webドライバーを操作する

Excel VBAだけではChromeやEdgeを直接操作することはできません。本書で紹介する方法では、Webドライバーというプログラムを介してChromeやEdgeを操作します（図7-3）。Webドライバーとは、ブラウザを自動操作するために用意されたプログラムで、Chromeには「Chrome Driver」、Edgeには「Microsoft Edgeドライバー」というものがそれぞれ対応します。なお、これらのWebドライバーは、現在のブラウザのバージョンに対応するものをダウンロードする必要があります。ダウンロード方法については後述します。

## 「SeleniumBasic」を使用して、Webドライバーを操作する

Excel VBAに用意されている機能だけでは、上記のWebドライバーを操作することはできません。そこで、本書では「SeleniumBasicライブラリ」というライブラリを導入して、Excel VBAからWebドライバーを操作できるようにします。

## 環境構築

上記の方法でChromeやEdgeを操作するにあたって、Selenium BasicやWebドライバー、必要に応じて「.NET Framework 3.5」をインストールする必要があります（図7-4）。

図7-4

 Selenium Basicのインストール

 Webドライバーのダウンロード
※ブラウザのバージョンに合わせる

 「.NET Framework 3.5」インストール

 ▶ 解説動画

https://excel23.com/
vba-book/sec7-
update#2

## Selenium Basic のインストール

Selenium Basicは、GitHubというプログラム共有サービスで公開され
ています。

以下のURLに、最新のリリース順に公開されています。

- https://github.com/florentbr/SeleniumBasic/releases

バージョンは「SeleniumBasic-2.0.x.x.exe」(xに数字が入る)のように
記載されていますが、本書の執筆時点では「SeleniumBasic-
2.0.9.0.exe」が最新版です。

図7-5

「SeleniumBasic-2.0.x.x.exe」をクリックしてダウンロードしてください
(図7-5)。ダウンロードされたSeleniumBasic-2.0.9.0.exe 実行ファイ
ルを開くと、インストーラーが起動します。

「Next>」ボタンをクリックします（図7-6）。

図7-6

「License Agreement」（ライセンスの同意事項）が表示されるので、「I accept the agreement」にチェックを入れて「Next >」ボタンをクリックします（その他のチェックボックスは操作不要です）（図7-7）。

図7-7

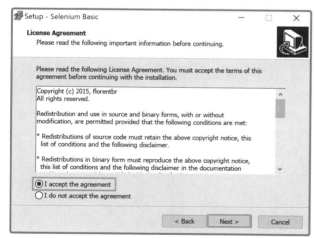

インストールするコンポーネント（プログラム）の一覧が表示されます。特に変更せず、「Next>」ボタンをクリックします（図7-8）。

図7-8

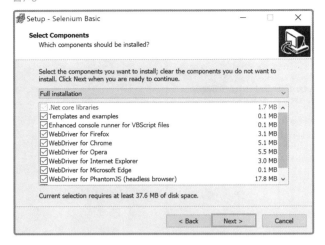

コンポーネントの一覧に「Web Driver for Chrome」などのWebドライバーが含まれています。しかし、ここに含まれるWebドライバーは、SeleniumBasicが公開された当時のバージョンなので、現在のChromeのバージョンに合いません。後述の方法で、現在のブラウザのバージョンに合わせたWebドライバーを手動でダウンロードする必要があります。

インストール先のフォルダーを確認した上で「Install」ボタンをクリックします（図7-9）。

図7-9

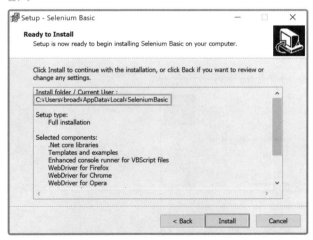

SeleniumBasicのインストール先は「C:¥Users¥[ユーザー名]¥App Data¥Local¥SeleniumBasic」のようなフォルダーになります。（ユーザー名はご自身のPCの設定に合わせて変動します）後の作業でWebDriverを導入するために重要となるため、確認しておきましょう。

インストールのプログレスバーが終了すると、SeleniumBasicのインストールが終了します。

そのまま「Finish」ボタンをクリックすると、インストーラーが終了します（図7-10）。

図7-10

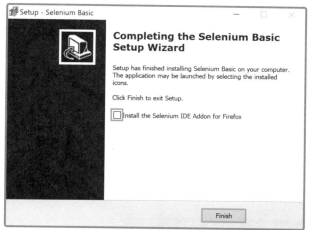

ダイアログボックスの最後には、Firefoxを操作するアドオンをインストールするチェックボックスが表示されますが、特にチェックを入れる必要はありません。

SeleniumBasicがインストールされたことを確認するために、先ほど確認したインストール先フォルダーを開いてみましょう（図7-11）。

- C:¥Users¥[ユーザー名]¥AppData¥Local¥SeleniumBasic
（ユーザー名はご自身のPCの設定に合わせて変動します）

図7-11

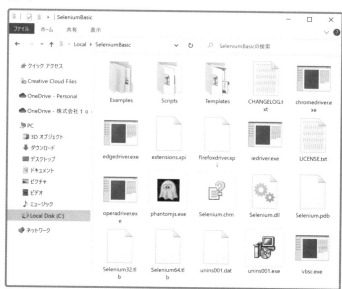

これで、SeleniumBasicのインストールは完了しました。

# Webドライバー（Chrome）のインストール

ここでは、ChromeのWebドライバーのインストール方法を紹介します。

なお、EdgeのWebドライバーのインストール方法は、本書のサポートサイトにて動画付きで解説しております。サポートサイトを参照ください。

## Chromeのバージョンを確認する

Webドライバーを導入する前に、ご自身のPCにインストールされているChromeのバージョンを確認しておく必要があります。

Chromeの右上の「●」をクリックし、「ヘルプ」>「Google Chromeについて」をクリックして開きます（図7-12）。

図7-12

Chromeのバージョンが表示されます（図7-13）。

筆者のChromeでは以下のように表示されました。

- バージョン：114.0.5735.134

なお、上記は執筆時点での筆者のPCにおけるバージョン表示です。ご自身で実践する際は必ずご自身でバージョンを確認してください。

Chromeのバージョンが最新版でない場合、この画面上でChromeが更新されることがあります。その際は、更新が終了するまでお待ちください。
更新後は、Chromeを再起動してください。

図7-13

## 「WebDriver for Chrome」をインストールする

以下のURLを開くと、Chrome用のWebドライバーのダウンロードページが開きます（図7-14）。

- https://chromedriver.chromium.org/downloads

図7-14

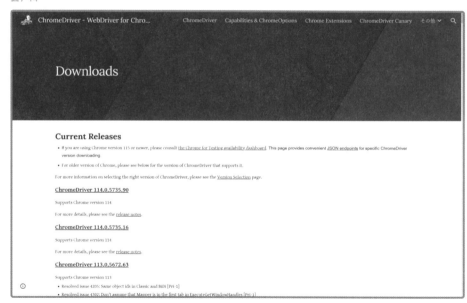

先ほど確認したChromeのバージョンに最も近いドライバーを選択してください。

例えば、Chromeのバージョンが「バージョン：114.0.5735.134」の場

合、Webドライバーは「ChromeDriver 114.0.5735.90」を選択しま
す。つまり、ここでは「114.0.5735」までが一致していれば問題ありま
せん。たいていの場合、Chromeのバージョンを最新版に更新した上
で、Webドライバーも最新版のものを利用すれば問題ありません。

さらに、ダウンロードできるファイルの一覧が表示されます。
「chromedriver_win32.zip」がWindows用のドライバーです。これをク
リックしてダウンロードしてください。ダウンロード後、zipファイルを展開
してください（図7-15）。

図7-15

# Index of /114.0.5735.90/

| | Name | Last modified | Size | ETag |
|---|---|---|---|---|
| | Parent Directory | | - | |
| | chromedriver_linux64.zip | 2023-05-31 08:57:22 | 7.06MB | cd6613edf6628041684393706b62d3a6 |
| | chromedriver_mac64.zip | 2023-05-31 08:57:25 | 8.29MB | b44390afbddadf8748a1d151483b2472 |
| | chromedriver_mac_arm64.zip | 2023-05-31 08:57:29 | 7.40MB | 0d515e46bea141705e49edaba1d49819 |
| | chromedriver_win32.zip | 2023-05-31 08:57:32 | 6.30MB | 7d455bed57ef682d41108e13d45545ca |
| | notes.txt | 2023-05-31 08:57:38 | 0.00MB | 1670f6dde7877ca84ecd4c56b9cc759c |

展開後のフォルダーを開くと、その中に「chromedriver.exe」という実
行ファイルが保存されています。このファイルをコピーしてください（図
7-16）。

図7-16

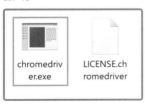

SeleniumBasicをインストールしたフォルダーを開きます。

- C:¥Users¥[ユーザー名]¥AppData¥Local¥SeleniumBasic
  （ユーザー名はご自身のPCの設定に合わせて変動します）

図7-17

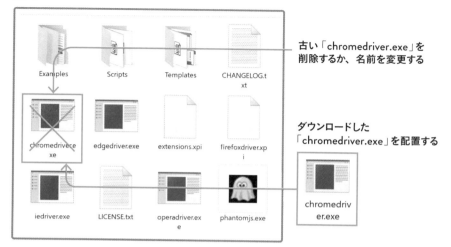

古い「chromedriver.exe」を
削除するか、名前を変更する

ダウンロードした
「chromedriver.exe」を配置する

上記のフォルダー内には、すでに「chromedriver.exe」が存在します。
しかしそれはSeleniumBasicが公開された当時の古いWebドライバーで
あるため、差し替える必要があります。このファイル（古いchromedriver.
exe）を削除するか、名前を変更してください。その後で、先ほどダウン
ロードした最新のchromedriver.exeを同フォルダーに配置してください
（図7-17）。

以上で、ChromeのWebドライバーをインストールすることができました。

## 必要に応じて「.Net Framework3.5」を インストールする

SeleniumBasicは、「.Net Framework3.5」を利用します。これは、
Windows上で動くアプリケーションを作るための便利なツールのセット
とその実行環境として用意されたものです。ご自身のPCに.Net
Framework3.5がインストールされていない場合は、下記の手順でイン
ストールしてください。

SeleniumBasicをインストールしたフォルダーを開きます。

- C:¥Users¥[ユーザー名]¥AppData¥Local¥SeleniumBasic
  （ユーザー名はご自身のPCの設定に合わせて変動します）

「Scripts」フォルダー内にある「StartChrome.vbs」という実行ファイルを実行してください（図7-18）。

図7-18

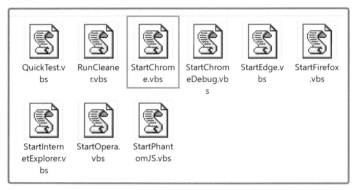

.Net Framework3.5がインストールされていない場合は、インストーラーが起動するので、案内に従ってインストールを進めてください。
すでにインストールされている場合は、「Click OK to quit」という表示のみのメッセージボックスが表示されます。その場合は「OK」ボタンをクリックしてください。

## 補足

図7-19のようなエラーが表示されることがあります。これは、すでに.Net Framework3.5がインストールされているものの、Chromeとその Web ドライバーのバージョンが一致していないことを示します。その際は、現在のChromeに一致するバージョンのWebドライバーをインストールする必要があります。

図7-19

# SeleniumBasic のオブジェクトライブラリを参照設定する

ここからはSeleniumBasicを利用してChromeやEdgeを操作します。そのため、オブジェクトライブラリ「Selenium Type Library」の参照設定をしておくと便利です（図7-20）。

https://excel23.com/vba-book/sec7-update#3

❶　Excel VBE にて ［ツール］［参照設定］ をクリック

❷ 「Selenium Type Library」 にチェックを入れて 「OK」 をクリック

図7-20

以上で、SeleniumBasic ライブラリへの参照設定は完了です。

# Chromeを起動して特定のページを開く

## Chromeアプリを起動する

解説動画

以下のコードでChromeを起動して、指定のWebサイト（https://
excel23.com/vbaweb/）を開くことができます（図7-21）。

https://excel23.com/
vba-book/sec7-
update#4

コード7-1：[ FILE：**7-1.xlsm** ]

```vba
1  Sub OpenBrowser()
2
3      '1.オブジェクト変数を宣言しWebドライバーへの参照を格納する
4      Dim Driver As WebDriver
5      Set Driver = New WebDriver
6                                              ❶ Chromeを起動する
7      '2.ブラウザを起動
8      Driver.Start "Chrome"     'ここで"Edge"に置き換え可能
9
10     '3.指定のURLにページ遷移
11     Driver.Get "https://excel23.com/vbaweb/"
12                                              ❷ 指定のURLにページ遷移する
13     '4.メッセージ表示
14     MsgBox "ブラウザを起動しました"
15
16     '5.ブラウザを終了し、オブジェクト変数の参照を無しにする
17     Driver.Close
18     Set Driver = Nothing                    ❸ Chromeを終了する
19
20 End Sub
```

Edgeを操作する場合は、コード内の"Chrome"という文字列を
"Edge"に書き換えてください。

図7-21：コード7-1の結果

上記の結果、以下の操作が行われます。

❶ **Chromeを起動する。**

❷ **指定のURL（http://excel23.com/vbaweb/）にページ遷移する。**

❸ **Chromeを終了する。**

## Chromeを起動するには？

コード7-1について、順を追って説明します。

まず、Chromeを起動するためのコードをコード7-1から抜粋します。

```
'1.オブジェクト変数を宣言しWebドライバーへの参照を格納する
Dim Driver As WebDriver
Set Driver = New WebDriver

'2.ブラウザを起動
Driver.Start "Chrome"     'ここで"Edge"に置き換え可能
```

上記では、Chromeを操作するために、**オブジェクト変数**に格納してい
ます。

以下の概念図（図7-22）もご覧ください。

オブジェクト変数にアプリを格納するという詳しい意味については、第5章で説明したので説明を省略します。

図7-22

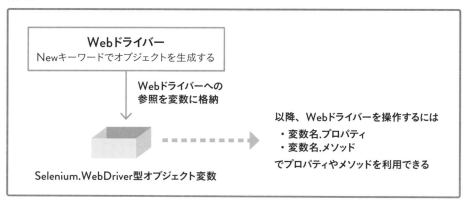

Dim Driver As WebDriver で WebDriver 型のオブジェクト変数「Driver」を宣言しています。また、Set Driver = New WebDriver では、New キーワードによって、Web ドライバーのオブジェクトを生成し、変数 Driver に格納しています。Web ドライバーへの参照をオブジェクト変数に格納することで、以降、次のように記述すればプロパティやメソッドを利用できるようになります。

```
変数名.プロパティ
変数名.メソッド
```

つづいて、次のコードでChromeを起動します。

```
'2.ブラウザを起動
Driver.Start "Chrome"      'ここで"Edge"に置き換え可能
```

上記を実行すると、Chromeが起動し、ウインドウが表示されます。なお、上記のコードの "Chrome" という部分を "Edge" に書き変えることで、Edgeを起動することができます。

## 指定のURLにページ遷移する

次に、指定のURL（https://excel23.com/vbaweb/）にページ遷移する
コードが以下です。

```
'3.指定のURLにページ遷移
Driver.Get "https://excel23.com/vbaweb/"
```

上記を実行すると、Chromeが指定したURL（https://excel23.com/
vbaweb/）のサンプルサイトにページ遷移します。

**Driver.Get メソッド**は、Webドライバーが指定のURLに遷移するメ
ソッドです。

【Drive.Getメソッド】

**構文：**
　　Webドライバー.Get ［URL］

**引数：**
　　［URL］：ページ遷移させたいURLを文字列で指定することができます

## Excelでメッセージを表示する

**MsgBox 関数**によりExcel上でメッセージを表示させるコードです。

```
'4.メッセージ表示
MsgBox "ブラウザを起動しました"
```

上記により、Excel上でメッセージボックスが表示されます。［OK］ボタ
ンをクリックすると、それ以降の処理が実行されます。

## Chromeを終了し、
## オブジェクト変数の参照を無しにする

最後に、Chromeを終了してオブジェクト変数の参照を無しにするコードについて解説いたします。

以下は、コード7-1から該当部分を抜粋したコードです。

```
'5.ブラウザを終了し、オブジェクト変数の参照を無しにする
Driver.Close
Set Driver = Nothing
```

上記により、Chromeが終了します。

**Closeメソッド**はChromeのアプリケーションを終了するメソッドです。また、Set Driver = Nothingにより、ここまで利用していたオブジェクト変数（Driver）にNothingを格納することで、オブジェクト変数が何も参照していない状態なります。これにより、使用していたメモリを解放します。

以上で、Chromeを起動して指定のURLへ遷移する方法についてお伝えしました。

## Chromeが勝手に閉じてしまうのを防ぐには？

「Driver.Close」を削除しても、プロシージャが終了するとChromeのウィンドウが強制的に閉じてしてしまいます。これはSeleniumBasicの仕様です。したがってプロシージャ終了後もChromeを閉じないようにするには、次のような対策方法があります。

 解説動画

https://excel23.com/
vba-book/sec7-
update#5

> ☑ 変数「Driver」をモジュールレベル変数として宣言する。
> ☑ 「Driver.Close」のコードを削除する。

以下は、コード7-1を上記のように変更した例です。

```
1    Private Driver As New WebDriver
2                                          宣言セクションで変数を宣言する
3    Sub OpenBrowser2()
4
5        '1.オブジェクト変数にWebドライバーへの参照を格納する
6        'Dim Driver As WebDriver
7        'Set Driver = New WebDriver          コメントにして無効化
8
9        '2.ブラウザを起動
10       Driver.Start "Chrome"     'ここで"Edge"に置き換え可能
11
12       '3.指定のURLにページ遷移
13       Driver.Get "https://excel23.com/vbaweb/"
14
15       '4.メッセージ表示
16       MsgBox "ブラウザを起動しました"
17
18       '5.ブラウザを終了し、オブジェクト変数の参照を無しにする
19       'Driver.Close
20       'Set Driver = Nothing               コメントにして無効化
21
22   End Sub
```

上記のコードでは、宣言セクションに Private Driver As New
WebDriver と記述することで、変数 Driver をモジュールレベル変数と
して宣言しています。なお、「As New WebDriver」というコードでは、
New キーワードでオブジェクトを生成する操作と変数の宣言を1行のコ
ードで兼ねています。以上によって、プロシージャが終了しても Chrome
が閉じることが無いようになりました。

# Webサイトからデータを取得する

## Webサイトからデータを取得するには？

▶ 解説動画

続いて、Chromeで表示しているWebサイトから特定のデータを取得する方法について解説します。ここでは、以下のURLのページタイトルと本文テキストを取得して出力するマクロを題材に説明いたします（コード7-2）。

https://excel23.
com/vba-book/
sec7-update#6

コード7-2：[FILE：**7-2.xlsm**]

```
1    Private Driver As New WebDriver        'モジュールレベル変数
2
3    Sub GetTitleBody()
4
5        'オブジェクト変数にWebドライバーの参照を格納
6        'Dim Driver As WebDriver      'コメントにして無効化
7        'Set Driver = New WebDriver      'コメントにして無効化
8
9        'ブラウザを起動
10       Driver.Start "Chrome"      '"Edge"に置き換え可能
11
12       'ページを遷移する
13       Driver.Get "https://excel23.com/vbaweb/"
14
15       'ページ遷移の完了まで待つ（簡易版）
16       'Driver.Wait 2000      '2秒
17
18       'ページタイトルと本文テキストを出力
19       MsgBox Driver.Title
20       MsgBox Driver.FindElementByTag("Body").Attribute("innerText")
21
22       'ブラウザを終了
23       'Driver.Close      'コメントにして無効化
24       'Set Driver = Nothing      'コメントにして無効化
25
26   End Sub
```

❶ Chromeを起動し、特定のURLにページ遷移する

❷ ページ遷移の完了を待つ（必要に応じて使用する）

❸ 表示中のページからページタイトルと本文テキストを出力する

図7-23：コード7-2の実行結果

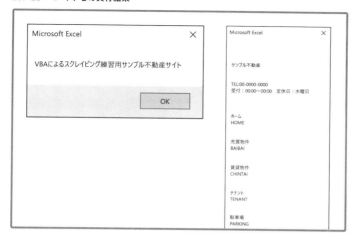

「コメントにして無効化」というコメントを記述された行は、プロシージャの終了後にChromeが自動的に閉じてしまうのを防ぐために、コードを無効化しています。

Excelのメッセージボックスにて、ページタイトルと本文テキストが出力されます（本文テキストは文字数が多いため、一部だけ表示されます）。
コード7-2は、大きく分けて次ページに記した3つの処理で構成されています。①については前節までに解説したため、詳細については割愛します。ここからは、②と③について解説します。

---

**①　Chromeを起動し、特定のURLにページ遷移する**

**②　ページ遷移の完了を待つ（必要に応じて使用する）**

**③　表示中のページからページタイトルと本文テキストを出力する**

---

## ページ遷移の完了を待つ

②は、ページ遷移の完了まで待つためのコードです。必要に応じて先頭の「'」を削除して使用することができます。Chromeがページ遷移する際、VBAのコードが実行されてからページの読み込みが完了するまでに時間差が生じることがあります。しかし、ページ読み込みが完了していないのにVBAが次のコード（例えばページのデータを取得する処理など）を実行しようとすると、エラーの原因になってしまいます。

本書のサンプルサイトのような一般的なWebサイトであれば、❷のコードは不要です。その理由は、❶のDriver.Getメソッドが、ページの読み込みが完了するまで自動的に待機するためです。

❷が必要になるケースは、ページ内でJavaScriptを実行するような動的なページに遷移する場合に該当します。そのような場合、Driver.Getメソッドではページの読み込みが完了するまで待機することができません。そこで、❷の簡易的なコードで、ページ遷移の完了まで待つことができます。

```
'ページ遷移の完了まで待つ(簡易版)
'Driver.Wait 2000        '2秒
```

上記のDriver.Waitメソッドは、引数に指定した整数×1000分の1秒だけ、Chromeの動作を待機させます。つまり、引数に「2000」を指定した場合は、2秒待機します。ただし、この方法は簡易的な方法で、必ずしも指定した時間（例えば2秒）でページ遷移が完了するとも限らない点に注意ください。

## ページタイトルと本文テキストを取得する

以下のコードは、表示ページから、ページタイトルや本文テキストを取得するコードです。

```
1'ページタイトルと本文テキストを出力
1MsgBox Driver.Title
1MsgBox Driver.FindElementByTag("Body").Attribute("innerText")
```

Drive.Titleというコードで、表示ページからページタイトルを取得します。Driver.FindElementByTag("Body").Attribute("innerText")というコードは、表示ページからHTMLに含まれている本文（Body要素）から、テキスト部分（innnerText属性）だけを取得しています。「要素」や「属性」という用語については、次の項で説明します。

# Webサイトのデータを取得する
## （DOMを利用）

ここからは、Webサイトからデータを取得する仕組みについて詳しく解説します。具体的には「HTML」と「DOM」という用語について理解しておきましょう。

▶ 解説動画

https://excel23.com/
vba-book/sec7-
update#7

## 表示中のページのデータは
## HTMLソースに記述されている

Webサイトは、主に**HTML**（Hyper Text Markup Language）という言語による設計図を元に作成されます。図7-24とあわせて、簡単に説明いたします。

図7-24

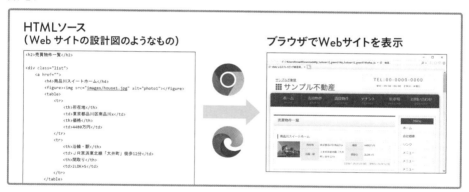

HTML言語で記述されたコードは「HTMLソース」と呼ばれます。それをChromeやEdgeのようなインターネットブラウザが解釈して、画面に表示しています。Webサイトからデータを取得するには、その設計図であるHTMLからデータを取得することが基本となるのです。

## HTMLは「タグ」を使ってWebページを表現する

Webサイト上に表示されている文章や画像やそのレイアウトなどは、HTMLでは「**タグ**」という文字列を使って表現されています。例えばHTMLソースと実際のブラウザでの表示を比較すると図7-25のようになります。

図7-25

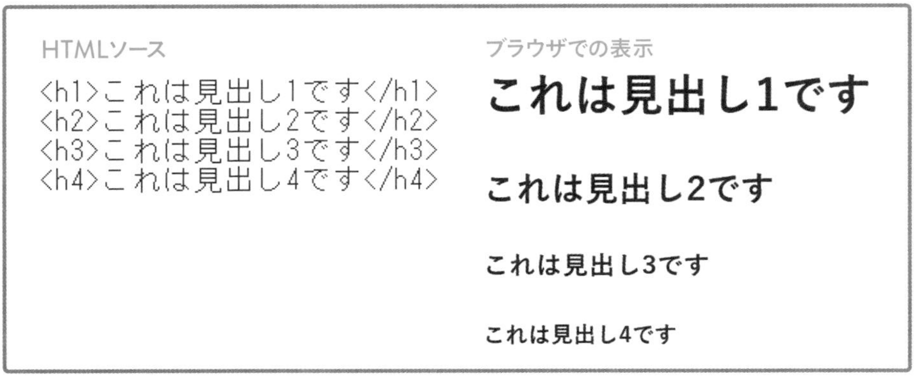

```
HTMLソース                                    ブラウザでの表示
<h1>これは見出し1です</h1>          これは見出し1です
<h2>これは見出し2です</h2>
<h3>これは見出し3です</h3>          これは見出し2です
<h4>これは見出し4です</h4>
                                     これは見出し3です

                                     これは見出し4です
```

<h1>を「h1タグ」と呼びますが、開始タグである<h1>と、終了タグである</h1>で文字列を囲むことによって「この文字列は見出し1です」という意味となります。すると、ブラウザ上では見出しの文字列として表示されます。

HTMLにおける見出しには、見出しの大きい順番に<h1>、<h2>、<h3>…という種類が存在します。これらを総称して「hタグ」といいます。hタグの他にも様々なタグが存在します。

以上のように、HTMLはタグを使ってWebページを表現するのです。VBAによってWebページからデータを取得する際にも、タグを頼りにデータを指定して取得することが多くなります。

## HTMLは階層構造になっている
## （DOM：Document Object Model）

もう一つお伝えしておきたいHTMLの特徴は、タグが階層構造（ツリー構造）になっているという点です。

次の図をご覧ください。

図7-26

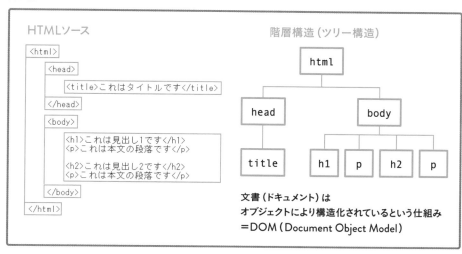

図7-26のHTMLソース上では、開始タグ<html>〜終了タグ</html>で全体を囲っています。その下の階層に<head>〜</head>や<body>〜</body>があります。さらに下の階層に<title>や<h1>などのタグが存在しているのがわかるでしょうか。

このように、HTMLは、タグで囲まれた階層によって階層構造（ツリー構造）を形作っていることになります。そうした階層構造をツリー構造の図に表したものが図7-26の右側の図です。

図のように、文章（ドキュメント）はオブジェクト（対象となるモノ）により構造化されているという仕組みを「DOM（Document Object Model）」といいます。

VBAでデータを取得する際には、このDOMを利用して要素を指定し、データを取得することができます。

## Webサイトからデータを取得するコードの例

では、実際にDOMを利用してWebサイトからデータを抽出するマクロを題材に説明します。

ここでは図7-27のようなサンプルサイトを例に、表7-1にまとめたデータを抽出するマクロをご紹介します。

・ **サイトURL：https://excel23.com/vbaweb/sample.html**

図7-27

HTMLソース

```
<html>
    <head>
        <title>これはタイトルです</title>
    </head>

    <body>
        <h1>これは見出し1です</h1>
        <p>これは本文1の段落です</p>

        <h2>これは見出し2です</h2>
        <p>これは本文2の段落です</p>

        <table border="1">
            <tr>
                <th>列1見出し</th>
                <th>列2見出し</th>
            </tr>
            <tr>
                <td>データ1</td>
                <td>データ2</td>
            </tr>
            <tr>
                <td>データ3</td>
                <td>データ4</td>
            </tr>
        </table>
    </body>
</html>
```

ブラウザでの表示

# これは見出し1です

これは本文1の段落です

## これは見出し2です

これは本文2の段落です

| 列1見出し | 列2見出し |
|---|---|
| データ1 | データ2 |
| データ3 | データ4 |

表7-1: 抽出するデータとその元になるHTMLタグ

| 抽出するデータ | HTMLタグ | タグの説明 |
|---|---|---|
| ページタイトル | <title> 〜 </title> | ページタイトル |
| 見出し1 | <h1> 〜 </h1> | 見出し1 |
| 本文1 | <p> 〜 </p> | 段落 |
| 本文2 | <p> 〜 </p> | 段落 |
| 表（テーブル）の各セル | <th> 〜 </th><br><td> 〜 </td> | テーブルの見出しセル<br>テーブルの1つのセル |

▶ 解説動画

https://excel23.com/
vba-book/sec7-
update#8

上記のデータを抽出するためのVBAが次のコード7-3です。

コード7-3：[FILE：**7-3.xlsm**]

```vba
Private Driver As New WebDriver        'モジュールレベル変数

'Webページからデータを取得する
Sub GetData()

    'オブジェクト変数にWebドライバーの参照を格納
    'Dim Driver As WebDriver       'コメントにして無効化
    'Set Driver = New WebDriver       'コメントにして無効化

    'ブラウザを起動
    Driver.Start "Chrome"       '"Edge"に置き換え可能

    'ページ遷移する
    Driver.Get "https://excel23.com/vbaweb/sample.html"

    '<title>タグの要素からテキストを取得
    MsgBox Driver.FindElementByTag("title").
        Attribute("innerText")

    '<h1>タグの要素からテキストを取得
    MsgBox Driver.FindElementByTag("h1").Attribute("innerText")

    '<p>タグの要素からテキストを取得
    MsgBox Driver.FindElementsByTag("p")(1).
        Attribute("innerText")
    MsgBox Driver.FindElementsByTag("p")(2).
        Attribute("innerText")

    '<table>タグの要素からテキストを取得
    Dim el1 As WebElement
    Dim el2 As WebElement

    '<tr>タグで行を取得
    For Each el1 In Driver.FindElementsByTag("tr")
        '<th>タグで見出しを取得
        For Each el2 In el1.FindElementsByTag("th")
            Debug.Print el2.Attribute("innerText")
        Next el2
```

❶ Chromeを起動し、特定のURLにページ遷移する

❷ ページのHTMLからデータを取得する

❸ table（表）から要素を1つ1つ取得する

次ページに続きます

```
36
37          '<td>タグでデータを取得
38          For Each el2 In el1.FindElementsByTag("td")
39              Debug.Print el2.Attribute("innerText")
40          Next el2
41      Next el1
42
43      'ブラウザを終了
44      'Driver.Close        'コメントにして無効化
45      'Set Driver = Nothing        'コメントにして無効化
46  End Sub
```

∧

「コメントにして無効化」というコメントを記述された行は、プロシージャの終了後にChromeが自動的に閉じてしまうのを防ぐために、コードを無効化しています。

図7-28：**コード7-3の実行結果**

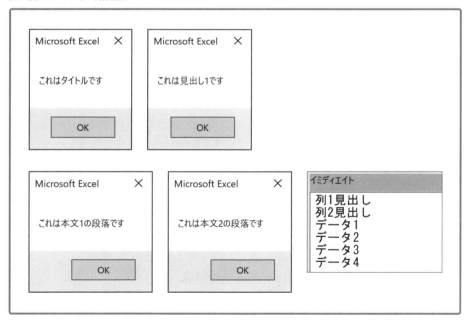

| Microsoft Excel | × |
| これはタイトルです |
| OK |

| Microsoft Excel | × |
| これは見出し1です |
| OK |

| Microsoft Excel | × |
| これは本文1の段落です |
| OK |

| Microsoft Excel | × |
| これは本文2の段落です |
| OK |

イミディエイト
```
列1見出し
列2見出し
データ1
データ2
データ3
データ4
```

コード7-3は全体として以下のような構成になっています。

---

❶　Chromeを起動し、指定のURLにページ遷移する

❷　ページのHTMLからデータを抽出する

❸　table（表）から要素を1つ1つ取得する

---

ここからは、❷について特に解説いたします。

## タグで囲まれたテキストを抽出する（`title`タグ）

ここからは具体的に各タグで囲まれたテキストを抽出するコードについて
説明します。

まず、コード7-3のうち、ページタイトルを取得するコードが以下です。

---

```
'<title>タグの要素からテキストを取得
MsgBox Driver.FindElementByTag("title").Attribute("innerText")
```

---

上記の「`FindElementByTag`」メソッドとは、引数で指定したタグ名
の要素を取得するメソッドです。上記は引数に`"title"`という文字列
を指定しているため、`<title>`～`</title>`タグで囲まれた要素を取
得します。

---

【`FindElementByTag`メソッド】
**引数で取得したタグ名のHTML要素を取得して返す。戻り値はWebElementオブジェ
クトとして返す**

**書式：**
`Webドライバー.FindElementByTag(タグ名)`

**引数：**
　　**タグ名：取得したい要素のHTMLタグ名を文字列として記述する**

---

以下の概念図（図7-29）とあわせて説明いたします。

図7-29

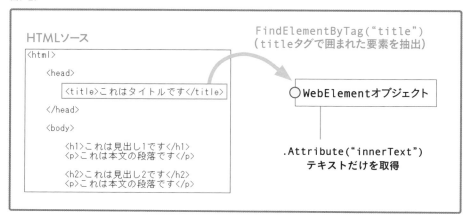

FindElementByTagメソッドでは、引数に一致した要素を1つ返します。戻り値はWebElementオブジェクトという、取得した要素を操作するためのオブジェクトです。

さらに、.Attribute("innerText")と続けて入力しています。これは、取得した要素からテキストだけを取得するためのコードです。

元のHTMLソースでは、 <title>これはタイトルです</title>というように、<title>〜</title>タグに囲まれた「これはタイトルです」という文字列があります。したがって、.Attribute("innerText")ではこの文字列だけが取得されます。

【.Attribute("innerText")】
**要素からテキストだけを取得して文字列形式で返す**

書式：
WebElementオブジェクト.Attribute("innerText")

ここまでの説明をまとめると、以下のコードでは、

```
MsgBox Driver.FindElementByTag("title").Attribute("innerText")
```

`<title>`タグで囲まれた要素を取得し、テキストだけを抽出し、メッセージボックスで出力する、という意味になります。

## タグで囲まれた要素を抽出する（h1タグ）

以下のコードも同様に、FindElementByTagメソッドを利用してh1要素を取得しています。

```
'<h1>タグの要素からテキストを取得
 MsgBox Driver.FindElementByTag("h1").Attribute("innerText")
```

今度は、`<h1>`タグで囲まれた要素を取得し、メッセージボックスで出力するという意味になります。

以上のように、FindElementByTagメソッドの引数を書き換えることで、指定のタグで囲まれた要素を取得することができるのです。

## タグで囲まれた複数の要素を抽出する（pタグ）

ここまでは`<title>`タグや`<h1>`タグなど、HTMLソース全体を見ても一箇所しか存在しない要素を取得しました。
次に、同じタグで囲まれた要素が複数存在する場合について解説します。

以下は、`<p>`タグで囲まれた要素からテキストを取得するコードです。

```
'<p>タグの要素からテキストを取得
 MsgBox Driver.FindElementsByTag("p")(1).Attribute("innerText")
 MsgBox Driver.FindElementsByTag("p")(2).Attribute("innerText")
```

注意したいのは、メソッド名に「FindElementsByTag」とあるように複数形の「s」がついており、戻り値は複数あるということです。図7-30と合わせて説明します。

図7-30

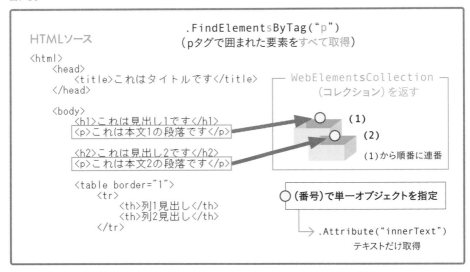

HTMLソースには同じタグで囲まれた要素が複数存在する場合があります。特に<p>タグは「段落」を意味するため、1つのページに複数存在することがほとんどです。そのような場合は、FindElementsByTagメソッドを使用します。戻り値は**WebElementsというコレクション**（複数オブジェクトの集合）を返し、コレクションには（1）から順番に要素が格納されます。今回のHTMLソース全体を通して<p>タグで囲まれた要素は2箇所あります。そして、戻り値はコレクション（オブジェクトの集合体）として返されます。戻り値は、コレクションの（1）から順番に格納されているので、（1）と（2）に格納されているのです。

したがって、上記のコードでは、

Driver.FindElementsByTag("p")(1)では<p>タグで囲まれた1つ目の要素を、

Driver.FindElementsByTag("p")(2)では<p>タグで囲まれた2つ目の要素を、

それぞれ取得していることになります。

このように、同じタグで囲まれた要素が複数ある場合、getElementsByTagメソッドで取得した要素はコレクションの（1）から順番に格納されていることを注意しましょう。

## 補足：取得した要素をループですべて順番に指定するには？

もしもコレクションで取得した要素をすべて順番に指定したい場合は、
ループで要素の最後まで指定することができます。

**コード例**

```
'要素をすべて順番に抽出
Dim i As Long
For i = 1 To Driver.FindElementsByTag("p").Count
    MsgBox Driver.FindElementsByTag("p")(i).innerText
Next i
```

**Count プロパティ**は、取得した要素の個数を返します（例えば <p> タグ
で囲まれた要素が10個あった場合は「10」を返します）。したがって、
ループを For i = 1 To Driver.FindElementsByTag("p").
Count と指定することで、コレクションに格納された1番目から最後まで
順番にテキストを取得することができるのです。

## テーブルから各セルを取得する

解説動画

https://excel23.com/
vba-book/sec7-
update#9

Webからデータを取得する際、テーブル（表）からデータを取得するこ
とは比較的多くなります。なぜなら、データを効率的にまとめるために表
形式がよく用いられるからです。

以下のコードは、テーブルからデータを取得するコードです。

```
'<table>タグの要素からテキストを取得
Dim el1 As WebElement
Dim el2 As WebElement

'<tr>タグで行を取得
For Each el1 In Driver.FindElementsByTag("tr")
    '<th>タグで見出しを取得
    For Each el2 In el1.FindElementsByTag("th")
        Debug.Print el2.Attribute("innerText")
```

次ページに続きます

```
    Next el2

    '<td>タグでデータを取得
    For Each el2 In el1.FindElementsByTag("td")
        Debug.Print el2.Attribute("innerText")
    Next el2
  Next el1
```

上記のコードを理解するために、基礎から順を追って説明いたします。

## テーブルの構造

HTMLソースでは、テーブル（表）を図7-31のように定義します。表7-2
は、テーブルの定義によく利用されるHTMLタグの説明です。

図7-31

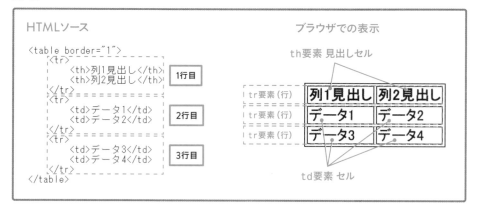

表7-2

| 要素 | HTMLタグ | 説明 |
|------|----------|------|
| 表全体 | \<table\> ～ \</table\> | 表全体を定義します。図の例では、border="1" と記述することで表の枠線の太さを定義しています。<br>（このような付加情報を属性といいます） |
| 行 | \<tr\> ～ \</tr\> | 表の1行を定義します。 |

表7-2（続き）

| 要素 | HTML タグ | 説明 |
|---|---|---|
| 見出しセル | \<th\> ～ \</th\> | 表の見出しセルを定義します。 |
| セル | \<td\> ～ \</td\> | 表のセルを定義します。 |

## 取得した要素を明確にする

今回のコードで取得したいデータは、th 要素（見出しセル）と td 要素
（セル）となります（図7-32）。

図7-32

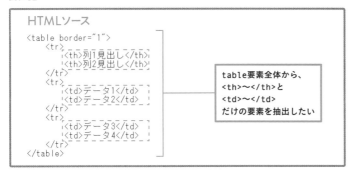

## 行を1つずつ抽出する
## （\<tr\> タグで囲まれる要素を順番に取得）

そこで、テーブルの行（つまり \<tr\> タグで囲まれる要素）を1つずつ順番
に取り出して処理していきます。

そのコードが以下です。

```
Dim el1 As WebElement

'<tr>タグで行を取得
For Each el1 In Driver.FindElementsByTag("tr")
    処理内容
Next el1
```

図7-33

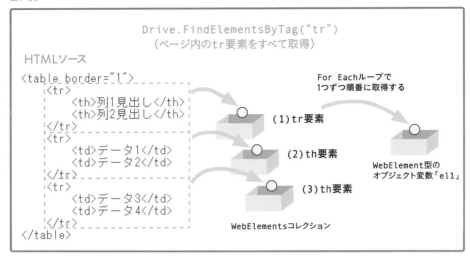

Driver.FindElementsByTag("tr") では、<tr>タグで囲まれる
全要素をWebElementsコレクションとして取得します。さらに、**For
Eachループ**を利用して、行を1つずつ取得していきます。

このとき、**For Eachステートメント**では、「一時的な受け皿」となる変
数が必要となります。

そのための変数を宣言しているのが以下のコードです。

```
Dim el1 As WebElement
```

これは、WebElement型のオブジェクト変数「el1」を宣言しているコ
ードです。

**WebElementオブジェクト**は、1つのHTML要素（WebElementオブジ
ェクト）を格納するために利用できるオブジェクトです。

このオブジェクト変数を宣言することで、For Eachループにおける「一
時的な受け皿」として利用できます。

## 行から、「見出し」と「データ」のテキストを抽出する

ここまでで、For Eachループを利用して、テーブル内の行を1つずつ処
理していくのですが、さらに以下のような内部ループで、見出しとデータ
を抽出します。太字部分が関係するコードです。

```
'<table>タグの要素からテキストを取得
Dim el1 As WebElement
Dim el2 As WebElement

'<tr>タグで行を取得
For Each el1 In Driver.FindElementsByTag("tr")
    '<th>タグで見出しを取得
    For Each el2 In el1.FindElementsByTag("th")
        Debug.Print el2.Attribute("innerText")
    Next el2

    '<td>タグでデータを取得
    For Each el2 In el1.FindElementsByTag("td")
        Debug.Print el2.Attribute("innerText")
    Next el2
Next el1
```

図7-34

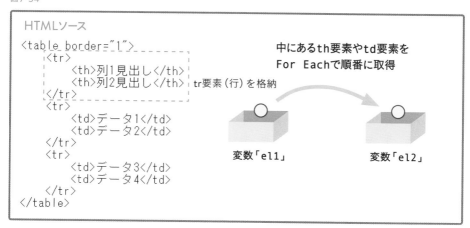

図7-34のように、変数el1にはtr要素（行）が1つずつ格納されてい
ますが、行の中にth要素（見出し）やtd要素（データ）が含まれます。
そこで、

el1.FindElementsByTag("th")では変数el1内にある見出しを、

el1.FindElementsByTag("td")では変数el1内にあるデータを、

それぞれ取得しています。また、For Eachループによって1つずつ取得した要素の受け皿として、変数「el2」を使用しています。

最後に、要素のテキストを出力するコードが、

```
Debug.Print el2.Attribute("innerText")
```

という部分です。

**Debug.Printメソッド**は、引数として渡した式の結果や、変数に格納された値などを「**イミディエイトウインドウ**」に出力するために利用できます。

---

【Debug.Printメソッド】
**式の結果や変数に格納された値をイミディエイトウインドウに出力する**

**書式：**
Debug.Print 式または変数名など

---

## 補足：VBEにイミディエイトウインドウが表示されていない場合

VBEにおいて[表示][イミディエイトウインドウ]をクリックするかCtrl+Gキーで表示させることができます。また、上記の操作をしているのに関わらずウインドウが見当たらない場合は、画面の下端などに最小化されてしまっている場合があります。その場合は、ウインドウの境界線をマウスでドラッグして広げてください。

図7-35

イミディエイトウインドウが画面下端にあって見えない場合、ドラッグする

### 補足：デバッグに Debug.Print を使用する理由

テーブルには全部で6つのデータが格納されているため、それらを1つず
つ MsgBox で出力すると何度もメッセージが表示されてしまい、デバッグ
作業が煩雑になります。今回のように多数のデータを順番に出力したい
場合は、Debug.Print を利用するとよいでしょう。

やってみよう！

## Webサイトの物件データを連続で取得する

ここでは、実際のWebサイトに見立てたサンプルサイトを元にデータを
取得するマクロを紹介します。図7-36のように、ページ上にある物件の
一覧から［物件名］［所在地］［価格］［沿線・駅］［間取り］［更新日］とい
ったデータを全て抽出するコードがコード7-4です。

 解説動画

https://excel23.com/
vba-book/sec7-
update#10

図7-36

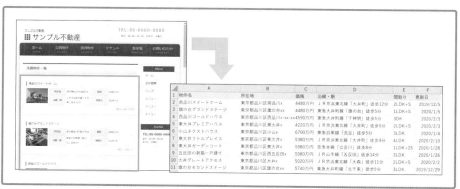

コード7-4：【FILE：7-4.xlsm】

```
1   Private Driver As New WebDriver        'モジュールレベル変数
2
3   'Webページから複数の物件データを取得する
4   Sub GetDataList()
5
```

次ページに続きます

```
6    'シート「物件データ」をアクティブにする
7    Sheets("物件データ").Activate
8
9    'オブジェクト変数にWebドライバーの参照を格納
10   'Dim Driver As WebDriver     'コメントにして無効化
11   'Set Driver = New WebDriver     'コメントにして無効化
12
13   'ブラウザを起動してページ遷移
14   Driver.Start "Chrome"     '"Edge"に置き換え可能
15   Driver.Get "https://excel23.com/vbaweb/"
16
17   'listクラスの要素の個数を取得
18   Dim listLen As Long
19   listLen = Driver.FindElementsByClass("list").Count
20
21   'listクラスを1番目から順番に変数に取得
22   Dim i As Long
23   For i = 1 To listLen
24
25       Dim el As WebElement
26       Set el = Driver.FindElementsByClass("list")(i)
27
28       'h4要素（見出し4）
29       Cells(i + 1, 1).Value = el.FindElementByTag("h4").
           Attribute("innerText")
30
31       'td要素（テーブルのデータ）
32       Cells(i + 1, 2).Value = el.FindElementsByTag("td")(1).
           Attribute("innerText")
33       Cells(i + 1, 3).Value = el.FindElementsByTag("td")(2).
           Attribute("innerText")
34       Cells(i + 1, 4).Value = el.FindElementsByTag("td")(3).
           Attribute("innerText")
35       Cells(i + 1, 5).Value = el.FindElementsByTag("td")(4).
           Attribute("innerText")
```

❶ Chromeを起動し、特定の
URLにページ遷移する

❷ ページのHTMLからデータを取得する

```
36
37              '更新日(dateクラス)のテキストを取得
38              Dim str As String
39              str = el.FindElementByClass("date").
                  Attribute("innerText")
40              str = Right(str, Len(str) - 4)
41              Cells(i + 1, 6).Value = str
42
43          Next i
44
45      'ブラウザを終了
46      'Driver.Close        'コメントにして無効化
47      'Set Driver = Nothing        'コメントにして無効化
48
49  End Sub
```

∧

「コメントにして無効化」というコメントを記述された行は、プロシージャ
の終了後にChromeが自動的に閉じてしまうのを防ぐために、コードを
無効化しています。

なお、サンプルサイトの HTMLソースは図7-37です。

図7-37：HTMLソース（抜粋）

```
<h2>売買物件一覧</h2>

<div class="list">
    <a href="">
        <h4>南品川スイートホーム</h4>
        <figure><img src="images/house1.jpg" alt="photo1"></figure>
        <table>
            <tr>
                <th>所在地</th>
                <td>東京都品川区南品川x</td>
                <th>価格</th>
                <td>4480万円</td>
            </tr>
            <tr>
                <th>沿線・駅</th>
                <td>ＪＲ京浜東北線「大井町」徒歩12分</td>
                <th>間取り</th>
                <td>2LDK+S</td>
            </tr>
```

次ページに続きます

```
        </table>
        <span class="date">更新日:2019/12/5</span>
    </a>
</div>

<div class="list">
    <a href="">
        <h4>旗の台グランドステージ</h4>
        <figure><img src="images/house2.jpg" alt="photo1"></figure>
        <table>
            <tr>
                <th>所在地</th>
                <td>東京都品川区旗の台xx</td>
                <th>価格</th>
                <td>4480万円</td>
            </tr>
            <tr>
                <th>沿線・駅</th>
                <td>東急大井町線「旗の台」徒歩5分</td>
                <th>間取り</th>
                <td>1LDK+S</td>
            </tr>
        </table>
        <span class="date">更新日:2020/1/5</span>
    </a>
</div>

(以下、同様のコードが続きます)
```

## コードの全体像

コード7-4の全体像は以下のように構成されます。以降は、❷について
解説いたします。

> ❶ Chromeを起動し、指定のURLにページ遷移する
>
> ❷ ページのHTMLからデータを抽出する

## listクラスの要素の個数を取得する
## (FindElementsByClass("list").Count)

以下のコードは、ページ上にある「list」というクラスの要素の個数
を取得し、変数に格納しています。

```
'listクラスの要素の個数を取得
Dim listLen As Long
listLen = Driver.FindElementsByClass("list").Count
```

「**クラス**」という単語が出てきましたが、それは何でしょうか？　以下に説
明いたします。

図7-38

```
<div class="list">
    <a href="">
        <h4>南品川スイートホーム</h4>
        <figure><img src="images/house1.jpg" alt="photo1"></figure>
        <table>
            <tr>
                <th>所在地</th>
                <td>東京都品川区南品川x</td>
                <th>価格</th>
                <td>4480万円</td>
            </tr>
            <tr>
                <th>沿線・駅</th>
                <td>ＪＲ京浜東北線「大井町」徒歩12分</td>
                <th>間取り</th>
                <td>2LDK+S</td>
            </tr>
        </table>
        <span class="date">更新日:2019/12/5</span>
    </a>
</div>
```

クラス名"list"としてスタイル（見た目）が定義されている領域
divタグは、比較的広い領域を指定する際に使われる

クラス名"date"としてスタイル（見た目）が定義されている領域
spanタグは、比較的広い領域を指定する際に使われる

図7-38はサンプルサイトのHTMLソースから一部を抜粋したものです。
`<div class="list">`〜`</div>`として囲まれた領域や、`<span class="data">`〜`</span>`として囲まれた領域があることがわかる
でしょうか。

これらは、タグで囲った領域を、特定のスタイル（見た目）で装飾すると
いう意味になります。どちらも`<div class=クラス名>` `<span class=クラス名>`といった書き方をしていますが、そのクラス名ごとに、
スタイルが定義されています。

> クラス名ごとのスタイル
> は、一般的に「スタイル
> シート（CSS）」というも
> ので定義されるのですが、
> 本書では詳しい説明は
> 割愛させていただきます。

なお、divタグとspanタグはどちらも同じように用いられますが、一般的にはdivタグは比較的広い領域を囲うために使用され、spanタグは比較的狭い領域を囲うために使用されます。

では、実際のWebページと対応させながら見てみます（図7-39）。

図7-39

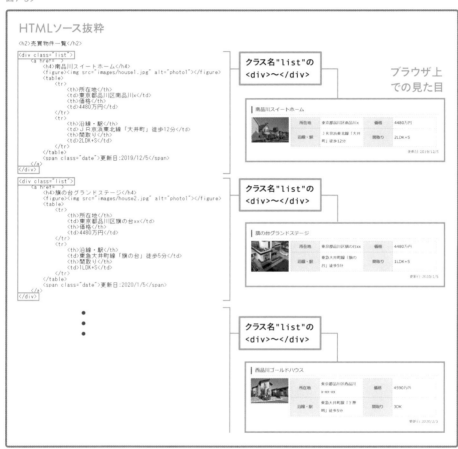

クラス名「list」のスタイルが適用される領域は、<div class="list">～</div>で囲われていますが、囲われた部分が、サイト上での物件1つ分のデータをまとめていると考えられます。

したがって、ページ上にある物件の数だけ、`<div class="list">`～ `</div>`で囲われたコードが存在するということです。

そこで、クラス名「list」が適用される領域の個数を取得していきます。**FindElementsByClass**メソッドを利用すると、引数に指定したクラス名の要素を取得することができます。また、**Count**プロパティを利用することで、その個数を取得できます。サンプルサイトでは、クラス名「list」が適用された領域は10個あるので、10という数値が取得されます(図7-40)。

図7-40

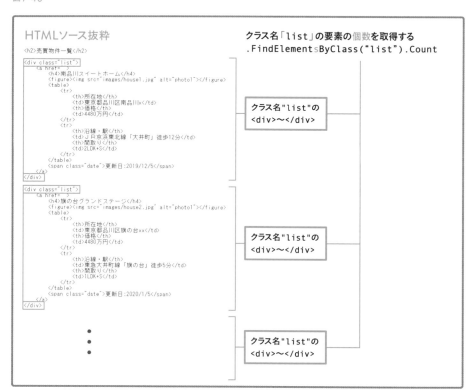

【FindElementsByClassメソッド】

引数で取得したクラス名のHTML要素を取得して返す。戻り値はWebElementsコレクションとして返す

したがって、 listLen = Driver.FindElementsByClass
("list").Countでは、クラス名「list」の要素の個数を取得して、
変数「listLen」に格納しています。

## Forループで、すべてのlistクラスを順に変数に取得する

ここまではlistクラスの個数を取得しましたが、次に、**Forループ**によって、ページ上にあるすべてのlistクラスを順番に変数に取得していくコードが以下です。図7-41とあわせて説明いたします。

```
'listクラスを1番目から順番に変数に取得
Dim i As Long
For i = 1 To listLen

    Dim el As WebElement
    Set el = Driver.FindElementsByClass("list")(i)

    '処理内容
Next i
```

204

図7-41

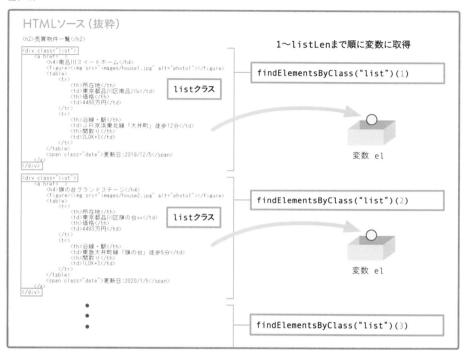

Driver.FindElementsByClass("list")(i)によって、listク

ラスの要素を取得しています。

変数iは、1からlistLenまで1ずつ変化しながらループするので、1番

目のlistクラス、2番目のlistクラス、…という順番に変数「el」に

取得していきます。

## なぜ、要素をいったん変数に取得しておくのか?

上記のようにlistクラスの要素を変数に取得することで、何のメリットがあるでしょうか?

それは、図7-42とあわせて説明いたします。

図7-42

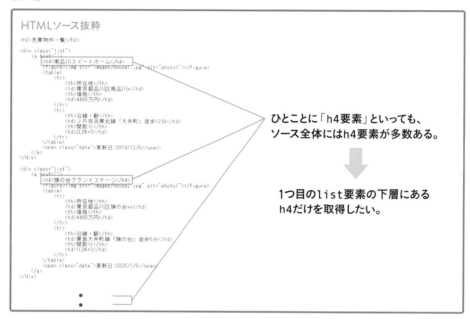

例えば、これからh4要素を取得して「品川スイートホーム」という物件名を取得したいとします。

しかし、ひとことに「h4要素」といっても、HTMLソース全体を見回すと、ほかにも多数のh4要素が存在します。すると、物件ごとにh4要素を取得したいのですが、「何番目のh4要素を取得すればいいのか?」という特定方法が難しくなってきます。

そこで、上層にあるlistクラスの要素を変数に取得しておけば、この問題は解決できます（図7-43）。

図7-43

```
listクラスを変数に取得している場合、
```

HTMLソース抜粋

変数「el」

```
<div class="list">
    <a href="">
        <h4>南品川スイートホーム</h4>
        <figure><img src="images/house1.jpg" alt="photo1"></figure>
        <table>
            <tr>
                <th>所在地</th>
                <td>東京都品川区南品川x</td>
                <th>価格</th>
                <td>4480万円</td>
            </tr>
            <tr>
                <th>沿線・駅</th>
                <td>JR京浜東北線「大井町」徒歩12分</td>
                <th>間取り</th>
                <td>2LDK+S</td>
            </tr>
        </table>
        <span class="date">更新日：2019/12/5</span>
    </a>
</div>
```

```
el.FindElementByTag("h4")
```

と指定すれば、変数elの下層にあるh4要素だけを指定して取得できる！

図7-43のように、変数elに上層の要素を取得してある場合、

```
el.FindElementByTag("h4")
```

と入力すれば、変数elの下層にあるh4要素だけを指定して取得することができるのです。
上記の例ではh4要素だけを例に挙げましたが、他の要素も同様です。
このように、物件などのアイテムごとにまとまって1つの要素の下層にデータが存在している場合は、上層の要素をいったん変数に取得しておくと、効率的にデータを取得することができます。

## 各要素からデータを抽出する

最後に、HTMLソースから各要素のデータを抽出するコードが以下です。
図7-44とあわせて説明いたします。

```
'listクラスを1番目から順番に変数に取得
Dim i As Long
For i = 1 To listLen

    Dim el As WebElement
    Set el = Driver.FindElementsByClass("list")(i)

    'h4要素のテキストを取得
    Cells(i + 1, 1).Value = el.FindElementByTag("h4").Attribute("innerText")

    'td要素のテキストを取得
    Cells(i + 1, 2).Value = el.FindElementsByTag("td")(1).Attribute("innerText")
    Cells(i + 1, 3).Value = el.FindElementsByTag("td")(2).Attribute("innerText")
    Cells(i + 1, 4).Value = el.FindElementsByTag("td")(3).Attribute("innerText")
    Cells(i + 1, 5).Value = el.FindElementsByTag("td")(4).Attribute("innerText")

    '更新日(dateクラス)のテキストを取得
    Dim str As String
    str = el.FindElementByClass("date").Attribute("innerText")
    str = Right(str, Len(str) - 4)
    Cells(i + 1, 6).Value = str

Next i
```

今回取得したいデータは、表7-3にまとめられます。

表7-3

| データの名前 | 要素と連番 | HTML タグ | 転記先セル |
|---|---|---|---|
| 物件名 | h4 要素（1 番目） | `<h4> ～ </h4>` | i+1 行 A 列 |
| 所在地 | td 要素（1 番目） | `<td> ～ </td>` | i+1 行 B 列 |
| 価格 | td 要素（2 番目） | `<td> ～ </td>` | i+1 行 C 列 |
| 沿線・駅 | td 要素（3 番目） | `<td> ～ </td>` | i+1 行 D 列 |
| 間取り | td 要素（4 番目） | `<td> ～ </td>` | i+1 行 E 列 |
| 更新日 | date クラス（1 番目） | `<span class="date"> ～ </span>` | i+1 行 F 列 |

図7-44

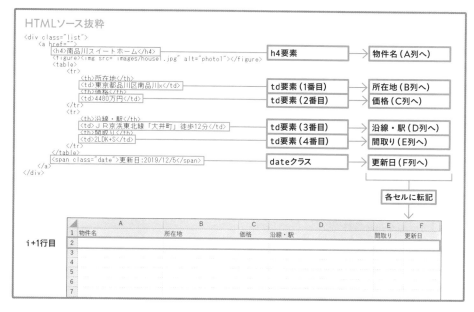

物件名を取得するコードは以下です。

```
'h4要素のテキストを取得
Cells(i + 1, 1).Value = el.FindElementByTag("h4").Attribute("innerText")
```

上記では、<h4>タグで囲まれた要素を取得し、そのテキストを取得して
セルに転記しています。
次に、所在地、価格、沿線・駅、間取りをそれぞれ取得するコードは
以下です。

```
'td要素のテキストを取得
    Cells(i + 1, 2).Value = el.FindElementsByTag("td")(1).Attribute("innerText")
    Cells(i + 1, 3).Value = el.FindElementsByTag("td")(2).Attribute("innerText")
    Cells(i + 1, 4).Value = el.FindElementsByTag("td")(3).Attribute("innerText")
    Cells(i + 1, 5).Value = el.FindElementsByTag("td")(4).Attribute("innerText")
```

上記では、<td>タグで囲まれた要素のうち1, 2, 3, 4番目をそれぞれ取
得し、それらのテキストをセルに転記しています。

最後に、更新日を取得するコードは以下です。

```
'更新日(dateクラス)のテキストを取得
Dim str As String
str = el.FindElementByClass("date").Attribute("innerText")
str = Right(str, Len(str) - 4)
Cells(i + 1, 6).Value = str
```

上記は、クラス名 "date" で定義されている要素（`<span class=
"date">`で囲まれる要素）を取得し、そのテキストを取得してセルに書き
込んでいます。ただし、元のテキストは「更新日：2019/12/5」のよう
に記述されており、先頭4文字の「更新日：」という文字列は不要です。
したがって、**Right関数**を使用して、先頭4文字を除いた文字列を取
得しています。

## まとめ

以上で、Webサイトにある物件データを1件ごとに取得して、Excelの一
覧表にまとめることができました。
ここで紹介した方法は、すべてのWebサイトで同じように通じるわけでは
ありませんが、多くのWebサイトのHTMLソースは同様の構造で作られ
ています。

今回の応用で、

- ☑ 商品ランキングから商品データを取得してExcelにまとめる
- ☑ 人気記事ランキングから記事のタイトルや閲覧数などを取得してExcelにまとめる
- ☑ 商品検索結果からデータを取得してExcelにまとめる

といったことも可能になるでしょう。ぜひ試してみてください。

# フォーム操作を自動化する

ここからは、Webサイト上にあるフォームを操作する方法について解説いたします。

今回は、ECサイト（https://book.mynavi.jp/ec/）の検索フォームに特定の検索ワードを入力し、検索結果を表示させるマクロを例に学習しましょう（コード7-5、図7-45）。

▶ 解説動画

https://excel23.com/
vba-book/sec7-
update#11

コード7-5：【FILE：7-5.xlsm】

```vba
Private Driver As New WebDriver        'モジュールレベル変数

'フォームを入力してボタンを押す
Sub InputForm()

    'ブラウザを起動してページ遷移
    'Dim Driver As WebDriver        'コメントにして無効化
    'Set Driver = New WebDriver        'コメントにして無効化
    Driver.Start "Chrome"
    Driver.Get "https://book.mynavi.jp/ec/"

    'セレクトボックス(カテゴリ)
    Dim sBox As WebElement
    Set sBox = Driver.FindElementByName("topics_group_id")
    sBox.AsSelect.SelectByValue ("1")    '書籍・ムック

    '一行テキストボックス
    Dim tBox As WebElement
    Set tBox = Driver.FindElementByName("topics_keyword")
    tBox.SendKeys "VBA"

    '送信ボタンを実行
    Dim sButton As WebElement
```

❶ Chromeを起動し、特定のURLにページ遷移する

❷ フォームの各要素を取得して操作する

次ページに続きます

```
24    Set sButton = Driver.FindElementByClass("submit")
25    sButton.Click
26
27    'ブラウザを終了
28    'Driver.Close        'コメントにして無効化
29    'Set Driver = Nothing        'コメントにして無効化
30
31  End Sub
```

図7-45

コード全体の全体像としては、次の流れになっています。ここでは、❷に
ついて解説いたします。

❶  Chromeを起動し、指定のURLにページ遷移する
❷  フォームの各要素を取得して操作する

## フォームの各要素を調べる

まず、フォームはHTMLソースでどのように表現されているかを調べてみます。

Chromeでは、Webページ上の調べたい部分を右クリックして「検証」をクリックすると、「デベロッパーツール」というウインドウが開かれ、HTMLソースを閲覧することができます。ハイライトされた行が該当する行ということです。

Edgeにも同様の機能があります。Edgeの場合、右クリックして「開発者ツールで調査する」をクリックすると、「開発者ツール」という同様のウインドウが開かれます。

図7-46

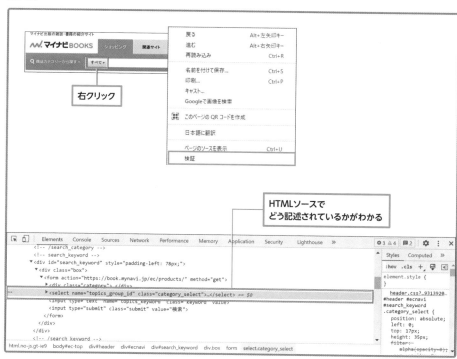

それぞれのHTMLがどの部分に対応しているかを見てみましょう。

図7-47

表7-4

| フォームの部品 | 要素 |
|---|---|
| ① セレクトボックス（カテゴリを選ぶ） | select 要素 |
| ② 一行テキストボックス（検索ワードを入力） | input 要素（type 属性 ="text"） |
| ③ 送信ボタン（検索を実行） | input 要素（type 属性 ="submit"） |

商品検索フォームを操作するためには、上記の①～③の部品を操作すればいいということになります。それでは、各部品をVBAで操作する方法を解説します。

## セレクトボックスを操作し、カテゴリを変更する

以下のコードは、セレクトボックスを操作して「書籍・ムック」を選択するためのコードです。

```
'セレクトボックス(カテゴリ)
Dim sBox As WebElement
Set sBox = Driver.FindElementByName("topics_group_id")
sBox.AsSelect.SelectByValue ("1")    '書籍・ムック
```

まず、Dim sBox As WebElementにて、要素を格納するためのWebElement型のオブジェクト変数「sBox」を宣言しています。次に、

type 属性とは、その要素の種類を決めるための文字列です。例えば、同じinput 属性でもtype="text"と指定されれば一行テキストボックスを意味し、type="submit"と指定されれば送信ボタンを意味します。

`Driver.FindElementByName("topics_group_id")`では、「topics_group_id」というname属性の要素を取得しています。

ところで、「**name属性**」とは何でしょうか？ セレクトボックスに該当するHTMLソースを見てみると、下記のように表示されています。

```
<select name="topics_group_id" class="category_select">...</select>
```

selectは要素名ですが、その後ろに`name="topics_group_id"`という記述があります。これがname属性という付加情報です。name属性には、それ自体に意味はありませんが、要素に固有の名前を付けることができます。したがって、今回のコードでは、name属性が`"topics_group_id"`である要素を取得しています。なお、name属性で要素を取得するためのメソッドが「FindElementByName」メソッドです。これまでにもFindElementsByTagやFindElementsByClassという似た名前のメソッドを利用しましたが、それらとは別のメソッドである点に注意しましょう。

---

**【FindElementByNameメソッド】**

**引数で指定したname属性値と一致するHTML要素を取得して返す。戻り値はWebElementsコレクションとして返す**

**書式：**
Webドライバー ． FindElementByName ( 名前 )
**引数：**
　　名前：取得したい要素の name属性値を文字列として記述する

---

したがって、

```
Set sBox = Driver.FindElementByName("topics_group_id")
```

ではname属性が`"topics_group_id"`と一致する要素を取得し、それを変数sBoxに格納しています。続いて、

では、選択値を「1」に変更するために `AsSelect.SelectByValue` ( "1" ) と記述しています。

ここでの "1" とは何でしょうか？ HTMLソースを詳しく見てみましょう。Chromeのデベロッパーツールで、`<select name=..`の左にあるボタンをクリックすると、折りたたまれていたソースコードが展開されます（図7-48）。

図7-48

そこには、インデックス番号と選択肢の名前が表示されています。これらは、セレクトボックスの選択肢に対応しているのです（図7-49）。

そこで今回は選択肢の中から「書籍・ムック」を選択したいので、`AsSelect.SelectByValue` ( "1") として選択肢を変更しているのです。

以上で、セレクトボックスの値を操作することができました。

図7-49

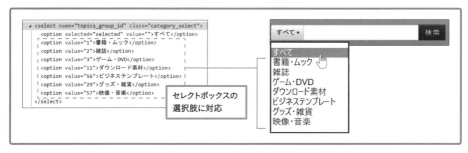

216

> 【`AsSelect.SelectByValue ("1")`】
> **セレクトボックスの選択値を整数で指定するメソッド**
>
> 書式：
> 取得したセレクトボックス．`AsSelect.SelectByValue`（値）

## 一行テキストボックスを操作し、
## 検索ワードを打ち込む

続いて、以下のコードは、一行テキストボックスに検索ワードを打ち込む
ためのコードです。

```
'一行テキストボックス
Dim tBox As WebElement
Set tBox = Driver.FindElementByName("topics_keyword")
tBox.SendKeys "VBA"
```

まず、一行テキストボックスの要素を格納するために、WebElementオ
ブジェクト型の変数「tBox」を宣言しています。

次に、`Set tBox = Driver.FindElementByName("topics_keyword")`では、name属性が`"topics_keyword"`に一致する要
素を取得し、変数tBoxに格納しています。
最後に、`tBox.SendKeys "VBA"`というコードでは、Valueプロパテ
ィに`"VBA"`という文字列を代入しています。つまり、検索ワードを
`"VBA"`と打ち込んだということになります。

## 送信ボタンを操作し、検索を実行する

最後に、以下のコードがフォームの送信ボタンを実行するためのコード
です。

```
'送信ボタンを実行
```

次ページに続きます

```
Dim sButton As WebElement
Set sButton = Driver.FindElementByClass("submit")
sButton.Click
```

まず、送信ボタンの要素を格納するために、WebElementオブジェクト型の変数「sButton」を宣言しています。次に、Set sButton = Driver.FindElementByClass("submit")では、クラス名が"submit"に一致する要素を取得し、変数sButtonに格納しています。最後に、sButton.Clickというコードでは、ボタンをクリックするのと同じ処理をします。つまり、フォームを送信して検索を実行したということになります。

## まとめ

いかがだったでしょうか? これで、フォーム操作を自動化することができました。
他にも、フォームやボタンを操作することで次のような活用方法も考えられます。

---

- ☑ ユーザー名やパスワードを自動入力してログインする（セキュリティ面に十分注意しましょう）
- ☑ ECサイトなどでキーワード検索を自動化し、売れ筋ランキングをチェックする
- ☑ 物件検索サイトでキーワード検索を自動化し、物件データを収集する

---

Webサイトからのデータ収集とも組み合わせて活用してみてください。

# 第8章

外部データと連携し、
活用の幅を広げる（1）

テキストデータ編

テキストファイルを入出力すれば、
マクロの実行ログを出力したり、
ログをExcelに読み込むことが
できる！

この章では、Excel VBAでテキストファイルを入出力する方法について解説いたします。テキストファイルとは、いわゆるメモ帳アプリケーションで作成編集できるような文字ベースの文書ファイルを指します。「Excelでテキストファイルを入出力するなんて、何か使い道があるんだろうか？」と疑問に思った方もいるのではないでしょうか。次のようなことに役立ちます。

> 同じようなテキスト形式のファイルとして「CSVファイル」がありますが、CSVは第9章で解説いたします。

【ケース1】
ログ（記録）を出力する：マクロの利用者が、いつマクロを実行したのか？　どんなエラーが発生したのか？　ログファイルを残しておきたい。

【ケース2】
ログファイルをExcelにインポートして一覧にしたい。

上記のような目的は、Excel VBAでテキストファイルを入出力することで
解決できます。

## 【ケース1】 ログ（記録）を出力する

図8-1

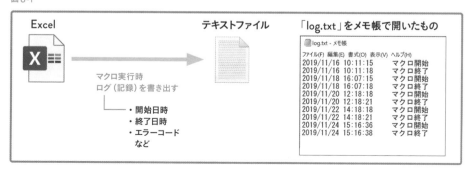

作成したマクロを、ユーザーがいつ、どのように実行したのかを記録する
ため、テキストファイルに記録を出力することができます。このようなファ
イルを「ログファイル」と呼ばれます。また、マクロでエラーが起こった
場合にも、エラーコードなどをログに残しておくことができ、デバッグにも
役立ちます。

## 【ケース2】ログファイルをExcelにインポートして一覧にする

図8-2

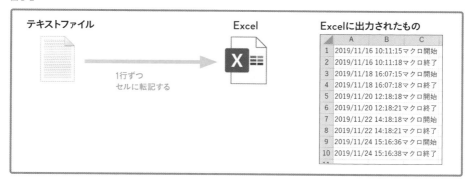

上記のように出力されたテキストファイルをExcelに読み込んで一覧にす
ることができます。テキストデータのままではデータの並べ替えや抽出を
行うのは難しいですが、Excelに読み込むことで、フィルター機能や並べ
替え機能でデータを管理することができます。

以上のように、テキストファイルの入出力を行うことで、

> ☑ Excel ⇒ テキストファイルへデータを出力する
> ☑ テキストファイル ⇒ Excelへデータを入力する

といった操作をすることができます。
それでは、Excel VBAでテキストファイルを操作する方法について学ん
でいきましょう。

# テキストファイルを書き出す

 解説動画

テキストファイルを書き出す基本的なVBAのコードを紹介いたします。
以下のコードは、テキストファイルを1行書き込むコードです。

https://excel23.
com/vba-book/8-1/

コード8-1：[FILE：**8-1.xlsm**]

```vba
'テキストファイルを1行書き込む
Sub WriteText()

    '書き込むファイルのパス                    ❶ テキストファイルのパスを変数に格納
    Dim path As String
    path = "C:¥Users¥[ユーザー名]¥Downloads¥Chapter8¥log.txt"

    'テキストファイルを追加モードで開く         ❷ テキストファイルを開く
    Open path For Append As #1

        '1行追記する                          ❸ 1行書き込む
        Print #1, "これはログです"

    'テキストファイルを閉じる                   ❹ テキストファイルを閉じる
    Close #1

End Sub
```

図8-3：**コード8-1の実行結果（log.txt をメモ帳で開いたもの）**

コード8-1の全体像としては下記の流れになっています。それでは、各コードについて解説いたします。

① テキストファイルのパスを変数に格納

② テキストファイルを開く

③ 1行書き込む

④ テキストファイルを閉じる

## テキストファイルのパスを変数に格納する

まず、書き出したいテキストファイルのパスを変数に格納するコードが以下のコードです。

```
'書き込むファイルのパス
Dim path As String
path = "C:¥Users¥[ユーザー名]¥Downloads¥Chapter8¥log.txt"
```

上記では「Downloads」というフォルダーをパスで指定していますが、C:¥Users¥[ユーザ名]¥Downloads¥Chapter8¥log.txtの[ユーザー名]という部分は、Windowsのユーザー名によって書き換える必要があります。

ユーザー名が分からない場合は、以下の方法で調べることができます（次ページの図8-4）。

① 画面左下のアイコンをクリックしてエクスプローラーを開く

② 「ダウンロード」フォルダーを右クリックして「プロパティ」を選択

③ 「場所:」の欄に「C:¥Users¥broad」のようにユーザー名が表示される。このユーザー名をVBAのコードに使用する

④ プロパティは［OK］または［キャンセル］ボタンで閉じておく

図8-4

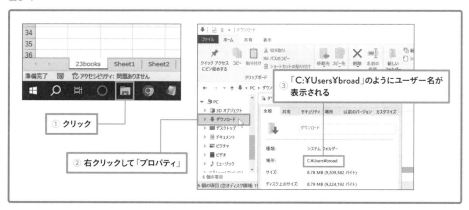

① クリック
② 右クリックして「プロパティ」
③ 「C:¥Users¥broad」のようにユーザー名が表示される

## テキストファイルを開く / 閉じる

続いて、テキストファイルを開く・閉じるコードが以下です。

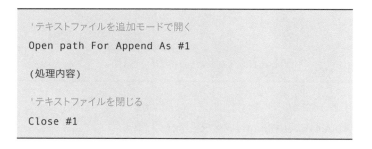

```
'テキストファイルを追加モードで開く
Open path For Append As #1

(処理内容)

'テキストファイルを閉じる
Close #1
```

上記は、**Openステートメント**でファイルを開き、Closeステートメントでファイルを閉じる処理を行っています。

ここで、For Appendや#1といったキーワードは何でしょうか？ これらは「ファイルモード」「ファイル番号」といったものを意味します。

【Openステートメント】

**構文：**
Open パス For モード As #ファイル番号

**引数：**
　　パス名：開くファイルのパスを文字列で指定します。

「開く・閉じる」といっても、見た目の上でウインドウが開かれたり閉じたりすることはありません。ファイルへの入出力を有効化・無効化するという意味になります。

**モード：ファイルを開く際のモードをキーワードで指定します。**
**キーワードには以下の種類があります。**

| キーワード | モード | 説明 | 備考 |
|---|---|---|---|
| Input | 入力モード | 読み込み | ファイルを読み込む際に使用します。指定したパスが存在しない場合はエラーとなります。<br>（Output,Appen,Random,Binary の場合はエラーにならず新規作成されます） |
| Output | 出力モード | 書き込み | ファイルに書き込む際に使用します。パスで指定したファイルがすでにある場合は、既存のテキストが削除されて先頭行から書き込まれます。 |
| Append | 追加モード | 書き込み | ファイルに書き込む際に使用します。パスで指定したファイルがすでにある場合は、既存のテキストを残して最後の行に追記で書き込まれます。 |
| Random | ランダムアクセスモード | 読み込み / 書き込み | ファイルの読み込みと書き込みを行うことができます。 |
| Binary | バイナリモード | 読み込み / 書き込み | バイナリ形式のファイルの読み込みと書き込みを行うことができます。 |

**ファイル番号：開くファイルに1以上511以下の整数で番号を与えます。**
**以降のコードでは、読み込み・書き込み・閉じるなどの際に、このファイル番号で指定することになります。**

今回のコードでは、

```
'テキストファイルを追記モードで開く
Open path For Append As #1
```

のように、パスには変数「path」を指定し、モードは「for Append」
を指定しています。Appendでは追加モードとなり、ファイルがすでに存
在する場合には最後の行に1行ずつ追加されることになります。

また、パスで指定したファイルがまだ存在しない場合は、書き込む際に新しいファイルを自動的に作成します。

ここで、「for Output」でも書き込みができますが、Outputの場合、指定のファイルがすでに存在するときは既存のテキストが上書きされて最初の行から書き込まれてしまうので注意してください。そのため、今回はOutputではなくAppendを指定しています。

## テキストファイルに1行追記する

以下のコードで、テキストファイルに1行追記することができます。

```
'1行追記する
Print #1, "これはログです"
```

【Print #ステートメント】
**開いているテキストファイルに1行書き込むことができます。**

**構文:**
Print #filenumber, [outputlist]

**引数:**
　　**filenumber:ファイル番号を指定します。先頭に#をつける必要があります。**
　　**[outputlist]:書き込む文字列を指定します。省略可能ですが、省略すると改行のみ書き込まれます。**

以上で、テキストファイルに1行書き込むことができます。

上記のコードを応用して、マクロからログを書き出すといったことも可能です。

やってみよう！

# マクロから実行ログを出力しよう

前節「テキストファイルを書き出そう」で紹介したコードの応用で、マクロの実行ログを出力する方法を紹介します。コード8-2では、

> ❶ メインとなるプロシージャ
>
> ❷ ログを出力するプロシージャ

 ▶ 解説動画

https://excel23.
com/vba-book/8-2/

という2つを用意し、❶のプロシージャからCallステートメントで❷を呼び出すという方法でログを出力します（図8-5）。

コード8-2：［FILE：8-2.xlsm］

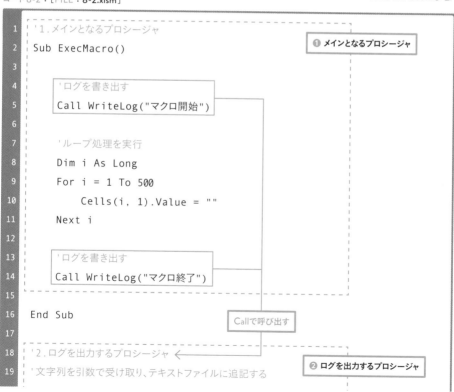

```
1    '1.メインとなるプロシージャ
2    Sub ExecMacro()                                        ❶ メインとなるプロシージャ
3
4        'ログを書き出す
5        Call WriteLog("マクロ開始")
6
7        'ループ処理を実行
8        Dim i As Long
9        For i = 1 To 500
10           Cells(i, 1).Value = ""
11       Next i
12
13       'ログを書き出す
14       Call WriteLog("マクロ終了")
15
16   End Sub                           Callで呼び出す
17
18   '2. ログを出力するプロシージャ ←                          ❷ ログを出力するプロシージャ
19   '文字列を引数で受け取り、テキストファイルに追記する
```

次ページに続きます

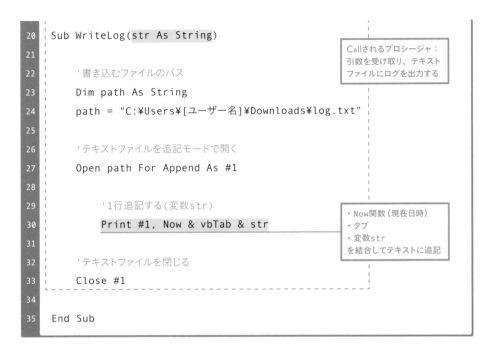

```
20   Sub WriteLog(str As String)
21
22        '書き込むファイルのパス
23        Dim path As String
24        path = "C:¥Users¥[ユーザー名]¥Downloads¥log.txt"
25
26        'テキストファイルを追記モードで開く
27        Open path For Append As #1
28
29            '1行追記する(変数str)
30            Print #1, Now & vbTab & str
31
32        'テキストファイルを閉じる
33        Close #1
34
35   End Sub
```

Callされるプロシージャ：
引数を受け取り、テキスト
ファイルにログを出力する

・Now関数(現在日時)
・タブ
・変数str
を結合してテキストに追記

図8-5：**コードの実行結果（log.txtをメモ帳で開いたもの）**

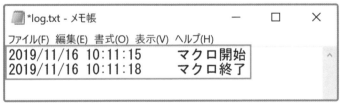

## メインのプロシージャから引数で文字列を渡す

❶のメインのプロシージャ（ExecMacro）では

```
'ログを書き出す
Call WriteLog("マクロ開始")

'ログを書き出す
Call WriteLog("マクロ終了")
```

といったコードにより、CallステートメントでWriteLogプロシージャを
呼び出しています。

その際、引数として"マクロ開始"や"マクロ終了"といった文字列を渡しています。

## ログを出力するプロシージャは 引数を受け取ってテキスト出力

一方で、ログを出力するプロシージャ（WriteLog）は、**引数つきのSubプロシージャ**となっています。

引数付きSubプロシージャについては第4章で解説しましたので、そちらを参照してください。

```
Sub WriteLog(str As String)

    '処理内容

End Sub
```

上記は、Sub WriteLog(str As String)と書くことで、String型のstr変数として引数を受け取っています。
また、テキストファイルに追記する部分のコードでは、

```
'1行追記する(変数str)
Print #1, Now & vbTab & str
```

と書くことで、

- ☑ **Now関数により現在日時をyyyy/mm/dd h:mm:ss形式で取得**
- ☑ **vbTab（タブ）**
- ☑ **変数str**

上記を&で文字列として結合し、テキストファイルに追記しています。したがって、テキストファイルへ追記される文字列は以下のようになります。

```
2019/11/28 11:21:47    マクロ開始
2019/11/28 11:21:47    マクロ終了
```

## 補足：ファイル番号を自動で取得するFreeFile関数

先述のOpenステートメントやPrint #ステートメントでは、ファイル番号として#1などの任意の数値を指定する必要があります。このファイル番号については、<u>別のテキストファイルを開く際にファイル番号が重複してしまった場合、エラーの原因となります。</u>

以下のコード例は、ファイル番号を重複させて2種類のテキストファイルを開こうとするコードです。

▶ 解説動画

https://excel23.
com/vba-book/8-
freefile1_to_2/

エラーが出るコード例：[ FILE：**8-freefile1_to_2.xlsm**]

```
1   'ファイル番号が重複してしまった場合
2   Sub DupliFileNum()
3
4       '書き込むファイルのパス
5       Dim path1 As String, path2 As String
6       path1 = "C:\Users\[ユーザー名]\Downloads\Chapter8\log1.txt"
7       path2 = "C:\Users\[ユーザー名]\Downloads\Chapter8\log2.txt"
8
9       '2種類のテキストファイルを開く
10      Open path1 For Append As #1
11      Open path2 For Append As #1
12
13          '処理内容
14
15      'テキストファイルを閉じる
16      Close #1
17      Close #1
18
19  End Sub
```

図8-6：**エラー結果**

ファイル番号が重複しないように管理するのは大変ですが、FreeFile
関数を利用すれば、まだ使用されていないファイル番号を自動的に取得
してくれます。

---

【FreeFile関数】
**まだファイル番号に使用されていない番号を自動的に返します。**

構文：

`FreeFile [ (rangenumber) ]`

引数：

rangenumber：0または1を指定することで、どの範囲のファイル番号を返すかを
指定できます。（この引数は省略できます）

0（既定値）では1〜255の範囲からファイル番号を返し、1を指定すると256〜
511の範囲からファイル番号を返します。引数を省略した場合、自動的に0が指定
されます。

ほとんどの場合、引数は省略してFreeFileまたはFreeFile()と記述して問題
ないでしょう。

---

 解説動画

以下は、FreeFile関数を使用してコードを書き直した例です。

FreeFile関数を使用した場合のコード例：［FILE：8-freefile1_to_2.xlsm］

https://excel23.
com/vba-book/8-
freefile1_to_2/

```vba
1  'ファイル番号を自動取得する
2  Sub UseFreeFile()
3
4      '書き込むファイルのパス
5      Dim path1 As String, path2 As String
6      path1 = "C:¥Users¥[ユーザー名]¥Downloads¥Chapter8¥log1.txt"
7      path2 = "C:¥Users¥[ユーザー名]¥Downloads¥Chapter8¥log2.txt"
8
9      'ファイル番号を格納する変数
10     Dim fileNum1 As Long, fileNum2 As Long
11
```

次ページに続きます

```
12        'ファイル番号を取得して開く
13        fileNum1 = FreeFile()
14        Open path1 For Append As #fileNum1
15
16        'ファイル番号を取得して開く
17        fileNum2 = FreeFile()
18        Open path2 For Append As #fileNum2
19
20          '処理内容
21
22        'テキストファイルを閉じる
23        Close #fileNum1
24        Close #fileNum2
25
26   End Sub
```

上記のコードは、以下の流れでFreeFile関数を利用しています。

❶ ファイル番号を格納する変数「fileNum1」「fileNum2」を宣言

❷ それぞれにFreeFile関数でファイル番号を取得して格納する

❸ Openステートメント、Closeステートメントで#変数名をファイル番号に指定する

気をつけていただきたいのは、FreeFile関数を2行続けて以下のように
に記述してもエラーの原因になるということです。

```
fileNum1 = FreeFile()
fileNum2 = FreeFile()
```

2行続けてFreeFile関数を記述しても、同じファイル番号が返されて
しまうため、ファイル番号が重複してエラーとなります。重複を防ぐため
には、FreeFile関数を使用した後Openステートメントでファイルを開
き、それ以降にFreeFile関数で次のファイル番号を取得する必要があ
ります。

## エラーが起きた場合にエラーログを残したい場合

▶ 解説動画

https://excel23.
com/vba-book/8-
error-log/

先程のマクロでは、マクロの実行開始時刻と実行終了時刻をログに出力するだけでした。しかし、エラーが起きた場合にエラー状況などをログに残しておきたい場合もあります。以下に、エラーに関する情報をログに残すためのコードを紹介いたします。

メインとなるプロシージャ（ExecMacro）を以下のように修正：[FILE：**8-error-log.xlsm**]

```vba
'メインとなるプロシージャ
Sub ExecMacro2()

    'ログを書き出す
    Call WriteLog("マクロ開始")

    'エラー処理を有効にする
    On Error GoTo myError

    'エラーが起こるコード
    Dim i As Long
    For i = 10 To 0 Step -1
        Cells(i, 1).Value = ""
    Next i

    'ログを書き出す
    Call WriteLog("マクロ終了")

    Exit Sub

'エラーが起きた場合の処理
myError:

    'エラーコード、エラーの説明を取得
    Dim str As String
    str = "エラー発生" & " " & _
            err.Number & " " & _
            err.Description
    'ログを出力
```

❶ エラー処理を有効にする

❷ エラーが起こるコードをあえて記述（テスト用）

Exit Sub　← 忘れないように注意

❸ エラーが起きた場合の処理を記述

次ページに続きます

```
30        WriteLog (str)
31
32        ' エラーメッセージを出力
33        MsgBox str
34
35   End Sub
```

> **補足**
>
> 本来、上記のコードの下にWriteLongプロシージャも書かれていますが、修正前のコード
> とは変更点が無いため割愛しております。

図8-7：**コードの実行結果**

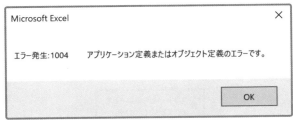

上記のコードの全体としては、

- ❶ **エラー処理を有効にする**
- ❷ **エラーが起こるコードをあえて記述（テスト用）**
- ❸ **エラーが起きた場合の処理**

という流れになっています。

## 1. エラー処理を有効にする

以下のように記述することで、以降にエラーが起きた場合に❸のコード
が実行されるようにできます。

```
' エラー処理を有効にする
On Error GoTo myError
```

【On Error GoTo】

**以降のコードでエラーが起きた場合、ラベルで指定したコードが実行されるようにする**

構文：

On Error GoTo line

引数：

line：任意のラベル名を指定することができます
（コード例では「myError」というラベル名を指定しました）

## 2. エラーが起こるコードをあえて記述（テスト用）

以下のコードでは、エラー処理が実行されるかどうかをテストするため、
あえて実行時エラーが発生するコードを記述しています。

```
'エラーが起こるコード
Dim i As Long
For i = 10 To 0 Step -1
    Cells(i, 1).Value = ""
Next i

'ログを書き出す
Call WriteLog("マクロ終了")

Exit Sub
```

上記ではFor構文によってループ処理を記述していますが、For i =
10 To 0 Step -1と記述している部分が実行時エラーの原因になりま
す。変数iを10から0まで-1ずつ変更しながらループさせるというコー
ドなのですが、iに0が代入された場合、Cells(i, 1)というコードは
「0行1列目のセル」を指定することになります。ところが、Excelのシー
トには「0行」という行が存在しないため、このまま実行すれば実行時
エラーとなります。

しかし、❶でエラー処理を有効にしているため、エラーが起きた場合、
❸のコードが自動的に実行されます。

## 3. エラーが起きた場合の処理

以下は、エラーが起きた場合の処理を記述しています。

```
myError:

    'エラーコード、エラーの説明を取得
    Dim str As String
    str = "エラー発生" & " " & _
          err.Number & " " & _
          err.Description
    'ログを出力
    WriteLog (str)

    'エラーメッセージを出力
    MsgBox str
```

❶で指定したラベル名に「:」をつけてmyError:と入力した後、エラー時に実行させたい処理を記述します。エラーが起きた場合には、**Errオブジェクト**というオブジェクトにその情報が格納されます。
以下のコードで、Errオブジェクトのプロパティを参照してエラーの詳細情報を取得することができます（表8-1）。

表8-1

| プロパティ | 説明 |
| --- | --- |
| Err.Number | エラーコード番号を取得 |
| Err.Description | エラーの説明を取得 |

236

したがって、前記のコードでは、

```
"エラー発生"という文字列
err.Numberプロパティ
err.Descriptionプロパティ
```

以上の3つを半角スペース（" "）で結合して変数 str に格納します。
その結果、ログファイルとメッセージボックスには、以下のように出力さ
れます。

```
2019/11/28 11:28:34　エラー発生：　1004　アプリケーション
定義またはオブジェクト定義のエラーです。
```

\ やってみよう！ /

# テキストファイルを読み込む

### テキストファイルを読み込んで
### Excelシートに出力するには？

ここでは、テキストファイルを読み込んでExcelのシートに出力する方法
を解説します。以下のコード8-3は、テキストファイルを読み込んでExcel
シートに1行ずつ出力します。

解説動画

https://excel23.
com/vba-book/8-3/

コード8-3：[FILE：**8-3.xlsm**]

```
1    Sub ReadTextAll()
2
3        '読み込むファイルのパス                        ❶ テキストファイルのパス
4        Dim path As String
5        path = "C:¥Users¥[ユーザー名]¥Downloads¥Chapter8¥log.txt"
6
7        'ファイル番号 (FreeFile関数で自動取得)           ❷ ファイル番号を自動取得
8        Dim fileNum As Long
```

次ページに続きます

```
 9        fileNum = FreeFile()

10

11        'テキストファイルを開く                          ❸ テキストファイルを開く・閉じる
12        Open path For Input As #fileNum

13

14        '一行ずつ受け取るための変数                      ❹ 1行ずつ変数に受け取り、シートに転記
15        Dim strBuf As String

16

17        'テキストを先頭行から最終行まで読み込む
18        Dim i As Long
19        Do Until EOF(fileNum)

20

21            i = i + 1

22

23            '一行読み込む
24            Line Input #fileNum, strBuf

25

26            'セルに書き出す
27            Cells(i, 1).Value = strBuf
28        Loop

29

30        'テキストファイルを閉じる                        ❸ テキストファイルを開く・閉じる
31        Close #fileNum

32

33   End Sub
```

図8-8：コードの実行結果

| | A | B | C |
|---|---|---|---|
| 1 | 2019/11/16 | 10:11:15 | マクロ開始 |
| 2 | 2019/11/16 | 10:11:18 | マクロ終了 |
| 3 | 2019/11/18 | 16:07:15 | マクロ開始 |
| 4 | 2019/11/18 | 16:07:18 | マクロ終了 |
| 5 | 2019/11/20 | 12:18:18 | マクロ開始 |
| 6 | 2019/11/20 | 12:18:21 | マクロ終了 |
| 7 | 2019/11/22 | 14:18:18 | マクロ開始 |
| 8 | 2019/11/22 | 14:18:21 | マクロ終了 |
| 9 | 2019/11/24 | 15:16:36 | マクロ開始 |
| 10 | 2019/11/24 | 15:16:38 | マクロ終了 |

コード8-3の全体像としては、次の流れになっています。

① 読み込むテキストファイルのパスを変数に格納
② FreeFile関数でファイル番号を自動で取得
③ テキストファイルを開く（最後に閉じる）
④ 1行ずつ変数に受け取り、シートに転記する

それぞれのコードについて解説していきます。

## 読み込むテキストファイルのパスを変数に格納

以下のコードでは、変数「path」を宣言し、読み込みたいテキストファイルのパスを格納しています。

```
'読み込むファイルのパス
Dim path As String
path = "C:¥Users¥[ユーザー名]¥Downloads¥Chapter8¥log.txt"
```

## FreeFile関数でファイル番号を自動で取得

以下のコードでは、**FreeFile関数**を利用してファイル番号を自動的に取得し、変数fileNumに格納しています。

FreeFile関数については、前節の「ファイル番号を自動で取得するFreeFile関数」(P.230）を参照してください。

```
'ファイル番号(FreeFile関数で自動取得)
Dim fileNum As Long
fileNum = FreeFile()
```

## テキストファイルを開く（最後に閉じる）

以下のコードでは、テキストファイルを開き、最後にファイルを閉じる処理を行っています。

```
'テキストファイルを開く
Open path For Input As #fileNum

    '処理内容

'テキストファイルを閉じる
Close #fileNum
```

上記のコードでは、テキストファイルを読み込むため、Open path For Input As #fileNumと記述しています。#fileNumという記述では、変数 fileNumに格納されているファイル番号を「#」付きで指定している点を注意してください。また、For Input と記述することで、読み込みモードでファイルを開くという意味になります。

**Open ステートメント**について詳しくは「テキストファイルを書き出す」の「テキストファイルを開く/閉じる」（P.224）にて紹介しました。Open ステートメントの構文は、次の通りです。

---

【Open ステートメント】

**構文：**
**Open パス For モード As #ファイル番号**

---

「モード」を Input と指定することで、読み込みモードでファイルを開くことができます。

## 1行ずつ変数に受け取り、シートに転記する

以下のコードでは、開いたテキストファイルを1行ずつ変数に格納し、セルに書き出すという処理を行います。

---

```
'一行ずつ受け取るための変数
Dim strBuf As String

'テキストを先頭行から最終行まで読み込む
```

```
Dim i As Long
Do Until EOF(fileNum)

    i = i + 1

    '一行読み込む
    Line Input #fileNum, strBuf

    'セルに書き出す
    Cells(i, 1).Value = strBuf
Loop
```

上記では、Dim strBuf As String というコードで変数「strBuf」
を宣言しています。

### 補足

上記の変数名の由来については、「str」は文字列型であるString型を意味しています。
また、「Buf」という文字列はバッファ（一時的に記憶する場所）という意味があり、今回のコ
ードのように変数に一時的に値を受け取っておき、セルやファイルに書き出すような用途の際
にこのような変数名がよく使われます。

また、**Do Until構文**によりループを記述しています。

```
Do Until EOF(fileNum)

    '処理内容

Loop
```

Do Until構文では、ある条件を達成するまで処理を繰り返します。
その条件であるEOF(fileNum)という記述については、**EOF関数**を利
用して、ファイルの末尾に達したかどうかを判断します。
EOFとはEnd Of Fileの略であり、その名の通り、テキストファイルの
終端を意味します。

EOFという表記は、メモ帳でテキストファイルを開いても表示されませんが、TeraPadなどのテキストエディタで開いた際に、ファイルの終端に表示されます（図8-9）。

TeraPadは、無料のテキストエディタです。Windows標準の「メモ帳」より高機能であり、図8-9のように［EOF］を表示したり、Tab区切りを可視化するなどの機能もあります。テキストファイルを扱う際には、このようなテキストエディタを使用することもおすすめします。

図8-9：EOFの例

```
1  2019/11/28 11:20:35 マクロ開始↓
2  2019/11/28 11:20:35 マクロ終了↓
3  2019/11/28 11:21:47 マクロ開始↓
4  2019/11/28 11:21:47 マクロ終了↓
5  2019/11/28 11:28:34 マクロ開始↓
6  2019/11/28 11:28:34 エラー発生： 1004
7  2019/11/28 12:08:58 マクロ開始↓
8  2019/11/28 12:08:58 エラー発生： 1004
9  [EOF]
```

EOF関数は、開いたファイルが現在、末尾まで読み込まれているかどうかを判断し、TrueまたはFalseを返します。

【EOF関数】
**ファイルが末尾まで開かれているかを判断し、末尾ならばTrue、そうでなければFalseを返します。**

**構文：**
EOF(filenumber)

**引数：**
　　filenumber：ファイル番号を指定します。
　　（ここでは "#" を付加する必要がありません。）

一方で、開いたファイルを1行ずつ読み込み、セルに書き出すコードが以下です。

```
Line Input #fileNum, strBuf

'セルに書き出す
Cells(i, 1).Value = strBuf
```

242

上記では、Line Input ステートメントにより、1行の文字列を読み込み、その文字列を strBuf 変数に格納します。そして、strBuf に格納された文字列をセルに書き出しています。

Line Input ステートメントは、開いているファイルを1行ずつ（行頭から改行まで）読み取って返します。ただし、読み取った文字列を受け取るための変数を宣言しておく必要があります。

---

【Line Input ステートメント】

構文：
Line Input #filenumber, varname

引数：
　filenumber：ファイル番号を指定します。先頭に「#」を付ける必要があります。
　varname：文字列を受け取るための変数名を指定します。

---

つまり、上記の Do Until 構文と合わせると、EOF（ファイルの末尾）に到達するまで1行ずつ読み取り、変数 strBuf に格納してセルに書き出していく、という処理の流れになるのです（図8-10）。

図8-10

## Tab 区切りで分割してシートに転記する場合

先述の方法では、テキストファイルから1行ずつ読み込んで1行ずつセルに転記していきました。

ところで、今回扱っているログファイルは、Tab で区切られています。せっかく Tab で区切られているので、Tab で分割し、シートにも2列のデータとして出力したいところです。

図8-11

| Tabで区切られている | | 分割してシートに出力 |

```
2019/11/28 11:21:47 ┌─┐ マクロ開始
2019/11/28 11:21:47 │ │ マクロ終了
2019/11/28 14:10:36 │ │ マクロ開始
2019/11/28 14:13:31 │ │ マクロ開始
2019/11/28 14:13:31 └─┘ エラー発生 1004 アプ
```

|   | A | B |
|---|---|---|
| 1 | 2019/11/28 11:21:47 | マクロ開始 |
| 2 | 2019/11/28 11:21:47 | マクロ終了 |
| 3 | 2019/11/28 14:10:36 | マクロ開始 |
| 4 | 2019/11/28 14:13:31 | マクロ開始 |
| 5 | 2019/11/28 14:13:31 | エラー発生 1004 アプリケーシ |

▶ 解説動画

https://excel23.
com/vba-book/8-3a/

そこで、上記のようにテキストファイルをTabで分割してシートに転記する
ようにコード8-3を改良したものが以下のコード8-3aです。

コード8-3a：[FILE：8-3a.xlsm]

```
1    Sub SplitByTab()
2
3        '読み込むファイルのパス
4        Dim path As String
5        path = "C:¥Users¥[ユーザー名]¥Downloads¥Chapter8¥log.txt"
6
7        'ファイル番号(FreeFile関数で自動取得)
8        Dim fileNum As Long
9        fileNum = FreeFile()
10
11       'テキストファイルを開く
12       Open path For Input As #fileNum
13
14       '一行ずつ受け取るための変数
15       Dim strBuf As String
16
17       '分割データを受け取るための変数
18       Dim arrBuf As Variant
19
20       'テキストを先頭行から最終行まで読み込む
21       Dim i As Long
22       Do Until EOF(fileNum)
```

❶ 分割データを受け取るための変数を宣言

244

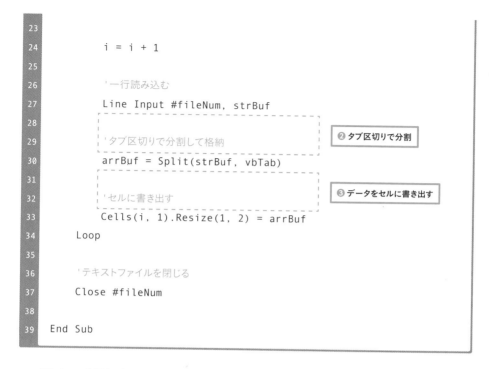

```
23
24            i = i + 1
25
26          '一行読み込む
27          Line Input #fileNum, strBuf
28
29          'タブ区切りで分割して格納        ❷ タブ区切りで分割
30          arrBuf = Split(strBuf, vbTab)
31
32          'セルに書き出す                  ❸ データをセルに書き出す
33          Cells(i, 1).Resize(1, 2) = arrBuf
34      Loop
35
36      'テキストファイルを閉じる
37      Close #fileNum
38
39  End Sub
```

コード8-3aの重要なポイントは、次の3つです。それぞれ解説していきます。

❶ 分割データを受け取るための変数を宣言する（arrBuf）

❷ タブ区切りで分割する（Split関数を利用）

❸ データをセルに書き出す（Resizeメソッド、UBound関数を利用）

### ❶ 分割データを受け取るための変数を宣言する（arrBuf）

以下のコードで、Variant型のarrBufという変数を宣言しています。

```
'分割データを受け取るための変数
Dim arrBuf As Variant
```

「なぜVariant型なのか?」という点について詳しくは後述いたしますが、
Variant型の変数は、型のない変数です。後ほど、文字列をTabで

分割して2つのデータを格納することになるのですが、通常、1つの変数に代入できるデータは1つです。しかし、Tabで分割した2つのデータを格納しようとしたとき、Variant型の変数は、「**配列**」という形式になってデータを受け取ることができます。そのためにVariant型として宣言したという理由です。

❷ **タブ区切りで分割する（Split関数を利用）**

以下のコードは、Split関数を利用して、文字列をTabを境に分割して変数arrBufに返しているコードです。

なお、配列のことを英語ではarrayといいます。そのため、変数名に「arr」という文字列を利用しています。配列を扱う場合、こうした名前の付け方がよく行われます。

```
'タブ区切りで分割して格納
arrBuf = Split(strBuf, vbTab)
```

Split関数は、文字列を指定した文字列を境に分割する関数です（図8-12）。

図8-12

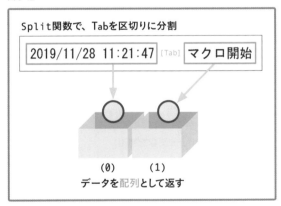

図8-12のように、変数strBufに「2019/11/28 11:21:47 [Tab] マクロ開始」という文字列が格納されているとすると、上記のコードでは、データがTabで分割されて「2019/11/28 11:21:47」、「マクロ開始」という2つのデータに分割されます（Split関数の第2引数に記述したvbTabとは、Tabを意味します）。

このとき、2つのデータは「配列」として返されます。

## 配列とは？

「配列」とは、変数に2つ以上の値を格納できるようになったものです。
「変数」が1つの箱だとすると、「配列」は、いくつかの仕切りのついた
本棚のようなものであるとよく例えられます。配列は要素数（インデック
ス）といって、はじめの棚から(0),(1),(2)…という番号が割当てられ
ます。

このとき、インデックスは
1でなく0から始まる点に
注意しましょう。

---

【Split関数】
**文字列を指定の区切り文字で分割し、配列として返す（要素数は0から始まる）**

構文：
Split(expression, [delimiter])

構文：
　expression：区切り文字が含まれる文字列を指定します。
　[delimiter]：区切り文字を文字列として指定します。この引数は省
　略可能で、省略した場合は半角スペース（" "）が区切り文字となります。

---

ここで、Split関数によって返された配列を格納するのは、先ほど
Variant型で宣言した配列「arrBuf」です。
先述のように、Variant型の変数は、配列データを受け取る際には、
それ自体が配列となってデータを格納します。

### ❸ データをセルに書き出す（Resizeメソッドを利用）

上記の❷では分割されたデータが「arrBuf」に格納されました。この
データをセルに転記するコードが以下です。

```
'セルに書き出す
Cells(i, 1).Resize(1, 2) = arrBuf
```

上記ではResizeメソッドを利用しています。これについて解説いたします。
図8-13のように、Cells(i,1)という記述だけですと、単一のセルを指
定することしかできません。しかし、arrBufには配列として2つのデー
タが格納されています。単一のセルに2つの値を転記することができま

せんし、右のセルにもデータを転記したいところです。そこで、Resize メソッドというメソッドを利用することで、セル範囲を拡大することができます。

図8-13

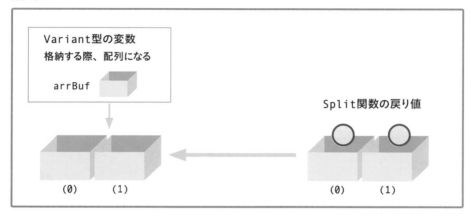

【Resizeメソッド】
指定した行数・列数にセル範囲を変更する

構文：
セル範囲.Resize(行,列)

構文：
　　行：変更後の行数を指定します。引数を省略した場合、行数を変更
　　　　しないという意味になります。
　　列：変更後の列数を指定します。引数を省略した場合、列数を変更
　　　　しないという意味になります。

arrBufには配列として(0)、(1)という要素にデータが格納されているため、この2つのデータをセルに転記するために

```
Cells(i,1).Resize(1,2)
```

と記述することで、セル範囲を1行2列に拡大しています。

このような方法で、配列に格納されている複数のデータをセル範囲に格納することができます。この方法は、ほかのケースでも、配列のデータをセル範囲に格納する方法として重宝されます。

## 補足：配列の要素数がわからない場合は？

先述のResizeメソッドを利用すれば、配列の複数データをセル範囲に格納できると紹介しました。

しかし、Resize(1,2)という記述では、配列の要素数が必ず2つである場合にしかデータを転記できません。配列の要素数がわからない場合にも柔軟に対応するためには、以下のように記述すると良いでしょう。

```
' 配列の最大数までセルに書き出す
Cells(i, 1).Resize(1, UBound(arrBuf)+1) = arrBuf
```

上記のコードでは**UBound関数**という関数を利用しています。

UBound関数は、配列の要素の最大数を返す関数です。

【UBound関数】
**配列の要素の最大数を返す。**

**構文：**
UBound(arrayname)

**引数：**
　　arrayname：配列名を指定します。

上記のコードでは、UBound(arrBuf)と記述すると、要素数の最大値として「1」が返ります。

ここで、「配列には2つのデータが格納されているのに、なぜ最大値が1と返るのか？」と疑問に思った方もいるかもしれません。それは、配列の要素には(0)、(1)…と、0からデータが格納されるからです。

arrBufには(0),(1)という要素にデータが格納されていますので、要素数の最大値は「1」となるのです。

一方で、セル範囲はResizeメソッドで2列に拡大したいので、Resize

メソッドの引数にはUBound(arrBuf)+1と指定する必要がある点に注意しましょう。

上記のようにUBound関数を利用すれば、配列の要素数がわからない場合でもセル範囲にデータを転記することができます。

## 補足：CSVファイルを読み込み、カンマ（,）で分割してセルに転記することも可能

先述の「Tab区切りで分割してシートに転記する場合」で解説した方法を応用すれば、CSVファイルのようにカンマ(,)で区切られたテキストファイルを分割してセルに転記することも可能です。

その場合は、Split関数の引数を","（カンマ）に変更して、Split(strBuf, ",")と記述すれば、カンマで分割することができます。ただし、この節で紹介しているOpenステートメントは、Shift-JISという文字コードにしか対応していません。したがって、CSVファイルでよくあるUTF-8のファイルを上記の方法で読み込もうとすると、正しく読み込むことができず、文字化けの原因になります（図8-14）。

図8-14：**文字化け**

| | A | B | C | D | E | F | G |
|---|---|---|---|---|---|---|---|
| 1 | ・ソ�née蜷キ | 謌・莉・豌丞錐 | 蝠・刀繧ｹ | 2019/01/0 | �嘉ｸ蟾晃除 | Word繧ﾒ蝴 | 2 2 |

文字コードとは、コンピュータ上で文字を表現するための数値のことです。様々な種類がありますが、対応していない文字コードを読み込もうとすると正しくない文字列が表示されてしまう「文字化け」という不具合が起こります。

CSVファイルを読み書きする場合には、文字コードに配慮して入出力する必要があるケースが多いのですが、この節で紹介した方法ではShift-JISにしか対応できません。

それでは少々柔軟性に欠けるため、CSVファイルを扱う際には特に、次の第9章で紹介する方法で、文字コードに配慮できる柔軟なデータ入出力法を選択することをおすすめします。

# 第9章

外部データと連携し、
活用の幅を広げる（2）
CSVデータ編

CSVファイルを入出力すれば、
Excel上でCSVファイルを編集したり、
その結果を出力できる！

第9章では、Excel VBAでCSVファイルを入出力する方法について解説いたします。

**CSV（Comma-Separated Values）** とは、カンマ（,）で区切られたテキストファイルを指します。

CSVファイルは、データベースなどからデータを取得する際、どのシステムでも扱えるように、文字列とカンマ（,）だけで表現された汎用的なファイル形式です。CSVファイルをExcelで入出力することは、次のようなケースに役立ちます。

> 【ケース1】 CSVファイルをExcelに読み込む
> 【ケース2】 Excelの表データをCSVファイルとして出力する

## 【ケース1】 CSVファイルをExcelに読み込む

図9-1

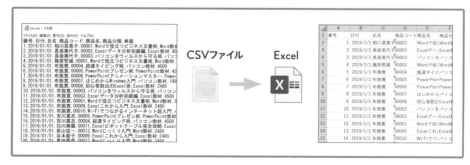

CSVファイルをExcel上に読み込むことで、使い慣れたExcel上でデータを編集したり、データを集計・分析したり、グラフ化して視覚化するなどの操作を行うことができます（図9-1）。

## 【ケース2】Excelの表データをCSVファイルとして出力する

図9-2

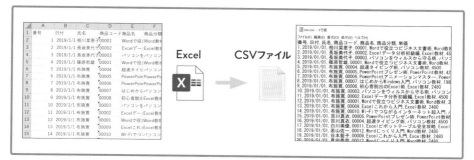

Excel上で作成したデータやマクロによる処理結果を、CSVファイルとして出力することができます（図9-2）。

それでは、Excel VBAでCSVファイルを操作する方法について学んでいきましょう。

\ やってみよう！/

# CSVファイルを読み込む

## CSVファイルを読み込む際は「文字コード」に注意

CSVファイルを読み込む方法については第8章の「補足：CSVファイルを読み込み、カンマ（,）で分割してセルに転記することも可能」で言及しましたが、そちらの方法では文字コードがShift-JISの場合にしか読み込むことができず、CSVファイルにはしばしば見られるUTF-8やその他の文字コードのファイルを読み込もうとすると文字化けを起こしてしまう点を指摘いたしました（図9-3）。

図9-3：文字化け

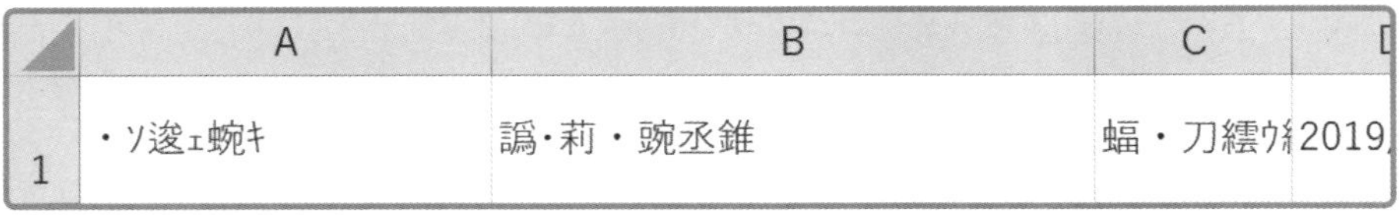

| | A | B | C | D |
|---|---|---|---|---|
| 1 | ・ｿ遶ｪ蜿ｷ | 謌・莉・豌丞錐 | 蝠・刀繧ｯ2019, |

また、その他にも、改行コード（改行を意味するコード）が何であるかといった点でも注意が必要です。

上記のように、CSVファイルをExcelに読み込む場合には、

- **文字コードが何であるか**
- **改行コードが何であるか**

（右傍注）改行コードについては、後ほどP.259で解説いたします。

といった点を考慮して柔軟に対応できる方法を知っておくことが重要といえます。

そこで、本章では、上記の点にも考慮して柔軟に対応できるVBAの記述法をご紹介いたします。

## オブジェクトの参照設定：
## ADOを利用するための準備

本章では、**ADO（ActiveX Data Objects）** というオブジェクトを利用してCSVの入出力を行います。

ADOとは、様々な種類のデータへアクセスするために利用できる技術です。ADOを利用することで、CSVファイルを読み込むことはもちろん、Accessデータベースへの接続なども行うことができます。

（右傍注）本書ではAccessその他のデータベースへの接続については言及いたしません。

ADOを利用するためには、オブジェクトライブラリの参照設定をすると便利です。以下の操作をVBEにて行ってください（図9-4）。

---

1. Excel VBEにて［ツール］→［参照設定］をクリック
2. 「Microsoft ActiveX Data Objects x.x Library」にチェックを入れて［OK］をクリック

---

（右傍注）図9-4では「6.1」と表示されていますが、Officeのバージョンによって異なります。持っているPCで表示される番号のものを選択してください。

以上で、ADOライブラリへの参照設定は完了です。

図9-4

## ADOを利用してCSVファイルを読み込む

コード9-1は、ADOライブラリのADODB.Streamというオブジェクトを
利用してCSVを読み込むコードです。なお、読み込むCSVファイルの
仕様は表9-1のようになっています。

表9-1：**文字コード**

| 文字コード | UTF-8 |
|---|---|
| 改行コード | 行送り（LF）（詳しい説明は後述します） |

▶ 解説動画

https://excel23.
com/vba-book/9-1/

コード9-1：[FILE：**9-1.xlsm**]

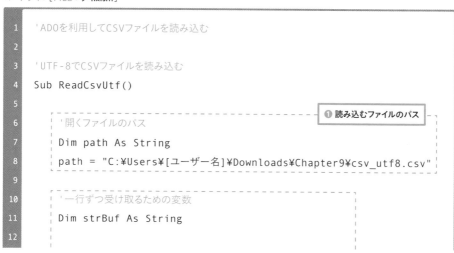

```vba
1    'ADOを利用してCSVファイルを読み込む
2
3    'UTF-8でCSVファイルを読み込む
4    Sub ReadCsvUtf()
5
6        '開くファイルのパス                              ❶ 読み込むファイルのパス
7        Dim path As String
8        path = "C:¥Users¥[ユーザー名]¥Downloads¥Chapter9¥csv_utf8.csv"
9
10       '一行ずつ受け取るための変数
11       Dim strBuf As String
12
```

次ページに続きます

```vbnet
13
14          '分割データを受け取るための変数                           ❷ テキストを受け取るための変数を宣言
15          Dim arrBuf As Variant
16
17          'ADODB.Streamオブジェクトを取得                         ❸ ADODB.Streamオブジェクトを
18          Dim adoStr As ADODB.Stream                              取得し、Streamを開く
19          Set adoStr = New ADODB.Stream
20          With adoStr
21              .Charset = "UTF-8"      '文字コード
22              .LineSeparator = adLF      '改行コード
23              .Open                   'オブジェクトを開く
24              .LoadFromFile path      '読み込むパス
25
26              'ファイルの末尾まで繰り返す                           ❹ テキストを1行ずつ読み込み、カ
27              Dim i As Long                                       ンマで分割してシートに書き込む
28              Do Until .EOS
29                  strBuf = .ReadText(adReadLine)  'テキストを1行ずつ格納
30                  i = i + 1
31
32                  'カンマで分割して配列として格納
33                  arrBuf = Split(strBuf, ",")
34
35                  'セル範囲に配列を代入
36                  Cells(i, 1).Resize(1, UBound(arrBuf) + 1).Value = arrBuf
37              Loop
38
39              'Streamを閉じ、変数の参照を無しにする
40              .Close
41              Set adoStr = Nothing
42                                                  ❺ Streamをファイルに保存しADODB.Stream
43          End With                                  オブジェクトを閉じる
44
45      End Sub
```

図9-5：コードの結果

| | A | B | C | D | E | F | G | H |
|---|---|---|---|---|---|---|---|---|
| 1 | 番号 | 日付 | 氏名 | 商品コード | 商品名 | 商品分類 | 単価 | 数量 |
| 2 | 1 | 2019/01/0 | 相川菜恵子 | 00001 | Wordで役工 | Word教材 | 3980 | 2 |
| 3 | 2 | 2019/01/0 | 長坂美代子 | 00002 | Excelデータ | Excel教材 | 4500 | 2 |
| 4 | 3 | 2019/01/0 | 長坂美代子 | 00003 | パソコンを | パソコン教 | 3980 | 1 |
| 5 | 4 | 2019/01/0 | 篠原哲雄 | 00001 | Wordで役工 | Word教材 | 3980 | 1 |
| 6 | 5 | 2019/01/0 | 布施寛 | 00004 | 超速タイピ | パソコン教 | 4500 | 1 |
| 7 | 6 | 2019/01/0 | 布施寛 | 00005 | PowerPoin | PowerPoin | 4200 | 1 |
| 8 | 7 | 2019/01/0 | 布施寛 | 00006 | PowerPoin | PowerPoin | 2480 | 2 |
| 9 | 8 | 2019/01/0 | 布施寛 | 00007 | はじめから | パソコン教 | 1980 | 2 |
| 10 | 9 | 2019/01/0 | 布施寛 | 00008 | 初心者脱出 | Excel教材 | 2480 | 1 |

## 補足：表示形式に注意！

［商品コード］列には「00001」などと表示されていますが、セルを編集して確定すると、先頭の「0000」が省略されて「1」に自動変更されてしまいます。これは、セルの表示形式が「標準」になっているためです。上記の現象を避けるためには、［商品コード］のD列の表示形式を「文字列」に変更する必要があります。

そのためには、コード9-2のEnd Subの直前に、以下のコードを追記すると良いでしょう。

```
'表示形式を文字列に変更する
Columns("D").NumberFormatLocal = "@"
```

コード9-1の全体像としては、下記の流れになっています。それぞれのコードについて解説していきます。

❶ 読み込むファイルのパスを変数に格納する

❷ テキストを一時受け取るための変数を宣言する

❸ ADODB.Streamオブジェクトを取得し、Streamを開く

❹ テキストを1行ずつ読み込み、カンマで分割してシートに書き込む

❺ Streamをファイルに保存しADODB.Streamオブジェクトを閉じる

## ❶ 読み込むファイルのパスを変数に格納する

以下のコードでは、読み込むCSVファイルのパスを変数「path」に格納しています。

「ユーザー名」という部分は、Windowsのユーザー名によって書き換える必要があります。

```
'開くファイルのパス
Dim path As String
path = "C:¥Users¥[ユーザー名]¥Downloads¥Chapter9¥csv_utf8.csv"
```

## ❷ テキストを一時受け取るための変数を宣言する

以下のコードでは、文字列を一時受け取るための変数をそれぞれ宣言しています。

```
'一行ずつ受け取るための変数
Dim strBuf As String

'分割データを受け取るための変数
Dim arrBuf As Variant
```

## ❸ ADODB.Streamオブジェクトを生成し、Streamを開く

以下のコードでは、データを読み込むためのADODB.Streamオブジェクトを生成し、それを開く（利用を始める）という処理を記述しています。

```
'ADODB.Streamオブジェクトを生成
Dim adoStr As ADODB.Stream
Set adoStr = New ADODB.Stream
With adoStr
    .Charset = "UTF-8"   '文字コード
    .LineSeparator = adLF '改行コード
    .Open                 'オブジェクトを開く
    .LoadFromFile path    '読み込むパス

        '処理内容

    'Streamを閉じ、変数の参照を無しにする
```

```
        .Close
        Set adoStr = Nothing

    End With
```

**Stream オブジェクト**とは、様々なテキストデータを処理できるオブジェクトのことです。テキストファイルを Stream オブジェクトに読み込むことで、文字コードや改行コードを指定して、1行ずつ取得することができます。そのためには、いくつかのプロパティを設定する必要があります（表9-2）。これらのプロパティやメソッドは、Stream オブジェクトを使用してファイルを読み込む/閉じるために必要なものです。

表9-2：Stream オブジェクトのプロパティ

| プロパティやメソッド | 説明 |
| --- | --- |
| Charset プロパティ | 取り扱うテキストファイルの文字コードを、文字列で指定します。文字コードに応じて、"UTF-8","Shift-JIS","Unicode" などを指定できます。（デフォルトは "Unicode" となります） |
| LineSeparator プロパティ | 改行コード（後述）を数値で指定します。定数として以下を使用できます。<br>adCR （値：13）キャリッジリターン（改行復帰）<br>adLF （値：10）ラインフィールド（行送り）<br>adCRLF （値：-1）CR ＋ LF |
| Open メソッド | Stream オブジェクトを開きます。<br>「開く」とはデータを操作する状態を開始するようなイメージです。 |
| LoadFromFile メソッド | 引数で指定したパスのファイルを Stream に読み込みます。 |
| Close メソッド | Stream オブジェクトを閉じます。<br>「閉じる」とはデータを操作する状態を終了するようなイメージです。 |

## 改行コードとは？

表9-2でLineSparatorプロパティについて解説しました。「キャリッジリターン」や「ラインフィールド」とは何でしょうか？

CSVファイルなどのテキストファイルは、改行をあらわすコードがシステムによって異なっています。**改行コード**が合わないままCSVファイルを読み込んでしまうと、改行すべき箇所を改行されずに読み込んでしまう原因になります。改行コードには主に3種類あります（表9-3）。

表9-3：**改行コードの種類**

| CR（キャリッジリターン , 改行復帰） | カーソルを左端に戻すことを意味します。 |
|---|---|
| LF（ラインフィールド , 行送り） | カーソルを下の行に移動することを意味します。 |
| CR+LF（改行復帰 + 行送り） | 上記の2つを意味します。 |

自分が読み込もうとしているテキストファイルの改行コードを調べるため
に、メモ帳などで開くことが手段の一つです。図9-6は、今回のサンプル
データである「csv_utf8.csv」をメモ帳で開いた様子です。改行コード
として「LF」と表示されていることがわかります。

図9-6：「csv_utf8.csv」をメモ帳で開いた様子

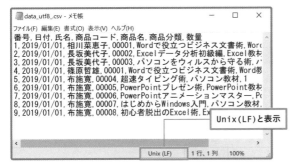

### ❹ テキストを1行ずつ読み込み、カンマで分割してシートに書き込む

以下のコードでは、Streamオブジェクトに読み込んだデータを1行ずつ
処理し、セルに転記しています。

```
'ファイルの末尾まで繰り返す
Dim i As Long
Do Until .EOS
    strBuf = .ReadText(adReadLine) 'テキストを1行ずつ格納
    i = i + 1

    'カンマで分割して配列として格納
    arrBuf = Split(strBuf, ",")

    'セル範囲に配列を代入
    Cells(i, 1).Resize(1, UBound(arrBuf) + 1).Value = arrBuf
Loop
```

`Do Until` **ループ**については、第8章「**テキストファイルを読み込む**」に
て解説しました（P.233）のでここでは詳しい説明を割愛いたしますが、

```
Do Until .EOS
    '処理内容
Loop
```

という記述により、EOS（テキストファイルの終端）に到達するまでループ
を繰り返すという意味になります。

また、`strBuf = .ReadText(adReadLine)` という記述では、
**ReadTextメソッド**を使用して1行のデータを変数`strBuf`へ格納してい
ます。引数で指定する値によって、1行ずつ読み込むのか、全文を読み
込むのかを指定できます。

---

【ReadTextメソッド】

**Streamオブジェクトから1行または全文を返します。**

**構文：**

`Stream`**オブジェクト**`.ReadText(NumChars)`

**引数：**

**引数**`NumChars`**には以下の定数を使用できます。**

  `adReadAll`**(値：-1)**  **Stream**から全文を返します。引数を
         省略した場合、既定でこちらになります。

  `adReadLine`**(値：-2)** **Stream**から1行を返します。

---

## ❺ Streamをファイルに保存し
## ADODB.Streamオブジェクトを閉じる

❸で説明した内容と重複しますが、以下のコードは`Stream`オブジェク
トを閉じ、オブジェクト変数の参照に`Nothing`を代入しています。

```
'Streamを閉じ、変数の参照を無しにする
.Close
Set adoStr = Nothing
```

以上で、ADODB.Streamオブジェクトを利用してCSVファイルを読み込むことができました。上記の方法で、文字コードや改行コードに柔軟に対応することができるので、ぜひ利用してみてください。

\ やってみよう！ /
# CSVファイルを出力する

▶ 解説動画

続いて、ExcelシートからCSVファイルを出力する方法を紹介いたします。コード9-2は、文字コードはUTF-8、改行コードはLFとしてCSVファイルを出力する例です。

https://excel23.
com/vba-book/9-2/

コード9-2：[FILE：**9-2.xlsm**]

```
1    'UTF8でCSVを出力する
2    Sub WriteCsv_utf8()
3
4        'シートの最終行を取得
5        Dim maxRow As Long
6        maxRow = Cells(Rows.Count, 1).End(xlUp).Row
7
8        '書き込むファイルのパス
9        Dim path As String
10       path = "C:\Users\[ユーザー名]\Downloads\Chapter9\csv_utf8.csv"
11
12       '一行ずつ受け取るための変数
13       Dim strBuf As String
14
15       'ADODB.Streamオブジェクトを生成
16       Dim adoStr As ADODB.Stream
17       Set adoStr = New ADODB.Stream
18       With adoStr
19           .Charset = "UTF-8"        '文字コード
20           .LineSeparator = adLF     '改行コード
21           .Open             'Streamを開く
```

❶ シートの最終行を取得、出力ファイルのパスを格納

❷ ADODB.Streamオブジェクトを取得し、Streamを開く

```vba
'シートの最終行まで出力
Dim i As Long
For i = 1 To maxRow

    '7列目まではカンマ付き
    Dim j As Long
    For j = 1 To 7
        strBuf = strBuf & Cells(i, j).Value & ","
    Next j

    '8列目はカンマなし
    strBuf = strBuf & Cells(i, j).Value

    '1行追記する
    .WriteText strBuf, adWriteLine

    '変数を初期化
    strBuf = ""

Next i

'ファイルを保存する(既存ファイルは上書き)
.SaveToFile path, adSaveCreateOverWrite

'Streamを閉じ、変数の参照を無しにする
.Close
Set adoStr = Nothing

End With

End Sub
```

③ シートのセルの値を1行ずつカンマ区切りで結合してStreamに追記

④ Streamをファイルに出力し、Streamを閉じる

図9-7：**出力結果（csv_utf8.csvをTeraPadで開いたもの）**

コード9-2全体としては、

① **シートの最終行を変数に格納／出力ファイルのパスを変数に格納**

② **ADODB.Streamオブジェクトを生成し、Streamを開く**

③ **シートのセルの値を1行ずつカンマ区切りで結合してStreamに追記**

④ **Streamをファイルに出力し、Streamを閉じる**

といった流れになっています。それぞれのコードについて解説いたします。

### ① シートの最終行を変数に格納／出力ファイルのパスを 変数に格納

以下のコードで、Excelシートの最終行を変数maxRowに格納し、また、出力するファイルのパスを変数pathに格納しています。

「ユーザー名」という部分は、Windowsのユーザー名によって書き換える必要があります。

```
'シートの最終行を取得
Dim maxRow As Long
maxRow = Cells(Rows.Count, 1).End(xlUp).Row

'書き込むファイルのパス
Dim path As String
path = "C:¥Users¥[ユーザー名]¥Downloads¥Chapter9¥csv_utf8.csv"
```

## ❷ ADODB.Streamオブジェクトを生成し、Streamを開く

以下のコードで、Streamオブジェクトを生成し、プロパティで文字コードと改行コードを指定しています。

```
'ADODB.Streamオブジェクトを生成
Dim adoStr As ADODB.Stream
Set adoStr = New ADODB.Stream
With adoStr
    .Charset = "UTF-8"        '文字コード
    .LineSeparator = adLF     '改行コード
    .Open          'Streamを開く
```

Charsetプロパティでは文字コードを、LineSeparatorプロパティでは改行コードをそれぞれ指定して、OpenメソッドでStreamを開く点については、ファイルを開く際と同様です。

## ❸ シートのセルの値を1行ずつカンマ区切りで結合して Streamに追記

以下のコードで、シートのセルの値を1行ずつカンマ付きで結合してStreamに追記しています。

```
'シートの最終行まで出力
Dim i As Long
For i = 1 To maxRow

    '7列目まではカンマ付き
    Dim j As Long
    For j = 1 To 7
        strBuf = strBuf & Cells(i, j).Value & ","
    Next j

    '8列目はカンマなし
    strBuf = strBuf & Cells(i, j).Value

    '1行追記する
```

次ページに続きます

```
    .WriteText strBuf, adWriteLine

    '変数を初期化
    strBuf = ""
Next i
```

上記のコメント行で「7列目まではカンマ付き」「8列目はカンマなし」と
記載している点ですが、図9-8とあわせて説明いたします。

図9-8

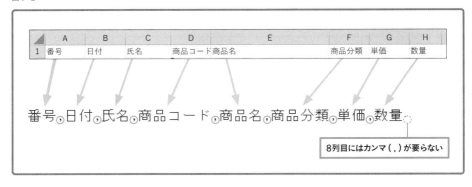

A列〜H列までのデータを結合する際、それぞれのデータの後ろにカン
マ（,）を付加します。しかし、最後のH列（8列目）の後ろにはカン
マを付加する必要はありません。

したがって、変数jを宣言し、1〜7列目まではFor j = 1 To 7によ
るループ内にてstrBuf = strBuf & Cells(i, j).Value &
","と記述することで","を付加しています。

その後、8列目だけは","を付加することなく、strBuf = strBuf &
Cells(i, j).Valueとだけ記述しているのです。

また、上記で説明したコードにより、変数strBufにはカンマ区切りの
1行の文字列が格納されるので、それをStreamに追記します。

```
'1行追記する
.WriteText strBuf, adWriteLine
```

Streamオブジェクトの**WriteTextメソッド**を利用して、1行の文字列をStreamに追記しています。Streamオブジェクトの仕組み上、1行ずつの行をファイルに直接書き込むのではなく、Streamオブジェクトに1行ずつデータを溜め込んでおき、すべての行を終えたら最後にファイルに全てデータを書き込むという流れで処理を行います。そのため、上記ではまだStreamオブジェクトに追記されただけにすぎず、ファイルには書き込まれていません。

---

【WriteTextメソッド】

**文字列をStreamに書き込みます。**

構文：
**Streamオブジェクト.WriteText Data**

引数：
　**Data：書き込む文字列データを指定します。**

---

#### ❹ Streamをファイルに出力し、Streamを閉じる

最後に、Streamからファイルへ出力し、Streamを閉じる（データの操作を終了する）コードが以下です。

```
'ファイルを保存する（既存ファイルは上書き）
.SaveToFile path, adSaveCreateOverWrite

'Streamを閉じ、変数の参照を無しにする
.Close
Set adoStr = Nothing
```

先述のように、これ以前のコードでは、Streamオブジェクトに1行ずつデータを溜め込んでいる状態です。そのため、最後にファイルへ出力する処理を行うために**SaveToFileメソッド**を利用しています。

【SaveToFileメソッド】
Streamオブジェクトからファイルにデータを書き込みます。

構文：
Streamオブジェクト.SaveToFile FileName,SaveOptions

引数：
　　FileName：出力するファイルをパスで指定します。
　　SaveOptions：ファイルがまだ存在しない場合は新しいファイルを作
　　成しますが、ファイルが存在する場合には上書きするかどうかを指定で
　　きます。
　　・adSaveCreateNotExist（値：1）　ファイルを上書きしません。
　　・adSaveCreateOverWrite（値：2）ファイルを上書きします。

したがって、.SaveToFile path, adSaveCreateOverWriteと
いう記述により、変数pathに格納されたパスに対してファイルを出力し、
もし同名ファイルが存在する場合には上書きするということになります。

■

以上の方法で、ExcelシートからCSVファイルを出力することができま
した。
今回のコード例では文字コードとしてUTF-8、改行コードとしてLFを指
定しましたが、ADODB.Streamオブジェクトなら、プロパティを変更す
るだけで他の文字コード・他の改行コードに変更することも容易です。
状況に応じて上記の対応ができるよう、ぜひ活用してみてください。

# 第 10 章

## エラーに強いマクロで
## ユーザビリティを高める

# 自分以外のユーザーにとって使いやすいマクロを作ることの重要性

第10章と11章では、マクロの利用者（ユーザー）にとって使いやすいマクロを作るための方法について解説します。

マクロの個人開発を始めたばかりですと、ユーザーは自分自身だけであることがほとんどでしょう。しかし、より便利なマクロを開発できるようになるにつれ、自分だけでなく周りの人が利用してくれる機会も増えてくるかもしれません。すると、自分だけでなく他人にも使いやすいマクロを開発することが重要となってきます。本書では他人も使いやすいマクロに必要な要素として、次の内容を解説します。

---

第10章　エラーに強い（マクロがバグで停止しない）

第11章　実行時間が短く、高速である

---

## エラーに強いマクロを作る

本章は、「エラーに強いマクロを作る」というテーマで解説いたします。
Excelマクロでは、実行時エラーが起きるとマクロが強制停止してメッセージが表示されることがよくあります（図10-1）。

マクロの開発者は「あぁ、エラーが起きた。直さなくては…。」と感じるだけで済みますが、自分以外のユーザー（特にマクロに詳しくない方）がエラーメッセージに遭遇すると、それだけで戸惑ってしまい、どう操作していいか分からなくなってしまうことも少なくありません。また、エラーが頻発してマクロが停止してしまうようだと、マクロの開発者に対する周囲からの信頼も失われてしまいます。

図10-1

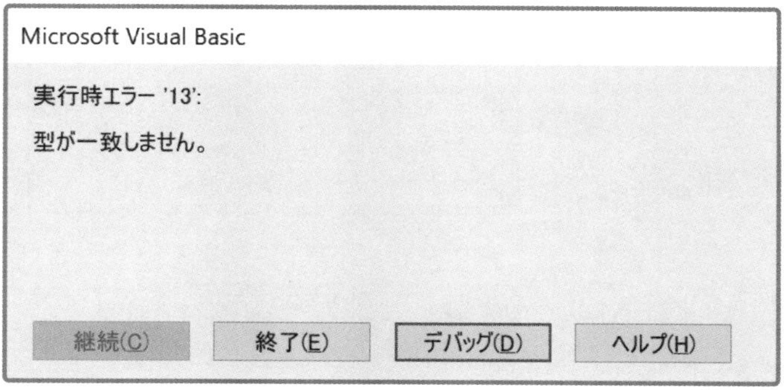

```
Microsoft Visual Basic

実行時エラー '13':

型が一致しません。

    [ 継続(C) ]   [ 終了(E) ]   [ デバッグ(D) ]   [ ヘルプ(H) ]
```

そこで、エラーが起こりやすいケースを例に、次のようなエラーへの対処
法について解説します。

> ◪ **エラーの温床になりやすいマクロの例**
>
> ◪ **エラーを起こさず未然に回避するコードを書く**
>
> ◪ **エラーが起きても対処できる仕組み（On Error Resume Next）**
>
> ◪ **エラーが起きたら別の処理へジャンプする（On Error GoTo）**

それでは、各ポイントについて踏み込んでいきましょう。

＼ 気をつけよう！ ／

# エラーの温床になりやすいマクロの例

ここでは、エラーが起こりやすいマクロの一例を挙げ、その問題点を具
体化していきます。
図10-2のような動作をするマクロ（コード10-1）について解説しましょう。

図10-2

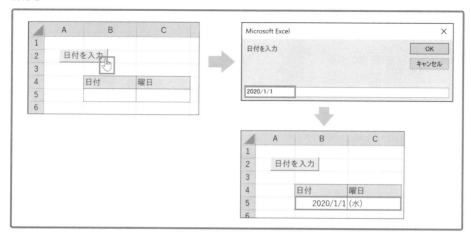

## マクロの概要

解説動画

日付をInputBox（入力可能なウインドウ）に入力して確定すると、シート上のセルに日付と曜日が出力される。

https://excel23.
com/vba-
book/10-1_to_10-2/

コード10-1：[FILE：**10-1_to_10-2.xlsm**]

```vba
'日付をInputboxで入力→曜日を出力
Sub DateInput()

    'InputBoxで日付を入力
    Dim valDate As Date
    valDate = InputBox("日付を入力", Default:="yyyy/m/d")

    'セルに代入
    Range("B5").Value = valDate

    '曜日を代入
    Range("C5").Value = Format(valDate, "(aaa)")

End Sub
```

一見すると問題なく動作するマクロのように見えますが、実はこのマクロ
はエラーが起こりやすくなっています。

例えば、InputBox に「明日」などと入力して［OK］をクリックした
場合、実行時エラーでマクロは停止してしまいます（図10-3）。

図10-3

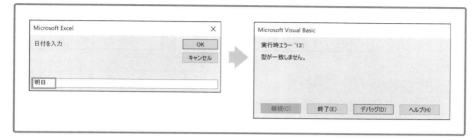

これは、<u>入力されたデータが変数の型に一致しないために発生したエラ</u>
ーです。
変数「valDate」は、**Date 型**として宣言されています。Date 型は、コ
ンピュータが「日付」として認識できる書式（例えば"2020/1/1"や"2020
年1月1日"など）の値だけを代入することができます。しかし、「明日」と
いう文字列は、コンピュータが日付として認識する書式ではないため、値
を代入することができません。そのため、エラーとなります。
他にも上記のマクロで起こりうるエラーの例と原因を挙げてみましょう
（表10-1）。

表10-1：**コード10-1で起こりうるエラーの例と原因**

| エラーの事例 | 原因 |
|---|---|
| ユーザーが［キャンセル］ボタンや「×」ボタンを押した場合<br><br>「型が一致しません」というエラーが発生 | InputBox 関数では、ユーザーが［キャンセル］や「×」ボタンを押した場合、戻り値として ""（空白の文字列）が返ります。変数 valDate は Date 型ですが "" という文字列はコンピュータが認識できる日付の書式ではないため、型の不一致となりエラーになります。 |
| ユーザーが「20190101」「令和二年一月一日」などのデータを入力した場合<br><br>「型が一致しません」というエラーが発生 | 「20190101」「令和二年一月一日」といった文字列は一見すると日付データとして認識できそうですが、これもコンピュータが認識する日付の書式ではありません。そのため、型の不一致となりエラーになります。 |

## 補足：Date型として代入可能な書式かどうか確認する方法

図10-4

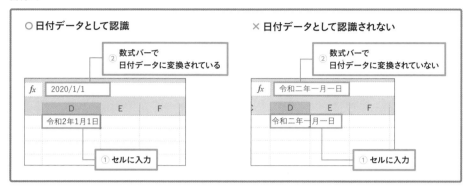

図10-4左のように、例えばセルに「令和2年1月1日」と入力して確定した結果、数式バー上では「2019/1/1」のように日付データに変換されれば、日付として認識される書式であるとわかります。

一方、図の右の例では、セルに「令和二年一月一日」と入力しましたが、日付データとして変換されず、数式バーにもそのまま「令和二年一月一日」という文字列が表示されています。コンピュータで日付データとして認識されない書式だったことがわかります。

■

ユーザーが想定外のデータを入力したり、キャンセルボタンを押すといった操作をした場合にエラーが発生することがわかりました。では、どのように改善すればいいのでしょうか？

\ やってみよう！ /

# エラーを起こさず未然に回避するコードを書く

解説動画

ここでは、前項で挙げたようなエラーを未然に回避するようなコード改善例を挙げます。

前項で挙げたエラーとその原因は主に2つありました。

https://excel23.
com/vba-
book/10-1_to_10-2/

- ☑ ユーザーが、日付データとして認識されない文字列を入力した場合
  （例：「明日」「20190101」「令和二年一月一日」など）
- ☑ ユーザーが［キャンセル］や「×」を押した場合

それらのエラーを回避するためには、次のような対策が考えられます。

- ☑ もしも日付でない書式のデータを入力した場合、エラーで停止せず、別の処理を行うようにする。
- ☑ もしもユーザーが［キャンセル］「×」を押した場合も、エラーで停止せず、別の処理を行うようにする。

上記の対策を踏まえたコードの例が、以下のコード10-2です。

コード10-2：[FILE：10-1_to_10-2.xlsm]

```vba
' エラーを未然に回避する
Sub DateInput2()

    ' 型の不一致を避けるため、Variant型で宣言
    Dim valDate As Variant
    valDate = InputBox("日付を入力", Default:="yyyy/m/d")        ❶

    ' 変数の値が日付かどうか判断
    If IsDate(valDate) Then

        ' 日付と曜日を代入
        Range("B5").Value = valDate
        Range("C5").Value = Format(valDate, "(aaa)")            ❷

    Else

        MsgBox "キャンセルボタンが押された、" & vbCrLf & _
               "または正しい日付形式でないためキャンセルしました。"
```

次ページに続きます

```
19
20        End If
21
22    End Sub
```

図10-5は日付でない書式のデータを入力した、あるいはキャンセルボタ
ンを押した場合の結果です。

図10-5：**コードの結果**

コード10-2では、以下の点を修正しています。

---

❶ **型の不一致を避けるため、Variant型で変数を宣言する**

❷ **変数の値が日付形式かどうかをIsDate関数で判断する**

---

それぞれのポイントについて解説いたします。

### ❶ 型の不一致を避けるため、Variant型で変数を宣言する

変数をDate型ではなくVariant型として宣言し、ユーザーがどんなデ
ータを入力してもいったん変数に格納できるように変更しました。

> このテクニックは全ての
> マクロ開発のケースに当
> てはまるわけではありま
> せんが、今回のケースで
> は有効な手段の一つで
> す。

```
'型の不一致を避けるため,Variant型で宣言
Dim valDate As Variant
valDate = InputBox("日付を入力", Default:="yyyy/m/d")
```

**Variant型の変数**は、値を格納するときに実際の型が決まる変数です。

例えばユーザーが"2020/1/1"という値を入力した場合、これは日付デー
タとして扱われます。したがって変数valDateは、Date型としてデー
タを格納します。

一方、ユーザーが"明日"、"20190101"、"令和二年一月一日"といった
値を入力した場合、日付データとしては認識されないため、こちらは文
字列データとして扱われます。したがって変数valDateは、String型
としてデータを格納します。

エラーが起きていたコード10-1では、変数をDate型で宣言していたため、
日付でない書式のデータが入力されると、型が一致しないためエラーで
マクロが停止していました。しかし、今回のコード10-2では、変数を
Variant型として宣言したことで、日付でない書式のデータが入力され
た場合でも、エラーで直ちにマクロが停止することはなくなりました。

### ❷ 変数の値が日付形式かどうかをIsDate関数で判断する

次に、変数valDateに格納されている値が日付データであるかを判断
するため、IsDate関数を利用したコードが以下の部分です。

```
'変数の値が日付かどうか判断
If IsDate(valDate) Then

    'Trueの場合の処理

Else

    'Falseの場合の処理(キャンセルボタンの場合も含む)

End If
```

IsDate関数は、引数で指定した値が日付または時刻であるかを判定す
るVBA関数です。

【IsDate関数】
引数で指定した値が日付または時刻として認識可能な場合にTrue、そうでない場合に
Falseを返す。

次ページに続きます

構文：
IsDate(expression)
引数：
　expression：日付または文字列

If IsDate(valDate) Thenという記述は、If IsDate(valDate)
= True Thenという条件式の省略形です。この条件式により、変数
valDateの値が日付として認識できる書式ならばTrueとなるので、以
降のコードが実行されます。また、そうでなければFalseとなるため、
Else以降のコードが実行されます。

なお、キャンセルボタンまたは×ボタンが押された場合にも、valDate
には""（空白の文字列）が代入されているため、この条件ではFalse
となります。したがって、キャンセルボタンまたは×ボタンが押された場合
にも、Else以降のコードが実行されることになります。

### 補足

今回のIsDate関数は、データが日付として認識できるかどうかを判定する関数でした。他
にも、データが整数として認識できるかどうかを判定するIsNumericという関数もあります。
機会があれば利用してみてください。

## ユーザーが何を入力してもマクロが停止しないようにする対策

以上のコード改善により、エラーによりマクロが停止することを対策でき
ました。今回のマクロのように、ユーザーが何らかの値を入力できるマク
ロの場合、開発者が想定していなかった値が入力される可能性もありま
す。それによって起こるエラーを未然に防ぐため、Variant型で変数を
宣言しておき、値を格納してからデータの書式をチェックするという方法
が一つの選択肢といえます。

もちろん、全てのケースにおいてVariant型として値を受けた方がいい
というわけではないので、ケースバイケースで使い分けていくことが望ま
しいでしょう。

# エラーが起きても対処できる仕組み
（On Error Resume Next）

 解説動画

https://excel23.
com/vba-
book/10-3/

前項ではエラーをそもそも起こさないための対策をしましたが、本項では、エラーが起きてもそのままコードの実行を続け、エラーの有無に応じて別々の処理を行うという方法について解説します。
上記をふまえた具体的なコードの例がコード10-3です。

コード10-3：[FILE：**10-3.xlsm**]

```
'エラーが起きても次へ進む(Resume Next)
Sub DateInput3()

    '変数はDate型で宣言する
    Dim valDate As Date

    'エラー処理ルーチンを有効化
    On Error Resume Next                                      ❶
    valDate = InputBox("日付を入力", Default:="yyyy/m/d")

    '(デバッグ用)Errオブジェクトのプロパティを出力
    Debug.Print Err.Number, Err.Description                   ❷

    'エラーが起きなかった場合
    If Err.Number = 0 Then
        '日付と曜日を代入
        Range("B5").Value = valDate
        Range("C5").Value = Format(valDate, "(aaa)")          ❸
    Else
    'エラーが起きた場合
        MsgBox "キャンセルボタンが押された、" & vbCrLf & _
                "または正しい日付形式でないためキャンセルしました。"
    End If
```

次ページに続きます

```
25        'エラー処理ルーチンを無効化
26        On Error GoTo 0                                              ④
27
28    End Sub
```

図10-6：**コードの結果（エラーが起きた場合）**

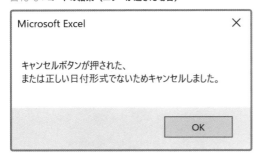

上記のコードにおけるポイントを挙げます。

---

**① エラーが起きてもそのまま実行を続ける**
（On Error Resume Next ステートメント）

**② エラー情報を確認する（Err オブジェクト）**

**③ エラーの有無に応じて別々の処理を実行する**

**④ エラー処理ルーチンを無効化する**

---

それぞれのポイントについて解説いたします。

## ① エラーが起きてもそのまま実行を続ける
### （On Error Resume Next ステートメント）

コード例では、あらためて変数はDate型で宣言しています。

```
'変数はDate型で宣言する
Dim valDate As Date
```

したがって、コード10-1と同じく、ユーザーが日付でない書式のデータを

入力したり、キャンセルボタンなどを押した場合には、変数の型に一致しないためエラーが起こるはずです。

しかし、On Error Resume Nextステートメントを記述しておくことで、エラーでマクロが停止することなく、それ以降のコードが実行されます。

```
'エラー処理ルーチンを有効化
On Error Resume Next
valDate = InputBox("日付を入力", Default:="yyyy/m/d")
```

On Error Resume Nextステートメントを簡単に言い換えると「この宣言以降にエラーが起こっても、マクロを止めずにそのまま続けます」という意味になります。

すると、次の行でInputBoxに日付でない書式のデータが入力されたとしても、エラーでマクロが停止されることがなくなります。そのまま以降の行のコードも実行されます。

ただし、ここでエラーが起きていた場合、エラーを含んだままそれ以降のコードが実行されてしまうため、何らかの対策が必要となります。続いて説明していきます。（このように、エラーを想定して処理を記述したコードを**エラー処理ルーチン**と呼びます。On Error Resume Nextステートメントなどによってエラー処理ルーチンを有効化することができます。また、エラーを想定して罠のように待ち受けることから、エラートラップとも呼ばれます。）

## ❷ エラー情報を確認する（Errオブジェクト）

Excel VBAにおいては、実行時エラーが起きた場合にはErrオブジェクトというオブジェクトに様々な情報が格納されます。

以下のコードは、**Errオブジェクト**のプロパティを指定して、起きたエラーに関する情報を出力します。

```
'（デバッグ用）Errオブジェクトのプロパティを出力
Debug.Print Err.Number, Err.Description
```

上記は、エラーコードが格納されているErr.Numberプロパティや、エ

ラーの簡単な説明が格納されているErr.Descriptionプロパティを、
Debug.Printメソッドで出力するコードです（表10-2）。
結果として、エラーが起きた場合には、イミディエイトウインドウに、エラ
ーコードとエラーの説明が出力されます。

図10-7

| イミディエイト | |
|---|---|
| 13 | 型が一致しません。 |

ここでは、デバッグのためにDebug.Print
メソッドを使用しているため、このエラーコード
とエラーの説明は、開発者側が閲覧するイミ
ディエイトウインドウにしか出力されません。も
しもユーザーにも閲覧できるようにするには、
MsgBox関数などを使用すると良いでしょう。

表10-2：**Errオブジェクトのプロパティでよく使われるもの**

| | |
|---|---|
| Description | エラーの簡単な説明 |
| Number | エラーコードとなる数値 |

以下に、よく起こるエラーの代表例を記載いたします（表10-3）。

表10-3：**よくあるエラーコード**

| エラーコード | エラーの説明 | よくある原因 |
|---|---|---|
| 9 | インデックスが有効範囲にありません。 | Worksheets()の引数に存在しないシート名やシート番号を指定してしまった |
| 11 | 0で除算しました。 | 0で割る除算を記述してしまった |
| 13 | 型が一致しません。 | 変数の型に合わないデータを代入しようとしてしまった |
| 91 | オブジェクト変数またはWithブロックが設定されていません。 | オブジェクト変数に格納する際に"Set"ステートメントを忘れた際や、オブジェクト変数に何も代入していないのにメソッドやプロパティを利用しようとした際など |
| 438 | オブジェクトは、このプロパティまたはメソッドをサポートしていません。 | 存在しないプロパティ名やメソッド名を指定した際など |
| 1004 | アプリケーション定義またはオブジェクト定義のエラーです。 | Cellsの引数に0を指定したり、タイピングミスにより間違ったコードを書いた際など |

## ❸ エラーの有無に応じて別々の処理を実行する

先述のように、エラーが起きた場合には Err オブジェクトにその情報が格納されます。

Err.Number プロパティには何らかのエラーコードが格納されるのですが、もしエラーが起きていない場合は Number プロパティに既定で0が格納されています。よって、エラーが起きていないかどうかを判断するコードは以下のように記述できます。

```
If Err.Number = 0 Then

    'エラーが起きなかった場合の処理

Else

    'エラーが起きた場合の処理

End If
```

Err.Number = 0 ならばエラーが起きなかったことになるため、Else 以前には、エラーが起きなかった場合の処理を記述します。

逆に、Err.Number = 0 でない場合、エラーが起きており、Number プロパティに何らかのエラーコードが格納されていることになります。そのため Else 以降には、エラーが起きた場合の処理を記述します。

## 補足：特定のエラーコードに対応するエラー処理を記述するには？

先述のコード例では、便宜上、「エラーコードが0でない場合は何らかのエラーが発生した」とみなしてエラー処理を記述しています。しかし、それは少々乱暴な判断の方法とも言えます。本来は、特定のエラーコードに対してそのエラー処理を記述すべき場合もあります。そのような場合は、次のように条件ごとの処理を用意する方法があります。

```
Select Case Err.Number

    Case 13
        'エラーコード13の場合の処理

    Case 91
        'エラーコード91の場合の処理

    Case Else
        '上記のどれにも一致しなかった場合の処理

End Select
```

## ❹ エラー処理ルーチンを無効化する

ここまでは、On Error Resume Next ステートメントによりエラー処
理ルーチンが有効化され、エラーが起きた場合の処理を記述してきまし
た。しかし、ずっとこのままで放っておくと、以降にエラーが起きても同
様にエラーが起きてもマクロが停止しない状態が維持されます。そこで、
最後にエラー処理ルーチンを無効化するコードが以下です。

```
'エラー処理ルーチンを無効化
On Error GoTo 0
```

上記のコードにより、エラー処理ルーチンを無効化することができます。
On Error GoTo ステートメントについて詳しくは、次項「エラーが起
きたら別の処理へジャンプする（On Error GoTo）」にて解説しますが、
ここでは「0」を指定することで、エラー処理ルーチンを無効化すること
ができるとだけ理解しておきましょう。

∎

以上で、エラーが起きてもマクロが停止せずにコードの実行を継続し、
エラー番号で条件判断して処理を場合分けする方法について解説しま
した。

# エラーが起きたら別の処理へジャンプする
（On Error GoTo）

▶ 解説動画

本項では、エラーが起きた場合には、別の処理へジャンプするという対
処方法について解説します。
上記をふまえた具体的なコードの例が以下です（コード10-4）。

https://excel23.
com/vba-
book/10-4/

コード10-4：［FILE：**10-4.xlsm**］

```
1   'エラーが起きたら別の処理へジャンプする(On Error GoTo)
2   Sub DateInput4()
3
4       Dim valDate As Date
5
6       'エラーが起きたらラベル「myError」へジャンプ
7       On Error GoTo myError                                    ❶
8       valDate = InputBox("日付を入力", Default:="yyyy/m/d")
9
10      '日付と曜日を代入
11      Range("B5").Value = valDate
12      Range("C5").Value = Format(valDate, "(aaa)")
13
14      Exit Sub                                                 ❸
15
16      'エラーが起きた場合
17  myError:
18
19      MsgBox "キャンセルボタンが押された、" & vbCrLf & _        ❷
20              "または正しい日付形式でないためキャンセルしました。"
21
22  End Sub
```

図10-8：コードの結果（エラーが起きた場合）

コード10-4でポイントとなるのは以下の3ポイントです。

❶ **エラーが起きたら別の処理へジャンプする**(On Error GoTo)

❷ **エラーが起きた場合の処理**

❸ **Exit Sub ステートメントを忘れない**

それでは、それぞれについて解説いたします。

### ❶ エラーが起きたら別の処理へジャンプする(On Error GoTo)

以下のように記述することで、エラーが起きた場合には「myError」と
いうラベルへジャンプし、それ以降のコードを実行させることがきます。

```
'エラーが起きたらラベル「myError」へジャンプ
On Error GoTo myError
valDate = InputBox("日付を入力", Default:="yyyy/m/d")
```

> 【On Error GoTo】
>
> 以降のコードでエラーが起きた場合、ラベルで指定したコードが実行されるようにする
>
> 構文：
> On Error GoTo line
>
> 引数：
>
> 　line：任意のラベル名を指定することができます。
>
> 　また、ここで「0」と指定することで、エラー処理ルーチンを無効化
> 　することができます。

On Error GoTo myErrorを簡単に例えると「これ以降、実行時エ
ラーが起きたら、myErrorというラベルにジャンプしてそれ以降のコード
を実行します」という宣言となります。

コード例では「myError」というラベル名を指定しましたが、このラベ
ル名は任意の名前に決めることができます。ジャンプ先のコードについ
ては、次に説明します。

> ラベルは、単にコード上
> の目印にのような文字列
> です。それ自体が何か
> の処理を実行するための
> コードというわけではあ
> りません。

### ❷ エラーが起きた場合の処理

もしエラーが起きた場合、以下のコードが実行されます。

```
'エラーが起きた場合
myError:

    MsgBox "キャンセルボタンが押された、" & vbCrLf & _
            "または正しい日付形式でないためキャンセルしました。"

End Sub
```

ラベル名を指定する場合、myError:のように、ラベル名の後に「:」
を付ける必要があります。

### ❸ Exit Subステートメントを忘れないように

上記のラベル名の前にExit Subステートメントを記述することを忘れないようにしましょう。

On Error GoToステートメントでエラー処理記述した場合、ラベル名の前にExit Subと入力しておかないと、マクロを実行した場合、もしエラーが起きなかったとしても、そのままラベル名以降のエラー処理のコードも含めて最後までプロシージャが実行されてしまいます。

### まとめ　エラーに強いマクロを作るために

本章では、エラーに強いマクロを作るための様々な方法について解説しました。それらの方法を図表にまとめたものが図10-9です。

図10-9

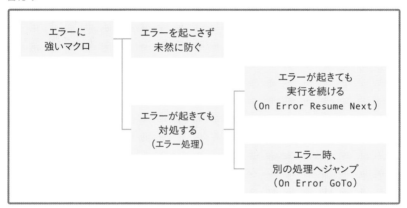

これらの方法には優劣があるわけではなく、使い方によってメリットもデメリットもあります。

基本的には「エラーを起こさず未然に防ぐ」が第一となりますが、場合によっては「エラーが起きても対処する（エラー処理）」が必要になってくることもあります。

それぞれの方法を知っておき、場面に応じて使い分けられるようにしておくと良いでしょう。

# 第11章

## マクロを高速化して
## ユーザビリティを高める

# マクロの実行時間を
# 短縮しよう

本章では、「マクロの高速化」というテーマで解説いたします。

同じ結果を導き出すマクロでも、コードの書き方次第で実行速度が大きく変わることがあります。例えば、本章で紹介する「5万件の郵便番号を分割してセルに出力するマクロ」では、処理に1分近くかかっていたマクロが、コードの改善後にはたった1秒未満に時間短縮されました。コードを変えるだけでマクロの実行速度が60倍以上になったと言えます。そこで、処理に時間がかかるマクロを例に、実行速度を改善する方法について解説します。

著者のパソコン環境における実行結果なので、実行環境によって差はあります。

> ☑ **ワークシート関数で高速に処理する（WorksheetFunction）**
> ☑ **配列を利用して高速に処理する**
> ☑ **時間がかかる場合、プログレスバーを表示する**

\ 鉄則 ! /

## ワークシート関数で高速に処理する
## （WorksheetFunction）

ここでは、ワークシート関数を利用して、マクロを高速処理する方法について解説します。

VBAで扱える関数には、「**VBA関数**」と「**ワークシート関数**」の2種類があります（表11-1）。

表11-1

| VBA関数 | VBAで直接利用できる関数 | MsgBox、Year、DateSerialなど |
|---|---|---|
| ワークシート関数 | ワークシート上で利用できる関数<br>セルに直接入力すると値を返す | SUM、AVERAGE、<br>VLOOKUP、COUNTIFなど |

## VBA関数

VBA関数は、MsgBox関数やYear関数など、VBAで直接利用できる
関数です。

## ワークシート関数

ワークシート関数は、SUM関数やVLOOKUP関数など、Excelのワークシ
ートで利用することができる関数です。ワークシート関数は、Excelのワー
クシート上のセルに入力すると、セルに結果を返します（図11-1）。

図11-1

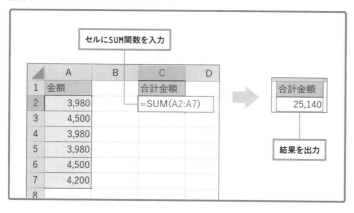

ワークシート関数は、VBAからも利用することができます。以下がVBA
のコードの例です。

```
Range("C2").Value = WorksheetFunction.Sum(Range("A2:A7"))
```

上記のようにWorksheetFunction.関数名(引数)と記述することで、
VBA上でもワークシート関数を利用することができます。ワークシート
関数を利用するメリットは以下のものがあります。

**メリット**

1. **複雑な処理を簡単に記述できる。**

   VBAだけで記述するとコードが複雑になってしまう処理でも、ワークシート関数を利用すれば簡単に記述できます。

2. **（多くの場合）処理が高速である。**

   同じ処理でも、VBAだけでコードを書くよりもワークシート関数を利用した方が実行速度が速く、処理が短時間で終わることが多いです。

**注意点**

1. **引数の入力方法はワークシート上とは違うので注意が必要。**

   例えば、ワークシート上で入力する際は、引数にセル範囲を入力する際に「A2:A7」などと記述しますが、VBAから記述する際には「Range("A2:A7")」などと記述する必要があります。

2. **デバッグがやや難しい。**

   例えば、図11-2はVBA上からVLOOKUP関数を利用して値を検索させたところ、検索値が見つからなかった場合に起こるエラーメッセージです。

図11-2

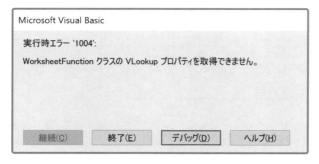

引数の指定に間違いがあったのか、それとも検索値が見つからなかっただけなのか、エラーの原因を特定するのが難しいところです。こうした理由から、VLOOKUP関数などの引数の数が多いワークシート関数を利用する際には注意が必要です。

それでは、VBAでワークシート関数を利用する方法について解説いたします。

## ケース1：VLOOKUP関数を利用して、
## 　　　　　検索を高速に行う

ケーススタディのため、5万件のダミー住所録を用意しました。ここでは、指定の郵便番号を検索し、その住所を文字列として取得するマクロを例にします（図11-3）。

図11-3

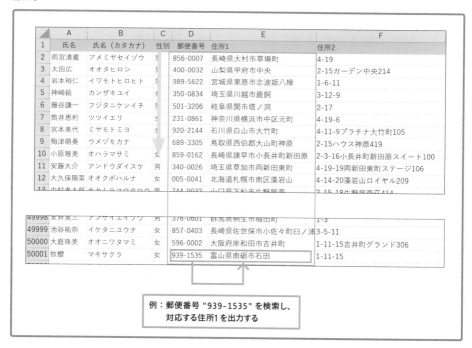

例：郵便番号 "939-1535" を検索し、
対応する住所1を出力する

## マクロの概要

- D列［郵便番号］にて「939-1535」に一致するセルを検索する。
- 一致するセルが見つかったら、E列［住所1］の値をDebug.Print で出力する。

## VLOOKUP関数を利用しなかった場合と、
## 利用した場合の比較

以下は、ワークシート関数である「VLOOKUP関数」を利用せずにループ処理のみでコードを記述した例と、VLOOKUP関数を利用してコードを記述した例の比較です（図11-4、表11-2）。

図11-4

| イミディエイト | イミディエイト |
|---|---|
| ループで検索します<br>富山県南砺市石田<br>0.28125秒 かかりました。 | 関数で検索します<br>富山県南砺市石田<br>0.01953125秒 かかりました。 |

表11-2（**著者のパソコン性能における実行結果なので、実行環境によって差はあります**）

| | |
|---|---|
| VLOOKUP 関数を利用せず、ループで処理を記述した場合 | 0.28125 秒 |
| VLOOKUP 関数を利用した場合 | 0.01953125 秒 |
| マクロの実行時間 | 約 14 分の 1 に短縮 |

では、実際のコードを例示します。

コード11-1a：**コード Before（関数を利用せず、ループで記述した場合）**［FILE：11-1a_b.xlsm］

```
1    'ループで検索する（VLOOKUP関数を使わない）
2    Sub MacroVlookup()
3
4        '最終行を取得
5        Dim maxRow As Long
6        maxRow = Cells(Rows.Count, 1).End(xlUp).Row
7
8        '検索する郵便番号
9        Dim zipCode As String
10       zipCode = "939-1535"
11
12       '検索結果の住所
13       Dim address As String
14
15       '最終行までループで検索
16       Dim i As Long
17       For i = 1 To maxRow
18
19           If Cells(i, 4).Value = zipCode Then
```

図のようにマクロの実行時間を計測するために、Timer関数が役に立ちます。Timer関数は、本日の0時0分0秒からの経過時間を小数つきの秒単位で返します。プロシージャの先頭と末尾でTimer関数を使って開始時間と終了時間を求め、その差を計算することでマクロの実行時間を算出することができます。

▶ 解説動画

https://excel23.
com/vba-book/11-
1a_b/

294

```
20                    '住所を取得
21                    address = Cells(i, 5).Value
22                    Debug.Print (address)
23
24            End If
25
26        Next
27
28    End Sub
```

コード11-1b：**コード After（VLOOKUP関数を利用した場合）**[FILE：**11-1a_b.xlsm**]

```
1     'VLOOKUP関数を使用して検索
2     Sub FunctionVlookup()
3
4         '検索する郵便番号
5         Dim zipCode As String
6         zipCode = "939-1535"
7
8         '検索結果の住所                                          ❸
9         Dim address As String
10                                                                ❹
11        'VLOOKUP関数で検索
12        On Error Resume Next
13
14        address = _
15        WorksheetFunction.VLookup(zipCode, Columns("D:E"), 2, False)
16
17        If Err.Number <> 0 Then
18            MsgBox "見つかりませんでした。"
19        End If
20
21        '住所1を出力
22        Debug.Print address
23
24    End Sub
```

コード11-1aの全体の流れとしては、次のようになっています。

---

❶ 変数の宣言（最終行、検索する郵便番号、検索結果の住所）

❷ 最終行までループし、郵便番号に一致する住所を取得

---

コード11-1bの全体の流れとしては、次のようになっています。

---

❸ 変数の宣言（検索する郵便番号、検索結果の住所）

❹ VLOOKUP関数による検索

---

ここでは、❹について解説いたします。

## VLOOKUP関数の利用
## （WorksheetFunction.Vlookup）

**VLOOKUP関数**は、垂直にデータを検索する関数です。

今回のケースでは、指定の郵便番号 "939-1535" に一致する値をD列から検索し、その1つ右のセルの値（住所1）を取得するためにVLOOKUP関数を使用しました。

### ワークシート上でのVLOOKUPの使い方

まずは、ワークシート上でセルにVLOOKUP関数を入力する方法から学んでみましょう。図11-5とあわせて解説します。

---

【VLOOKUP関数】

**垂直に値を検索し、一致する値があった場合、指定の列のデータを取得する。**

ワークシートでの使用方法：

=VLOOKUP（検索値, 範囲, 列番号 ［検索方法］）

引数：

　　検索値：検索したい値またはセル参照を指定します。

　　範囲：検索するセル範囲を指定します。このとき、取得したいデータ列も含めて範

---

囲指定する必要があります。

列番号：一致する値があった場合、何列目のデータを返すのか、引数「範囲」で指定したセル範囲の列番号で指定します（左から1, 2, 3…と列番号を数えます）。

[検索方法]：検索方法を指定するため、TrueまたはFalseを指定します。検索方法は、Trueならば近似一致、Falseならば完全一致となります。一般的な検索用途では「False」を指定します（Trueを指定する場合についての説明は割愛します）。この引数は省略可能ですが、省略した場合、既定ではTrueとなるので注意が必要です。一般的な検索用途では「False」を指定するのを忘れないようにしましょう。

図11-5

ワークシートにVLOOKUP関数を入力する場合、次のように入力します
（図11-6）。

```
=VLOOKUP("939-1535",D:E,2,FALSE)
```

**結果**

```
富山県南砺市石田
```

図11-6

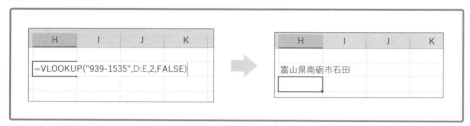

2つ目の引数「範囲」にてD:Eと指定しているのは、D〜E列を列単位
で指定するためです。

3つ目の引数「列番号」にて「2」と指定しているのは、上記の「範囲」
にて指定したD:Eというセル範囲において、2列目の値を返すよう指定す
るためです。

## VBAでの使い方

続いて、VBAからVLOOKUP関数を利用する方法について解説します。
以下のコード抜粋をご覧ください。

```
'VLOOKUP関数で検索
address = _
WorksheetFunction.VLookup(zipCode, Columns("D:E"), 2, False)
```

address = _という記述では、コードを途中改行するために _と入力
している点に注意してください。

WorksheetFunctionを使用する場合、1つの構文が長くなりがちなの
で、改行を挟んでいます。

続いて、

```
WorksheetFunction.VLookup(zipCode, Columns("D:E"), 2, False)
```

では、VLOOKUP関数を利用しています。

1つ目の引数（検索値）には変数「zipCode」を指定しています。

2つ目の引数（検索範囲）には、Columns("D:E")と記述することで
D〜E列を範囲指定しています。

3つ目の引数（列番号）と4つ目の引数（検索方法）は、ワークシート上
で入力するのと同様です。

上記のコードにより、VLOOKUP関数を利用して、垂直に検索してその隣
のデータを取得することができます。

## 補足：検索で見つからなかった場合のエラー処理

VLOOKUP関数を利用する上で注意しておきたいのは、検索で見つから
なかった場合にはエラーメッセージが表示されてマクロが強制停止して
しまうことです（図11-7）。

図11-7

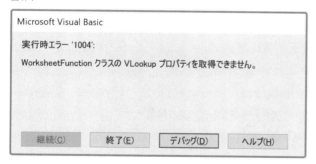

エラーに備えるために、エラー処理を記述しておくことをおすすめします。
例えば、以下のコード例ではOn Error Resume Nextを記述するこ
とでエラー対策をし、もしエラーが起きた場合にはMsgBox関数で「見
つかりませんでした。」と出力するようコードを改善しています（図11-8）。

エラー処理の詳しい方法については、第10章をご参照ください。

```
'VLOOKUP関数で検索
On Error Resume Next

address = _
WorksheetFunction.VLookup(zipCode, Columns("D:E"), 2, False)

If Err.Number <> 0 Then
    MsgBox "見つかりませんでした。"
End If
```

**図11-8：エラーの場合**

## ケース2：COUNTIF関数を利用して、 個数のカウントを高速化する

引き続き、5万件のダミー住所録を使用します。

今回は、[住所1]列の先頭が「東京都」から始まるデータの個数をカウントするマクロを題材とします（図11-9）。

### マクロの概要

- E列の[住所1]において、文字列の先頭が「東京都」から始まるデータの個数を数える。
- 個数のカウントが終わったら、その値をDebug.Printで出力する。

図 11-9

例：先頭が東京都から始まる
住所1の個数をカウントする

| | A | B | C | D | E | F |
|---|---|---|---|---|---|---|
| 1 | 氏名 | 氏名（カタカナ） | 性別 | 郵便番号 | 住所1 | 住所2 |
| 2 | 雨宮清蔵 | アメミヤセイゾウ | 男 | 856-0007 | 長崎県大村市草場町 | 4-19 |
| 3 | 太田広 | オオタヒロシ | 男 | 400-0032 | 山梨県甲府市中央 | 2-15ガーデン中央214 |
| 4 | 岩本裕仁 | イワモトヒロヒト | 男 | 989-9522 | 宮城県栗原市志波姫八樟 | 1-6-11 |
| 5 | 神崎結 | カンザキユイ | 女 | 350-0334 | 埼玉県川越市鹿飼 | 3-12-9 |
| 6 | 藤谷謙一 | フジタニケンイチ | 女 | 501-3206 | 岐阜県関市塔ノ洞 | 2-17 |
| 7 | 筒井恵利 | ツツイエリ | 女 | 231-0361 | 神奈川県横浜市中区元町 | 4-19-6 |
| 8 | 宮本美代 | ミヤモトミヨ | 女 | 920-2144 | 石川県白山市大竹町 | 4-11-9プラチナ大竹町105 |
| 9 | 梅津萌奏 | ウメヅモカナ | 女 | 689-2305 | 鳥取県西伯郡大山町神原 | 2-15ハウス神原419 |
| 10 | 小原雅美 | オハラマサミ | 女 | 859-0162 | 長崎県諫早市小長井町新田原 | 2-3-16小長井町新田原スイート100 |
| 11 | 安藤大介 | アンドウダイスケ | 男 | 340-0026 | 埼玉県草加市両新田東町 | 4-19-19両新田東町ステージ106 |
| 12 | 大久保陽菜 | オオクボハルナ | 女 | 005-0041 | 北海道札幌市南区藻岩山 | 4-14-20藻岩山ロイヤル209 |
| 13 | 中村孝太郎 | ナカムラコウタロウ | 男 | 744-0032 | 山口県下松市生野屋西 | 2-15-18生野屋西荘414 |
| 14 | 立川莉那 | タチカワリナ | 女 | 930-0983 | 富山県富山市常盤台 | 2-5-14レジデンス常盤台304 |
| 15 | 風間美琴 | カザマミコト | 女 | 849-1424 | 佐賀県嬉野市塩田町谷所丙 | 2-11-17ハウス塩田町谷所丙408 |
| 16 | 笹原美月 | ササハラミヅキ | 女 | 399-4321 | 長野県駒ヶ根市東伊那 | 2-4-17東伊那タウン212 |
| 17 | 大浦菜菜 | オオウラカンナ | 女 | 299-0217 | 千葉県袖ケ浦市打越 | 2-8-9打越マンション211 |
| 18 | 五味美紀子 | ゴミミキコ | 女 | 989-2361 | 宮城県亘理郡亘理町鳥居前 | 2-12-2 |

## COUNTIF 関数を利用しなかった場合と、利用した場合の比較

以下は、ワークシート関数のCOUNTIF関数を利用せずにループのみで
コードを記述した場合と、COUNTIF関数を利用した例との比較です（図
11-10、表11-3）。

> 著者のパソコン性能にお
> ける実行結果なので、実
> 行環境によって差はあり
> ます。

図 11-10

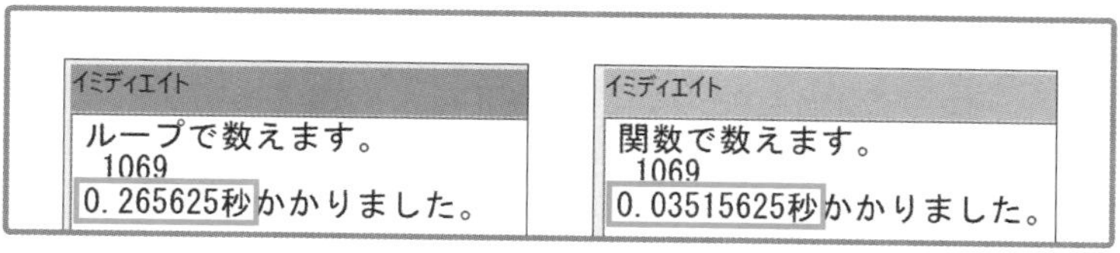

| イミディエイト | イミディエイト |
|---|---|
| ループで数えます。<br>1069<br>0.265625秒かかりました。 | 関数で数えます。<br>1069<br>0.03515625秒かかりました。 |

表 11-3

| | |
|---|---|
| COUNTIF 関数を使用せず、ループで処理を記述した場合 | 0.265625 秒 |
| COUNTIF 関数を使用した場合 | 0.03515625 秒 |
| マクロの実行時間 | 約 7.5 分の 1 に短縮 |

では、実際のコードを例示します（コード11-2a、コード11-2b）。

解説動画

https://excel23.com/
vba-book/11-2a_b/

コード11-2a：**関数を利用せず、ループで記述した場合**［FILE：11-2a_b.xlsm］

```
1    'ループで処理する(COUNTIF関数を使わない)
2    Sub MacroCountif()
3
4        '最終行を取得
5        Dim maxRow As Long
6        maxRow = Cells(Rows.Count, 1).End(xlUp).Row        ❶
7
8        '個数を格納する変数
9        Dim valCnt As Long
10
11       '最終行までループして個数をカウントする
12       Dim i As Long
13       For i = 2 To maxRow
14
15           '先頭が「東京都」ならば個数を+1
16           If Cells(i, 5).Value Like "東京都*" Then      ❷
17               valCnt = valCnt + 1
18           End If
19
20       Next
21
22       Debug.Print valCnt
23
24   End Sub
```

コード11-2b：**COUNTIF関数を利用した場合**［FILE：11-2a_b.xlsm］

```
1    'COUNTIF関数を使用して処理
2    Sub FunctionCountif()
3
```

302

```
 4        '個数を格納する変数
 5        Dim valCnt As Long                                          ❸
 6
 7        'CountIf関数で、先頭が「東京都」のセルの個数をカウント
 8        valCnt = _
 9        WorksheetFunction.CountIf(Columns("E"), "東京都*")           ❹
10
11        Debug.Print valCnt
12
13    End Sub
```

コード11-2aの全体の流れとしては、次の構成です。

> ❶ **変数の宣言（最終行、カウントした個数）**
>
> ❷ **最終行までループし、先頭が「東京都」から始まるセルの個数をカウントする**

続いて、コード11-2bの全体の流れとしては、次の構成です。

> ❸ **変数の宣言（カウントした個数）**
>
> ❹ **COUNTIF 関数により個数をカウントする**

ここでは、❹について解説いたします。

## COUNTIF 関数の利用 (WorksheetFunction.Countif)

COUNTIF 関数は、条件に一致するセルの個数をカウントする関数です。
今回のケースでは、先頭が " 東京都 " に一致する値をE列から検索し、
その個数をカウントするためにCOUNTIF関数を使用しました。

### ワークシート上での使い方

まずは、ワークシート上でセルにCOUNTIF関数を入力する方法から学ん
でみましょう。図11-11とあわせて解説します。

図 11-11

# COUNTIF(範囲,検索条件)

E列　"東京都*"

| | A | B | C | D | E | F |
|---|---|---|---|---|---|---|
| 1 | 氏名 | 氏名（カタカナ） | 性別 | 郵便番号 | 住所1 | 住所2 |
| 2 | 雨宮清蔵 | アメミヤセイゾウ | 男 | 856-0007 | 長崎県大村市草場町 | 4-19 |
| 3 | 太田広 | オオタヒロシ | 男 | 400-0032 | 山梨県甲府市中央 | 2-15ガーデン中央214 |
| 4 | 岩本裕仁 | イワモトヒロヒト | 男 | 989-5622 | 宮城県栗原市志波姫八樟 | 1-6-11 |
| 5 | 神崎結 | カンザキユイ | 女 | 350-0834 | 埼玉県川越市鹿飼 | 3-12-9 |
| 6 | 藤谷謙一 | フジタニケンイチ | 男 | 501-3206 | 岐阜県関市塔ノ洞 | 2-17 |
| 7 | 筒井恵利 | ツツイエリ | 女 | 231-0861 | 神奈川県横浜市中区元町 | 4-19-6 |
| 8 | 宮本美代 | ミヤモトミヨ | 女 | 920-2144 | 石川県白山市大竹町 | 4-11-9プラチナ大竹町105 |
| 9 | 梅津萌奏 | ウメヅモカナ | 女 | 689-3305 | 鳥取県西伯郡大山町神原 | 2-15ハウス神原419 |
| 10 | 小原雅美 | オハラマサミ | 女 | 859-0162 | 長崎県諫早市小長井町新田原 | 2-3-16小長井町新田原スイート100 |
| 11 | 安藤大介 | アンドウダイスケ | 男 | 340-0026 | 埼玉県草加市両新田東町 | 4-19-19両新田東町ステージ106 |
| | | | | | | |
| 49998 | 安斉英三 | アンザイエイゾウ | 男 | 376-0601 | 群馬県桐生市梅田町 | 1-3 |
| 49999 | 池谷祐奈 | イケタニユウナ | 女 | 857-0403 | 長崎県佐世保市小佐々町臼ノ浦3-5-11 | |
| 50000 | 大庭珠美 | オオニワタマミ | 女 | 596-0002 | 大阪府岸和田市吉井町 | 1-11-15吉井町グランド306 |
| 50001 | 牧櫻 | マキサクラ | 女 | 939-1535 | 富山県南砺市石田 | 1-11-15 |

【COUNTIF 関数】

指定のセル範囲から、条件に一致するセルの個数をカウントする。

ワークシートでの使用方法：

= COUNTIF ( 範囲 , 検索条件 )

引数：

　　範囲：検索するセル範囲を指定します。

　　検索条件：この引数で指定した条件に一致するセルの個数をカウントします。
　　文字列として " 東京都 " などと指定した場合、完全一致条件を指定できます。
　　ワイルドカード ( * , ? ) を使用することで部分一致で指定できます（? は一文字の任意の文字、* は複数の文字数の任意の文字列を指します。例えば、" 東京都 * " と入力すると、先頭が " 東京都 " から始まり、それ以降は任意の文字列として条件を
　　指定できます）。
　　また、">30" や "<=20" など、比較演算子(=,<,>,<>)を使用して
　　条件指定することもできます。

ワークシートにCOUNTIF関数を入力する場合、以下のように入力します
（図11-12）。

```
=COUNTIF(E:E,"東京都*")
```

**結果**

```
1069
```

図11-12

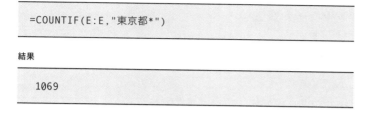

1つ目の引数「範囲」にてE:Eと指定しているのは、E列を列単位で指
定するためです。2つ目の引数「検索条件」の"東京都*"は、先頭が
"東京都"から始まり、それ以降は任意の文字列が続くという部分一致
の条件を指定しています。

## VBAでの使い方

続いて、VBAからCOUNTIF関数を利用する方法について解説します。
以下のコード抜粋をご覧ください。

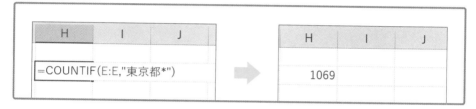

```
'CountIf関数で、先頭が「東京都」のセルの個数をカウント
valCnt = _
WorksheetFunction.CountIf(Columns("E"), "東京都*")
```

> valCnt = _という記
> 述では、コードを途中改
> 行するために_と入力し
> ている点に注意してくだ
> さい。

WorksheetFunction.CountIf(Columns("E"), "東京都*")
で、COUNTIF関数を利用しています。

1つ目の引数（検索範囲）には、Columns("E")と記述することで、E
列を範囲指定しています。

2つ目の引数（検索条件）は、ワークシート上で入力するのと同様です。

上記のコードにより、COUNTIF関数を利用して、条件に一致するセルの個数をカウントすることができました。

## まとめ：その他のワークシート関数

いかがだったでしょうか？ VBAからワークシート関数を利用することで、コードが簡素化されシンプルになり、実行速度もアップするという大きな恩恵を受けることができたかと思います。

著者のパソコン性能における実行結果なので、実行環境によって差はあります。

今回紹介したVLOOKUP関数やCOUNTIF関数以外にも、様々なワークシート関数を活用することができます。ぜひお試しください。

なお、WorksheetFunctionオブジェクトで利用できるワークシート関数は、Microsoft Docsに一覧があります。本節で紹介したVLOOKUP関数やCOUNTIF関数以外にも様々な有用な関数があるので、参考にしてみてください。

https://docs.microsoft.com/ja-jp/office/vba/api/excel.worksheetfunction

\ やってみよう！ /

# 配列を利用して高速に処理する

ここでは、配列を利用することでマクロを高速化する方法について紹介します。

**配列**とは、変数と似た仕組みで、値を一時的に記憶しておくための「箱」のようなものとして例えられます。ただし、変数は1つの値を格納する「箱」といえるのに対し、配列は、複数の値を格納するため仕切りのついた「棚」のように例えることができます（図11-13）。

図11-13

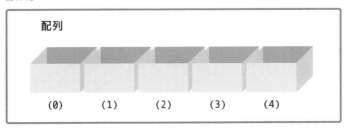

では、配列を利用することでマクロが高速化するのでしょうか？
具体的なマクロを題材に説明していきます。図11-14をご覧ください。

図11-14

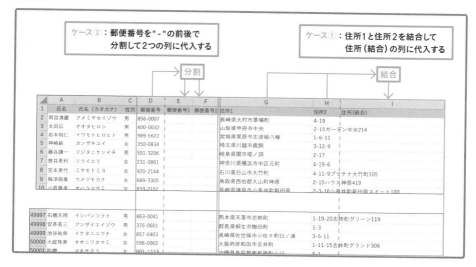

## ケース①：[住所1] と [住所2] を結合して、[住所 (結合)] の列に代入する

G列にある値とH列にある値を文字列として結合して1つの文字列にします。結合した値をI列に代入します。

## ケース②：[郵便番号] を " - " の前後で分割し、2つの列に代入する

D列にある値を、" - " の前と後の文字列に分割します。分割した値をそれぞれE列とF列に代入します。

上記のケースにおいて、配列を使用しなかった場合と配列を使用した場合のマクロの実行結果の比較が以下の表11-4、表11-5です。

表11-4：ケース①の場合

| | |
|---|---|
| 配列を使用しなかった場合 | 39.30078125 秒 |
| 配列を使用した場合 | 3.8828125 秒 |
| マクロの実行時間 | 約 10 分の 1 に短縮 |

表11-5：ケース②の場合

| 配列を使用しなかった場合 | 58.546875 秒 |
| --- | --- |
| 配列を使用した場合 | 0.7890625 秒 |
| マクロの実行時間 | 約 74 分の 1 に短縮 |

いかがでしょうか？　配列を利用することで、実行速度が大きく向上した
ことがわかります。

それでは、なぜ配列を利用することで速くなるのか？　また、配列の利用
方法について解説していきます。

## セルに1つずつ書き込むのは時間がかかる。<br>配列に値を溜めておいて、一気に書き込む！

先述のケースでは、なぜ配列を利用しないマクロは遅くて時間がかかっ
ていたのでしょうか？

それは、VBA は「セルに書き込む」という処理に時間がかかってしまう
ことに起因します。

図 11-15

図 11-15 のように、セルに1つずつ値を書き込むのには時間がかかります。
今回のケースのようにデータが 5 万件もある場合、セルに書き込む処理
を 5 万回も繰り返すことになるため、より時間がかかってしまいます。
一方、配列を利用した場合は、以下のことが可能となります。

**① 処理結果を配列に溜め込んでおく**
**② 配列からセルに一気に書き込む!**

上記のようにコードを記述すれば、「セルに書き込む」という処理は1回で済むことになります。したがって、データが何万件あったとしても「セルに書き込む」という時間のかかる処理は1回で済むため、時間がかからないということになるのです。

■

以上で、配列を利用するとなぜマクロが高速になるのかを説明いたしました。ここからは、具体的なコードを例に配列の利用方法を解説します。

## ケース①:住所を結合して書き込む(配列を利用)

それでは、先に紹介したケース①について、配列を利用しない場合と、配列を利用する場合のコードを紹介します(コード11-3a、コード11-3b)。

 解説動画

https://excel23.
com/vba-book/11-
3a_b/

コード11-3a:**配列を利用しないコード** [FILE:11-3a_b.xlsm]

```
1    '住所を結合する(配列を使用しない)
2    Sub JoinAddr()
3
4        '最終行を取得
5        Dim maxRow As Long                                      ❶
6        maxRow = Cells(Rows.Count, 1).End(xlUp).Row
7
8        Dim i As Long
9        For i = 2 To maxRow
10
11           '住所1と住所2を結合
12           Dim str As String
13           str = Cells(i, "G").Value & Cells(i, "H").Value      ❷
14
15           Cells(i, "I").Value = str
16
17        Next i
18
19   End Sub
```

```
1    '配列を使用して住所を結合する
2    Sub JoinAddrFast()
3
4        '最終行を取得
5        Dim maxRow As Long
6        maxRow = Cells(Rows.Count, 1).End(xlUp).Row            ❸
7
8        '配列を宣言する
9        Dim arrAddr() As String
10       ReDim arrAddr(maxRow - 1)
11
12       Dim i As Long
13       For i = 2 To maxRow
14
15           '住所1と住所2を結合して配列に格納
16           Dim str As String                                  ❹
17           str = Cells(i, "G").Value & Cells(i, "H").Value
18           arrAddr(i - 2) = str
19
20       Next i
21
22       '配列の値をセルに格納
23       Cells(2, "I").Resize(UBound(arrAddr), 1) = _           ❺
24                   WorksheetFunction.Transpose(arrAddr)
25
26   End Sub
```

コード11-3aの全体の流れとしては、次の構成になっています。

---

❶ **変数の宣言（最終行を取得）**

❷ **最終行までループし、住所1と住所2を結合してH列に書き込む**

---

コード11-3bの全体の流れとしては、次の構成になっています。

> - ③ 変数と配列の宣言
> - ④ 最終行までループし、住所1と住所2を結合して配列に格納する
> - ⑤ 配列の値をセルに書き込む

先述したように、コード11-3bでは、処理結果を配列に溜め込んでおき、最後に一気にセルに書き込むという流れになっていますね。

それでは、③〜⑤について解説いたします。

## 配列を宣言する（固定長配列と動的配列）

配列を利用する前には、変数と同様に、まず宣言しておくことが重要となります。

ところで、先ほど「配列とは、仕切りのついた棚のようなもの」という例えを挙げたように、配列は、複数の値を格納することができます。仕切られた部屋の1つ1つを「**配列の要素**」と呼びます。また、それらには「0, 1, 2, 3…」という番号が振られ、その番号は「インデックス」または「添字」などと呼ばれます（図11-16）。

図11-16

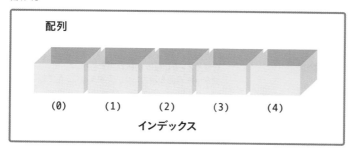

以下のコードでは、要素数が5つの整数型の配列を宣言します。

```
'配列を宣言する(要素数は5つ)
Dim myArray(4) As Long
```

配列を利用して高速に処理する | 311

上記のように、配列を宣言する構文は以下が基本となります。

```
Dim 配列名(インデックスの上限値) As 型
```

配列は、変数と同様に名前を決めることができます。配列という英単語が「Array」ということから、配列名にもArrayという単語やその一部を使用することが多いです。上記の例では「myArray」という名前をつけています。

また、配列も変数と同様に「型」が存在します。上記はAs Longと記述することで、整数型として宣言しています。宣言できる型は、変数と同様です。

ここで、「おや?」と思った方もいるかもしれません。「要素数が5つの配列を宣言すると言ったのに、myArray(4)と入力するのは何故なのか?」その理由は、配列のインデックスは「0」から始まって「0,1,2,3…」と数えるからです。したがって、要素数5つの配列を宣言するには、インデックスの上限値に「4」と記述する必要があるのです。

VBA関数にはArray関数というものがあるため、配列の名前をそれと同じ「Array」に決めることは避けた方が良いでしょう。

### 固定長配列と動的配列

配列には、**固定長配列**と**動的配列**という2つの種類があります。

図11-17

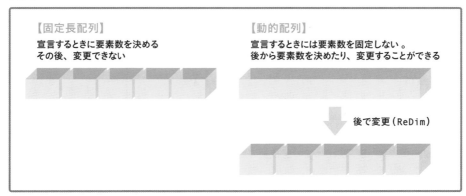

【固定長配列】
**宣言するときに要素数を決める**
**その後、変更できない**

【動的配列】
**宣言するときには要素数を固定しない。**
**後から要素数を決めたり、変更することができる**

後で変更(ReDim)

先ほどのコードで示したように、宣言する際に要素数を決めるのが固定長配列です。一方で、宣言する際には要素数を決めず、後から要素数を決めることができるのが動的配列です。

以下のコードでは、動的配列を宣言し、後から要素数を5つに変更しています。

```
'動的配列を宣言する
Dim myArray() As Long
'要素数を変更
ReDim myArray(5)
```

動的配列を宣言する際には、Dim myArray() As Longのように、インデックスの上限値を指定せずに宣言します。その後、ReDim myArray(5)のように、ReDimステートメントを使用すると、要素数を変更することができます。

### 動的配列なら、要素数に変数を使える！

コード11-3bでは、動的配列「arrAddr」を宣言し、ReDimステートメントで要素数を変更しています。

```
'配列を宣言する
Dim arrAddr() As String
ReDim arrAddr(maxRow - 1)
```

変数maxRowには、ワークシートの最終行の行数を格納してあります（今回のサンプルデータは5万件あり、タイトル行を合わせると最終行は「50001」となっています）。

ReDim arrAddr(maxRow - 1)と記述することで、配列のインデックスは「0,1,2,3…49999」の5万個となります。

上記のコードを見て、「なぜ、固定長配列を使わずにわざわざ動的配列を使ったんだろう？」と疑問に思った方もいるかもしれません。確かに、配列を宣言してすぐ次の行で、ReDimステートメントで要素数を変更しています。「それならば、最初から要素数を決めて固定長配列として宣言すれば、コードが1行で済むのに…」とも思えます。

しかし、実はそのようにコードを記述しようとするとコンパイルエラーになってしまいます。

ただし、ReDimステートメントを使用すると、それまで配列に格納していた値があった場合、それらは全て削除されてしまいます。もしそれまでの値を残したまま要素数を変更したい場合は、「ReDim Preserve myArray(5)」のように、Preserveキーワードを記述します。

```
'エラー（固定長配列で変数は使えない）
Dim arrAddr(maxRow - 1) As String
```

上記のように、固定長配列として宣言する場合は、( ) 内で変数を指定
することができません。VBAの仕様上、固定長配列の宣言では、( ) 内
に変数を使用できず、定数しか使用できないのです。
一方で、動的配列ならば、ReDimステートメントの際、変数を使用でき
るのです。

```
'エラーにならない（動的配列では変数を使える）
ReDim arrAddr(maxRow - 1)
```

上記のような事情があり、変数を利用して要素数を決めたい場合には、
動的配列を使用することが望ましいといえます。

## 1行ずつ処理し、配列に結果を格納する

以下のコードは、コード11-3bにおいて、ワークシートを1行ずつ処理して
配列にその結果を格納するコードです。

```
Dim i As Long
For i = 2 To maxRow

    '住所1と住所2を結合して配列に格納
    Dim str As String
    str = Cells(i, "G").Value & Cells(i, "H").Value
    arrAddr(i - 2) = str

Next i
```

For文を記述する際、For i = 2 To maxRowのように、ワークシー
トの2行目から最終行までループを回します（図11-18）。

図11-18

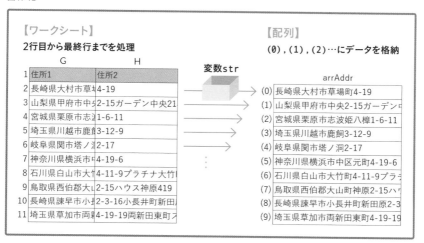

上記のように、ワークシートのi行目のG列とH列の値を結合し、変数strに格納します。

そして、arrAddr(i - 2) = strと記述することで、配列のi-2番目のインデックスに値を格納しています。

ワークシートの処理行は「2, 3, 4…最終行」と推移するのに対し、配列のインデックスは「0, 1, 2…」という順番で格納していくので、インデックスを「i - 2」と記述する点に注意してください。

## 配列に格納した値を、一気にセルに書き込む

以下のコードは、コード11-3bにおいて、配列に格納した値を一度にセルに書き込むコードです。

```
'配列の値をセルに格納
Cells(2, "I").Resize(UBound(arrAddr), 1) = _
              WorksheetFunction.Transpose(arrAddr)
```

上記のコードでは、単純に配列を代入するだけでなく、いくつか工夫すべきポイントがあります。

> 📭 UBound関数で配列の要素数を取得し、Resizeメソッドでセル範囲を拡大する

配列の値をセルに代入するためには、配列の要素数と同じだけのセル範囲を指定する必要があります。

図 11-19

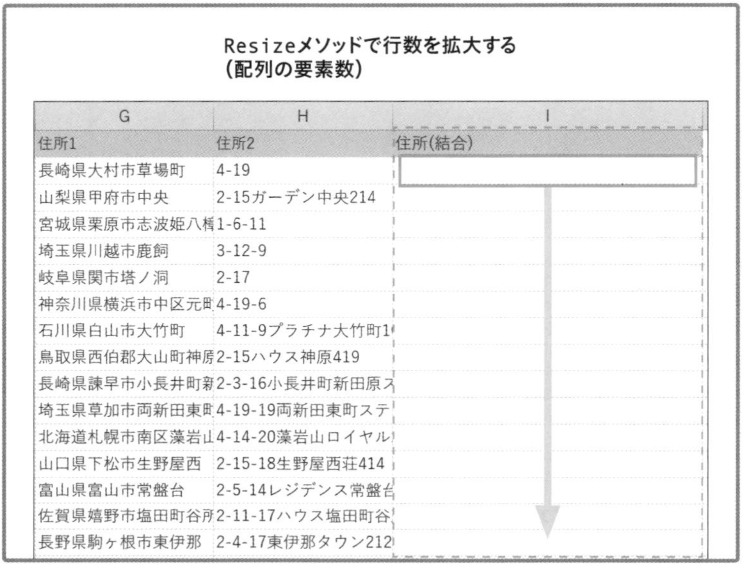

Resizeメソッドで行数を拡大する
(配列の要素数)

| G | H | I |
|---|---|---|
| 住所1 | 住所2 | 住所(結合) |
| 長崎県大村市草場町 | 4-19 | |
| 山梨県甲府市中央 | 2-15ガーデン中央214 | |
| 宮城県栗原市志波姫八樽 | 1-6-11 | |
| 埼玉県川越市鹿飼 | 3-12-9 | |
| 岐阜県関市塔ノ洞 | 2-17 | |
| 神奈川県横浜市中区元町 | 4-19-6 | |
| 石川県白山市大竹町 | 4-11-9プラチナ大竹町1 | |
| 鳥取県西伯郡大山町神房 | 2-15ハウス神原419 | |
| 長崎県諫早市小長井町新 | 2-3-16小長井町新田原ス | |
| 埼玉県草加市両新田東町 | 4-19-19両新田東町ステ | |
| 北海道札幌市南区藻岩山 | 4-14-20藻岩山ロイヤル | |
| 山口県下松市生野屋西 | 2-15-18生野屋西荘414 | |
| 富山県富山市常盤台 | 2-5-14レジデンス常盤台 | |
| 佐賀県嬉野市塩田町谷所 | 2-11-17ハウス塩田町谷 | |
| 長野県駒ヶ根市東伊那 | 2-4-17東伊那タウン212 | |

例えば、配列の要素数が5万個ある場合なら、`Cells(2,"I").Resize(500000,1) = 配列` のように、**Resizeメソッド**を使用してセル範囲を拡大する必要があります（図11-19）。

このコードの意味は、「`Cells(2,"I")`を先頭に、50000行1列のセル範囲に拡大する」ということになります。

ただし、上記の記述方法では、配列の要素数が必ず50000個である場合にしか対応できません。

そこで、**UBound関数**を使用すると、配列の最大インデックス数を取得することができます。

例えば配列`arrAddr`には50000個の要素があるとすると、`UBound(arrAddr)`と記述すれば最大インデックス数である50000が返ります。

したがって、コード11-3bでは、`Cells(2, "I").Resize(UBound(arrAddr), 1)`と記述することで、配列の要素数を自動的に取得して、Resizeメソッドでセル範囲を拡大しています。

## ワークシート関数の「TRANSPOSE関数」で、 配列の行と列を入れ替える

実は、縦のセル範囲に対して配列をそのまま代入しようとすると、うまく代入できません。

```
'こう書くと論理エラー（思った結果にならない）
Cells(2, "I").Resize(UBound(arrAddr), 1) = arrAddr
```

実際にコードを書いて実行してみるとわかりますが、配列の1つ目の要素だけが繰り返しセルに書き込まれてしまいます。なぜでしょうか？ イメージとしては、図11-20をご覧ください。

図11-20

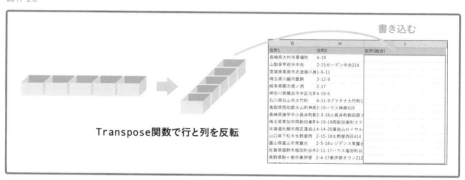

今回のように、要素が一列に並んだ配列を「**一次元配列**」といいます。VBAでは、一次元配列をセルに代入する際には、横並びの箱のようなイメージで扱われます。したがって、縦のセル範囲に横並びの配列を代入しようとすると、うまくいかず先頭の値だけが繰り返し代入されてしまうのです。

<「後ほど二次元配列を紹介します。

そこで、配列（横並びのイメージ）を、**TRANSPOSE関数**という関数を使用して、行列を入れ替えて、縦並びの配列に変換する必要があります。そのため、`WorksheetFunction.Transpose(arrAddr)`と記述することで、配列 arrAddr の行と列を入れ替えることができます。

<「TRANSPOSE関数は、配列の行と列を入れ替えるワークシート関数です。

以上のポイントを押さえた結果、コード11-3bでは以下のように記述しました。

```
Cells(2, "I").Resize(UBound(arrAddr), 1) = _
                    WorksheetFunction.Transpose(arrAddr)
```

これで、配列に格納した値を一気にセルに書き込むことができました。

## ケース②：郵便番号を分割してセルに書き込む
（二次元配列）

▶ 解説動画

次に、2つ目のケースについて、配列を利用しない場合のコードと、配
列を利用する場合のコードを紹介します（コード11-4a、コード11-4b）。

https://excel23.
com/vba-book/11-
4a_b/

コード11-4a：**配列を利用しないコード** ［FILE：11-4a_b.xlsm］

```
1   '郵便番号を分割（配列を使用しない）
2   Sub SplitCode()
3
4       '最終行を取得
5       Dim maxRow As Long                              ❶
6       maxRow = Cells(Rows.Count, 1).End(xlUp).Row
7
8       '最終行まで繰り返す
9       Dim i As Long
10      For i = 2 To maxRow
11
12          '郵便番号を分割してセルに格納            ❷
13          Dim str As String
14          str = Cells(i, 4).Value
15          Cells(i, 5).Value = Left(str, 3)
16          Cells(i, 6).Value = Right(str, 4)
17
18      Next i
19
20  End Sub
```

318

コード11-4b：配列を利用するコード ［FILE：11-4a_b.xlsm］

```vba
'二次元配列を使って郵便番号を分割
Sub SplitCodeFast()

    '最終行を取得
    Dim maxRow As Long
    maxRow = Cells(Rows.Count, 1).End(xlUp).Row                    ❸

    '配列を宣言
    Dim arrCode() As String
    ReDim arrCode(maxRow - 1, 1)

    '最終行まで繰り返す
    Dim i As Long
    For i = 2 To maxRow

        '郵便番号を分割して配列に格納
        Dim str As String                                         ❹
        str = Cells(i, 4).Value
        arrCode(i - 2, 0) = Left(str, 3)
        arrCode(i - 2, 1) = Right(str, 4)

    Next i

    Cells(2, 5).Resize(UBound(arrCode), 2) = arrCode              ❺

End Sub
```

コード11-4aの全体の流れとしては、次の構成になっています。

❶ 変数の宣言（最終行を取得）

❷ 最終行までループし、郵便番号を前半と後半で分割してそれぞれC、D列に書き込む

コード11-4bの全体の流れとしては、次の構成になっています。

③ 変数と配列の宣言

④ 最終行までループし、郵便番号を上3桁と下4桁に分割して配列に格納する

⑤ 配列の値をセルに書き込む

ケース①の際と同様で、コード11-4bでは、処理結果を配列に溜め込ん
でおき、最後に一気にセルに書き込むという流れになっています。
ただし、今回ケース②で使用している配列は「二次元配列」である点が
ケース②と異なります。それについても解説していきます。
それでは、特に③～⑤について解説します。

## 配列を宣言する（二次元配列）

今回のケース②で使用している配列は、**二次元配列**と呼ばれる配列です。
それに対し、ケース①で使用した配列は一次元配列と呼びます。

図11-21

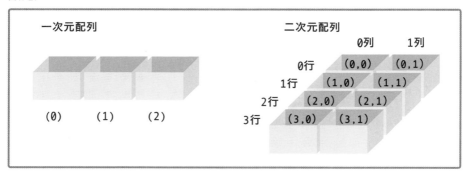

一次元配列は、仕切られた棚が横に並んでいるようなイメージで、イン
デックスは(0),(1),(2)…と数えられます。
対して二次元配列は、2列のセルが何行にもわたって並んでいるイメージ
です。二次元配列の場合、インデックスは(行,列)のように表され、
(0,0),(0,1),(1,0),(1,1)…と数えられます。
なぜ、今回のケースでは二次元配列を使用したのか? という理由です
が、図11-22とあわせて説明します。

図11-22

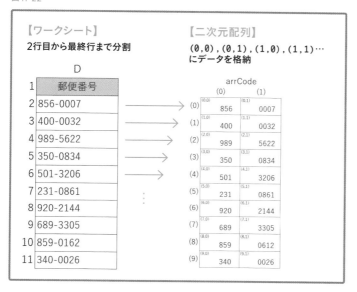

今回のマクロでは、郵便番号を上3桁と下4桁に分割して、それぞれを
配列に格納しておく必要があります。このとき、1つの郵便番号から2つ
の値に分割されるため、配列も二次元必要だということです。

## 二次元配列を宣言する

それでは、二次元配列を宣言する方法を紹介します。
二次元配列にも、固定長配列と動的配列の種類があります。それぞれ
の宣言方法があります。

## 固定長の二次元配列を宣言する例

二次元配列を宣言するには、( )内に2つの数値を（,）区切りで記述
します。

```
Dim 配列名(インデックスの上限値,インデックスの上限値) As 型
```

次の例は、5行2列の二次元配列（固定長）を宣言するコードです。

```
'二次元配列を宣言する（5行2列）
Dim myArray(4,1) As Long
```

上記の例では、5行2列の二次元配列を宣言しているのですが、インデックス数は0から始まるため、コードでは(4,1)と入力している点をご注意ください。

## 動的な二次元配列を宣言する例

以下は、動的な二次元配列を宣言するコードの例です。

```
'動的二次元配列を宣言し、要素数を変更する
Dim myArray() As Long
ReDim myArray(4,1)
```

上記のように、動的な二次元配列の場合、宣言する際には、インデックスの上限値を入力せずに()と記述しておきます。その後、ReDimステートメントによってインデックスの上限値を入力し、配列の要素数を変更します。

では、コード11-4bに戻ります。

以下は、コード11-4bにおいて、二次元配列を宣言するコードです。

```
'配列を宣言
Dim arrCode() As String
ReDim arrCode(maxRow - 2, 1)
```

配列名arrCodeとして動的配列を宣言し、次にReDimステートメントで要素数を変更して二次元配列としています。

ここで、引数に(maxRow - 2, 1)と記述しているのは、50000行2列の二次元配列とするためです。

変数maxRowにはシートの最終行である「50001」が格納されており、タイトル行を1行除くために-1すること、また配列のインデックスは0から始まるためさらに-1することで、maxRow - 2という記述になっています。

## 1行ずつ処理し、配列に結果を格納する

以下は、コード11-4bにおいて、ワークシートを1行ずつ処理して配列に
その結果を格納するコードです。

```
'最終行まで繰り返す
Dim i As Long
For i = 2 To maxRow

    '郵便番号を分割して配列に格納
    Dim str As String
    str = Cells(i, 4).Value
    arrCode(i - 2, 0) = Left(str, 3)
    arrCode(i - 2, 1) = Right(str, 4)

Next i
```

For文により、カウンター変数iが2からmaxRowに変化しながらループ
をします。また、郵便番号を上3桁と下4桁に分割する方法については、
Left関数とRight関数を使用することでそれぞれ先頭3文字と末尾4
文字を取得しています。

分割した値は、先ほど宣言した配列「arrCode」にそれぞれ格納しま
す（図11-23）。

図11-23

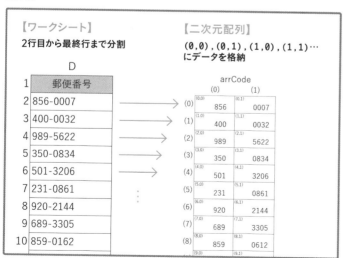

このとき、シートのi行の郵便番号を分割した結果の値は、配列のi-2行目に格納するということに注意しましょう。シートの1行目はタイトル行であるため1行分は除外するため-1。また、配列のインデックスは「0」から始まるため-1。これらを合わせてi-2ということになります。

## 配列に格納した値を、一気にセルに書き込む

以下のコードは、コード11-4bにおいて、配列に格納した値を一度にセルに書き込むコードです。

```
Cells(2, 5).Resize(UBound(arrCode), 2) = arrCode
```

上記は、配列 arrCode に格納された値を、セル範囲に格納しています（図11-24）。

Resize 関数や UBound 関数を使用して、セル範囲を配列と同じサイズに拡張している点については、ケース①でも説明したので割愛します。

一次元配列の際にはTRANSPOSE 関数を使用して行列を反転しましたが、二次元配列の場合には不要です。

以上により、二次元配列を利用して郵便番号を分割してセルに書き込むことができました。

図11-24

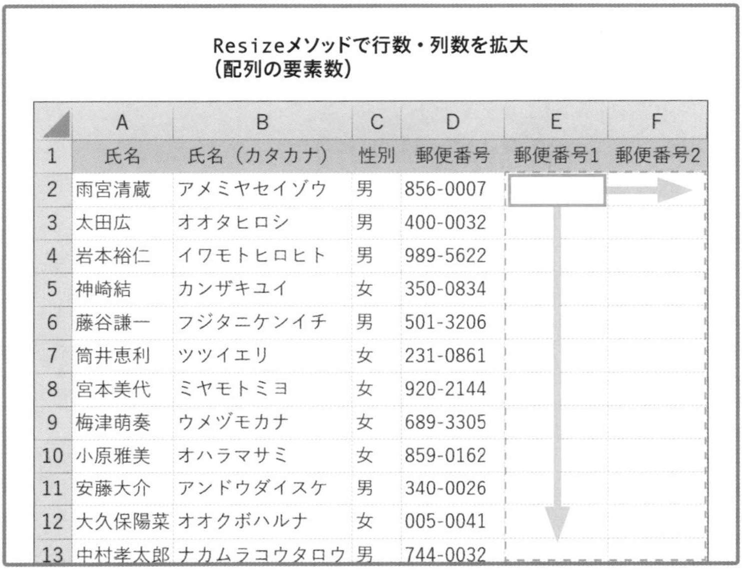

| | A | B | C | D | E | F |
|---|---|---|---|---|---|---|
| 1 | 氏名 | 氏名（カタカナ） | 性別 | 郵便番号 | 郵便番号1 | 郵便番号2 |
| 2 | 雨宮清蔵 | アメミヤセイゾウ | 男 | 856-0007 | | |
| 3 | 太田広 | オオタヒロシ | 男 | 400-0032 | | |
| 4 | 岩本裕仁 | イワモトヒロヒト | 男 | 989-5622 | | |
| 5 | 神崎結 | カンザキユイ | 女 | 350-0834 | | |
| 6 | 藤谷謙一 | フジタニケンイチ | 男 | 501-3206 | | |
| 7 | 筒井恵利 | ツツイエリ | 女 | 231-0861 | | |
| 8 | 宮本美代 | ミヤモトミヨ | 女 | 920-2144 | | |
| 9 | 梅津萌奏 | ウメヅモカナ | 女 | 689-3305 | | |
| 10 | 小原雅美 | オハラマサミ | 女 | 859-0162 | | |
| 11 | 安藤大介 | アンドウダイスケ | 男 | 340-0026 | | |
| 12 | 大久保陽菜 | オオクボハルナ | 女 | 005-0041 | | |
| 13 | 中村孝太郎 | ナカムラコウタロウ | 男 | 744-0032 | | |

Resizeメソッドで行数・列数を拡大
（配列の要素数）

## まとめ

いかがだったでしょうか？　配列の扱いは少し難しく感じる方も多いかと思います。

しかし、ケースで示した通り、配列を使わないコードと配列を使うコードでは、実行速度に大きな差が出ることはしばしばあります。その理由は、「セルに1つずつ値を書き込む」という処理を繰り返すような処理は時間がかかるため、マクロ全体の実行時間が長くなってしまう傾向にあるからです。しかし本節で紹介したように、「配列に処理結果を格納しておいて、最後に一気にセルに書き込む」というコードに改善すれば、マクロの実行速度が劇的に改善することもあります。特に今回のように5万件といった大量のデータを扱う場合には、大きな改善効果が現れる場合もあります。ぜひ、活用してみてください。

### ＼ やってみよう！／

# 時間がかかる場合、プログレスバーを表示する

前節までは、マクロの処理時間をできるだけ短縮する方法について紹介しました。しかし、大量のデータを処理する場合や、多数の反復処理が必要なマクロの場合、どうしても処理に時間がかかってしまう場合もあります。そうしたケースでは、マクロの実行中、Excelは操作不能になってしまい、その状態が何秒、何十秒と続くと、ユーザーは「バグかな？」と不安になってしまったり、「いつまで待てばいいのか分からない」と不満を感じてしまうことも少なくありません。

その解決策として、マクロの実行中に図11-25のようなプログレスバーを表示させるという方法があります。本節では、プログレスバーを表示させる方法について解説いたします。

図11-25

ここでは、5万回ループを必要とするマクロを題材にして学んでいきましょう
（図11-26）。

図11-26

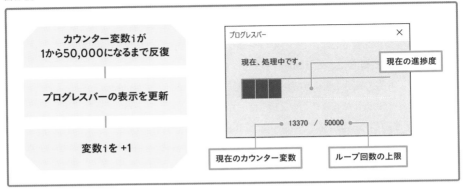

カウンター変数iが1～50000まで1ずつ増加しながら反復するFor構
文を例にします（単純なケースにするため、ループの中では特に何かの処理は
行わないものとします）。

プログレスバーには、現在の進捗度が割合として図に表現され、下には
「13370 / 50000」のように、現在のカウンター変数の値 / ループ回数
の上限を表示させます。また、もしユーザーが右上にある「×」ボタン
をクリックした場合、メッセージを表示して処理を途中で中止する処理
も実装しています（図11-27）。

図11-27

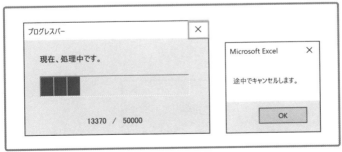

以上のマクロの作り方を紹介しながら、プログレスバーの作成方法につ
いて学びましょう。

## ユーザーフォームを用意する

まず、プログレスバーを表示させるためのユーザーフォームを用意します。**ユーザーフォーム**は、ボタンやテキスト入力できるボックスなど、様々なオブジェクト（コントロールといいます）を表示させてユーザーが視覚的・感覚的に操作できるようにフォームを表示させるための仕組みです。

一般的なユーザーフォームの活用法については、詳しくは第12章にて紹介します。ここでは、プログレスバーを表示させるための特別なユーザーフォームの作成方法を解説します。

### VBEで、ユーザーフォームを挿入する

VBEの左側にあるプロジェクトエクスプローラーにて、右クリックして［挿入］→［ユーザーフォーム］を選択すると、ユーザーフォームの編集画面が表示されます（図11-28）。

図11-28

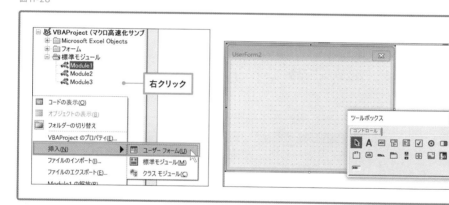

### ツールボックスにプログレスバーを表示させる

ツールバーが表示されていますが、標準状態ではプログレスバーを挿入するボタンはありません。そこで、次の操作でボタンを表示させます（図11-29）。

図11-29

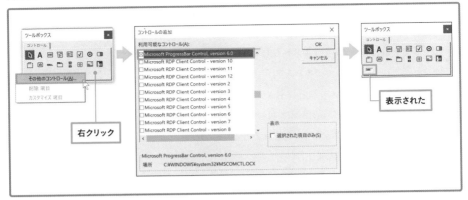

ツールバーの余白を右クリックして［その他のコントロール］を選択しま
す。一覧から「Microsoft ProgressBar Control, version6.0」にチェ
ックを入れて［OK］をクリックします。すると、プログレスバーを挿入す
るボタンが追加されます。

Excelのバージョンによっ
て、バージョン数は異な
ることがあります。

## プログレスバーのコントロールを挿入する

上記のプログレスバー挿入ボタンをクリックし、マウスでフォーム上をド
ラッグします。するとプログレスバーが挿入されます（図11-30）。

図11-30

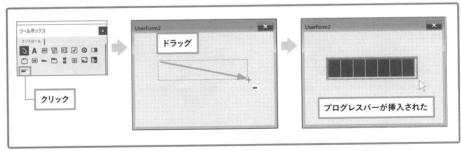

大きさや位置の変更は、シート上の図形と同様に、ドラッグ操作ででき
るので、調整してください。

## 各コントロールを挿入し、それぞれプロパティを設定する

続いてその他のコントロールを挿入して配置します。( ) 内にオブジェク
ト名を記載しています（図11-31）。

図11-31

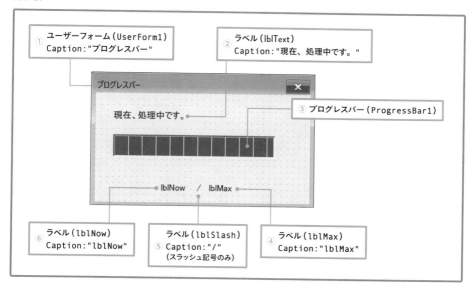

また、各コントロールのプロパティを設定しておきましょう。

以下、各プロパティの設定項目の一覧です（表11-6）。

表11-6

| ① ユーザーフォーム | オブジェクト名 | UserForm1（既定のまま） |
| --- | --- | --- |
| | Caption | プログレスバー |
| ② ラベル | オブジェト名 | lblText |
| | Caption | 現在、処理中です。 |
| ③ プログレスバー | オブジェクト名 | ProgressBar1（既定のまま） |
| ④ ラベル | オブジェクト名 | lblMax |
| | Caption | lblMax |
| ⑤ ラベル | オブジェクト名 | lblSlash |
| | Caption | / |
| ⑥ ラベル | オブジェクト名 | lblNow |
| | Caption | lblNow |

## 標準モジュールにて、
## メインの処理（5万回ループ）を記述

 解説動画

https://excel23.
com/vba-book/11-
5a_b_c/

つづいて、標準モジュールにメインとなる処理（5万回ループする処理）を
記述します（以下のコードは、後でコードを修正します）。

コード11-5a：[FILE：11-5a_b_c.xlsm]

```
1    'メインとなる処理（5万回ループ）
2    Sub LoopMacro()
3
4        'カウントする最大値
5        Dim maxCnt As Long
6        maxCnt = 50000
7
8        '最大値までループする
9        Dim i As Long
10       For i = 1 To maxCnt
11
12           '制御をOSに渡す
13           DoEvents
14
15       Next i
16
17   End Sub
```

コード11-5aでは、変数maxCntに最大ループ数として50000を代入し、
Forループでiが1からmaxCntになるまで反復します。また、ループ処
理には時間がかかるため、マクロの実行中にExcelが操作不能になること
を防ぐため、DoEvents関数により一時的にOSに制御を渡しています。

< DoEvents関数は一
時的にOSへ制御を渡
すための関数です。つま
りマクロ以外の操作を
可能にするという意味が
あります。

## プログレスバーの表示/非表示、
## 初期化/更新処理を記述する

コード11-5aに、プログレスバーを制御するコードを追加したのがコード
11-5bです（網掛けをしたコードと新しいプロシージャが、新たに追加したコー
ドです）。

コード 11-5b：［FILE：**11-5a_b_c.xlsm**］

```vba
'メインとなる処理(5万回ループ)
Sub LoopMacro2()

    'カウントする最大値
    Dim maxCnt As Long
    maxCnt = 50000

    'プログレスバーの初期値を設定
    Call InitBar(maxCnt)                    ❶

    'プログレスバーを表示
    UserForm1.Show vbModeless                ❷

    '最大値までループする
    Dim i As Long
    For i = 1 To maxCnt

        'プログレスバーを更新
        Call UpdateBar(i)                    ❸

        '制御をOSに渡す
        DoEvents

    Next i

    'プログレスバーを閉じる
    Unload UserForm1                         ❹

End Sub

'プログレスバーの初期値  ←
Sub InitBar(maxBar As Long)

    With UserForm1
```

次ページに続きます

```
36          'プログレスバーの最大値を変更
37          .ProgressBar1.max = maxBar
38          '最大値ラベルを変更
39          .lblMax.Caption = maxBar
40      End With
41
42  End Sub
43
44  'プログレスバーの値を更新 ←
45  Sub UpdateBar(bar As Long)
46
47      With UserForm1
48          'バーの現在値
49          .ProgressBar1.Value = bar
50          'ラベルの現在値
51          .lblNow.Caption = bar
52      End With
53
54  End Sub
```

上記のコードについて、ポイント部分を解説します。

### ❶ プログレスバーの初期化

ここでは、**InitBar プロシージャ**を呼び出すことでプログレスバーの初
期値を設定しています。

```
'プログレスバーの初期値を設定
Call InitBar(maxCnt)
```

引数としてmaxCntを渡すことで、ループの最大値を渡しています。
一方、呼び出し先のInitBarプロシージャでは、

```
'プログレスバーの初期値
Sub InitBar(maxBar As Long)

    With UserForm1
        'プログレスバーの最大値を変更
        .ProgressBar1.max = maxBar
        '最大値ラベルを変更
        .lblMax.Caption = maxBar
    End With

End Sub
```

仮変数maxBarに引数を受け取り、ユーザーフォームUserForm1のプ
ログレスバーやラベルの最大値を設定しています（図11-32）。

図11-32

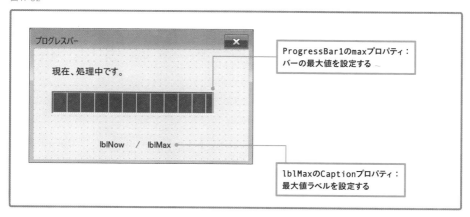

- ProgressBar1のmaxプロパティで、プログレスバーの最大値を設
  定します。
- lblMaxのCaptionプロパティで、ラベルに表示する最大値を設定
  します。

## ❷ プログレスバーを表示する

ここでは、ユーザーフォームのShowメソッドにより、ユーザーフォームを
表示させています。

```
'プログレスバーを表示
UserForm1.Show vbModeless
```

ここで、引数にvbModelessを指定することで、モードレスで起動する
よう指定しています。

「**モードレス**」とは、フォームが開いてからもその後のコードが実行される
ようにするモードです。

その逆が「**モーダル**」といい、フォームが開くと、それを閉じるまでは次
のコードが実行されなくなってしまいます。モーダルで起動してしまうと、
フォームを閉じなければその後のループ処理などが実行されません。

通常、Showメソッドでは引数を省略するとモーダルで起動してしまいま
す。そこで、ここではvbModelessという定数を指定することで、モー
ドレスでユーザーフォームを起動します。

---

【Showメソッド】
**ユーザーフォームを表示します。**

**構文：**
[object].Show modal

**引数：**
　　modal：**フォームをモーダルまたはモードレスで表示するよう指定することができます。**
　　　　　　**定数vbModalではモーダルで起動、vbModelessではモー**
　　　　　　**ドレスで起動するよう指定します。**
　　　　　　**この引数は省略可能ですが、省略した場合は既定でモーダ**
　　　　　　**ルとなります。**

---

### ❸ プログレスバーを更新する

ここでは、プログレスバーの現在値やラベルの現在値を更新させています。

```
'プログレスバーを更新
Call UpdateBar(i)
```

上記は、UpdateBarプロシージャを呼び出してプログレスバーの更新
処理をします。

引数として変数iを渡すことで、現在のループ回数を渡しています。

一方、呼び出し先のUpdateBarプロシージャでは、

```
'プログレスバーの値を更新
Sub UpdateBar(bar As Long)

    With UserForm1
        'バーの現在値
        .ProgressBar1.Value = bar
        'ラベルの現在値
        .lblNow.Caption = bar
    End With

End Sub
```

仮変数barに引数を受け取り、ユーザーフォームUserForm1のプログ
レスバーやラベルの現在値を設定しています（図11-33）。

図11-33

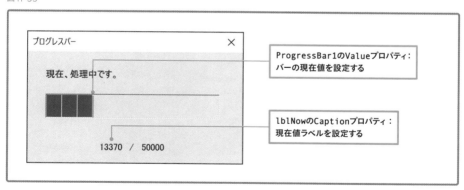

- ProgressBar1のValueプロパティで、プログレスバーの現在値を
  設定します。
- lblNowのCaptionプロパティで、ラベルに表示する現在値を設定
  します。

## ❹ プログレスバーを閉じる

最後に、プログレスバーを閉じるコードが以下のコードです。

```
'プログレスバーを閉じる
Unload UserForm1
```

UserForm1が閉じることで、プログレスバーの表示を終えます。
以上により、5万回のループ処理が終わるとプログレスバーが自動的に
閉じることになります。

## キャンセルすると実行時エラーになるのを防ぐ

以上でプログレスバーを起動して動作させ終了させることができましたが、
一つ問題があります。
ユーザーフォームには「×」ボタンがあり、また同様にショートカットキー
Alt+F4でもユーザーフォームを終了させることができます。
ところが、現状では、プログレスバーの表示中に「×」ボタンなどで終了
させると、実行時エラーとなってしまいます（図11-34）。

図11-34

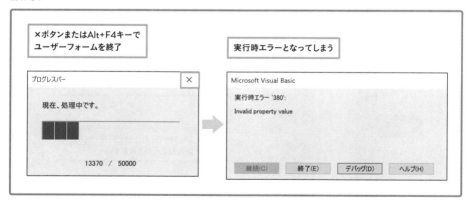

　その原因は、ループ処理中によりプログレスバーの値を更新するコード
が走っているのにも関わらず、ユーザーによって急にユーザーフォームが
閉じられ、プログレスバーのプロパティを操作できなくなってしまうためです。
そこで、「×」ボタンを押してもエラーが起こらずにマクロを途中で終了す
るように対策したいところです。

## どのようにしてエラーを防ぐか？

最初に思い浮かぶ対策方法は、「×ボタンをクリックできないよう、無効化してしまえばいいのではないか？」ということです。しかし、実際に×ボタンをクリックできないよう無効化する方法はあるのですが、それだけではショートカットキー Alt+F4 が押された場合の対策にはなりません。「では、Alt+F4 キーを押してもフォームが終了しないようにしよう」となると、コードの記述がもっと複雑になってしまいます。

そこで、本項では、×ボタンを無効化するのとは違うアプローチで対策を取ります。

×ボタンは有効にしておくのですが、フォームを閉じる操作が行われたら現在実行中のマクロ（ループ処理）も全て終了することで、エラーを防ぐというアプローチを取ります（図11-35）。

図11-35

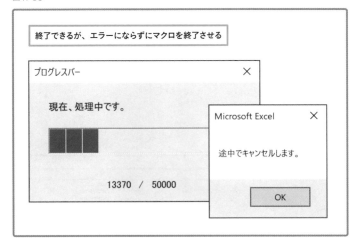

## ユーザーフォームのQueryCloseイベントプロシージャで、閉じる前に処理する

ユーザーフォームを閉じる前に自動的に実行されるコードを記述します。VBEの左側にあるプロジェクトエクスプローラーにおいて「UserForm1」を右クリックして「コードの表示」を選択します(図11-36)。

図11-36

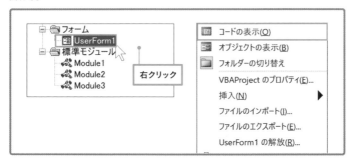

右上のプルダウンメニューから「QueryClose」を選択します(図11-37)。すると、新しいコードが挿入されます(Private Sub UserForm_QueryCloseプロシージャ)。

図11-37

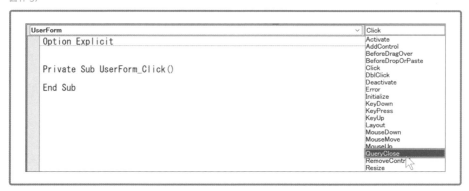

なお、図のようにPrivate Sub UserForm_Click()というプロシージャが自動的に挿入されている場合、こちらは不要なコードなので削除しておきましょう(図11-38)。

図11-38

```
Option Explicit

Private Sub UserForm_Click()          ×こちらは不要なので削除する
End Sub

Private Sub UserForm_QueryClose(Cancel As Integer, CloseMode As Integer)
End Sub                                            こちらが必要
```

ここで、UserForm_QueryCloseプロシージャ内にコードを記述します
（コード11-5c）。

コード11-5c：[FILE：**11-5a_b_c.xlsm**]

```vba
1    'フォームを閉じる直前の処理
2    Private Sub UserForm_QueryClose(Cancel As Integer, CloseMode As
     Integer)
3
4        '×ボタンによって終了した場合
5        If CloseMode = 0 Then
6            MsgBox "途中でキャンセルします。"
7            End
8        End If
9
10   End Sub
```

UserForm_QueryCloseプロシージャは、仮引数としてCancel、
CloseModeを受け取ります。

ここで重要なのは「CloseMode」です。どのような手段でフォームが閉
じられる操作が行われたのかを、この引数で判断できます。ユーザーの
手によってフォームが閉じられた場合、CloseModeには「0」が格納さ
れます。したがって、CloseModeの値が0の場合、ユーザーの手でフォ
ームを閉じる操作が行われたと判断できます。

そこで、If文によりIf CloseMode = 0 Thenとして条件分岐してい
ます。

 解説動画

https://excel23.
com/vba-book/11-
5a_b_c/

```
'×ボタンによって終了した場合
If CloseMode = 0 Then
    MsgBox "途中でキャンセルします。"
    End
End If
```

Endステートメントでは、実行中のマクロを全て終了します。

よって、実行中の5万回ループされるプロシージャも終了されることによっ
て、先述のようなエラーを防ぐことができます。

## まとめ

以上、プログレスバーを表示する方法は、思ったよりも難しくなかったの
ではないかと思います。その理由は、ユーザーフォームに元から
「ProgressBar Control」が用意されているためでした。

ユーザーフォームをうまく活用することで、ユーザーが操作する上でも使
いやすくなることがあります。ユーザーフォームの活用方法については、
第12章で特に解説していますので、そちらもご参照ください。

# 第 **12** 章

チームのためのVBA
他人が使っても
安心なツールを作る

# 誰にでも使いやすい操作性を
# 備えたマクロを作る

本章では、「チームのためのVBA」というテーマで解説いたします。仕事に役立つマクロを開発できるようになってくると、自分以外の人に利用されるマクロを作る機会も増えてくるかもしれません。

そうなると、誰にでも使いやすい操作性を備えたマクロを作ることも重要になってきます。

そこで、本章では、以下のようなテクニックを紹介します。

---

- 🔲 **イベントプロシージャを利用して、操作したら即実行されるマクロを作る**

- 🔲 **ユーザーフォームを利用して、見た目にも使いやすいマクロを作る**

---

＼ やってみよう！ ／

## イベントプロシージャを利用して、
## 操作したら即実行されるマクロを作る

---

この節では、「**イベントプロシージャ**」について解説いたします。これまで解説したマクロは、実行するためにユーザー自身がボタンを押すなどの操作が必要でしたが、その手間を削減することはできないでしょうか？

そんなときに、イベントプロシージャが活躍します。イベントプロシージャは、ユーザーが何らかの操作をしたこと（＝イベント）に対して自動的に実行されるプロシージャです（図12-1）。

図 12-1

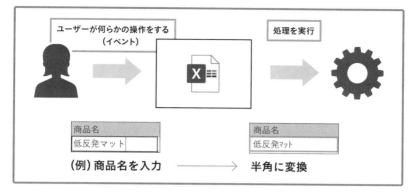

イベントプロシージャを利用すれば、例えば次のようなマクロを作ること
ができます（図12-2）。

図 12-2

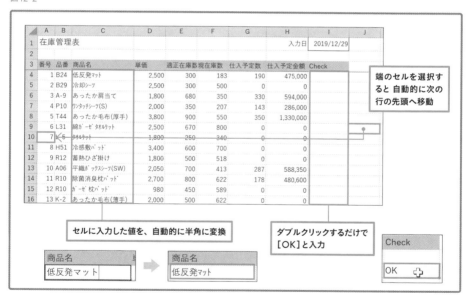

## マクロの概要

- 表の端のセルを選択すると、自動的に1つ下の行の先頭へ移動する
- ダブルクリックするだけで［OK］と入力される
- セルに入力した値を、自動的に半角に変換する

以上のようなマクロを作成しながら、イベントプロシージャの利用方法に
ついて学びましょう。

## セルを選択したら処理を行う
### （SelectionChange/Change イベント）

### セルを選択したら実行されるイベントプロシージャ

この節を学習すると、以下のようなマクロを作ることができるようになります。
「J列のセルを選択したら、自動的に1つ下の行のA列へ選択が移る」（図
12-3）

図12-3

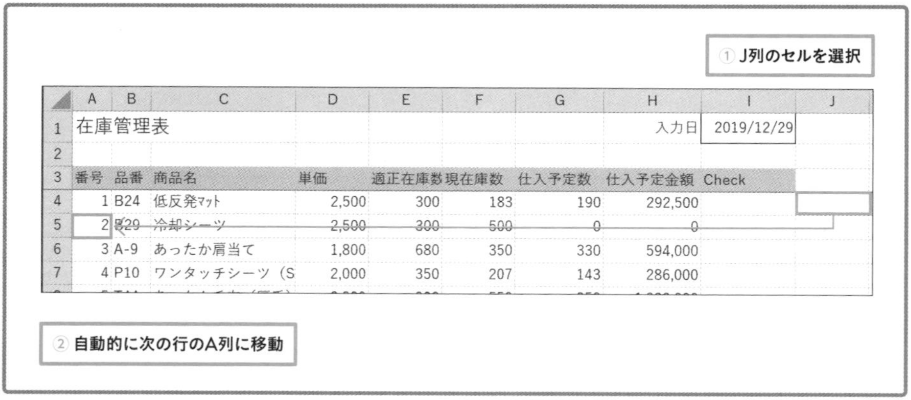

通常、Excelの表にデータを入力する際には

**データを入力**

➡ **Tabキーで右のセルに移動**

➡ **データを入力**

➡ **・・・**

と繰り返す場合が多いと思います。

そこで、J列にカーソルが移ったら、イベントプロシージャによって自動的
に次の行の先頭のセルが選択されるようにすれば便利ではないでしょう
か？ そうすれば、Tabキーによる移動だけを繰り返せば、次々と行を進
めながら連続でデータ入力できるようになります。

上記のようなマクロを作るのに必要な知識と、イベントプロシージャの使
い方について学んでいきましょう。

## イベントとプロシージャ

上記の例では、「イベント」と「イベントプロシージャ」がそれぞれ以下
のように対応しています。

- **イベント：ユーザーがセルを選択する**
- **イベントプロシージャ：セルを移動する**

つまり、「ユーザーが操作をした」という出来事のことを「**イベント**」と呼
び、「そのイベントに対する処理」のことを「**イベントプロシージャ**」と呼
ぶのです。

## イベントプロシージャはどこに書くか?
## ブックモジュール or シートモジュール

イベントプロシージャは、どこに記述すればいいのでしょうか?

実は、「標準モジュール」に記述するのではなく、「**ブックモジュール**」ま
たは「**シートモジュール**」に記述する必要があります。初めて耳にする方
もいるかもしれないので、確認しておきます。

VBEを見てみましょう。VBEには通常、画面の左側に「プロジェクト エ
クスプローラ」が表示されています（図12-4）。

> もし表示されていなかっ
> たら、「表示」メニューか
> ら「プロジェクト エクスプ
> ローラ」を選択してくださ
> い。

図12-4

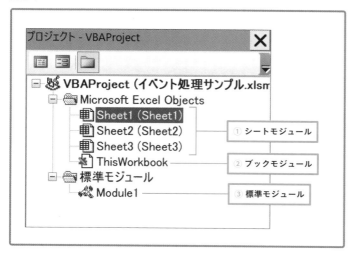

図の①はシートモジュール、②はブックモジュールと呼ばれます。

一般的に、VBAの入門書などでは、「マクロは③の標準モジュールに記

述しましょう」と教わるかと思います。しかし、イベントプロシージャを記述するには、①シートモジュールか②ブックモジュールを選ぶ必要があるのです。それらの違いについて触れておきましょう。

## ブックモジュールとシートモジュールの違い

**ブックモジュール**には、ブック全体に対する処理を記述します。
**シートモジュール**には、シート単体に対する処理を記述します。
例えば、「セルを選択したら、ある処理を実行する」というイベントプロシージャを記述する場合、ブックモジュールとシートモジュールのどちらにも記述することができますが、表12-1のような違いがあります。

表12-1

| | |
|---|---|
| ブックモジュールに記述した場合 | ブック内の全てのシートにおいて、セルを選択したら処理が実行される |
| シートモジュールに記述した場合<br>（※ Sheet1 のシートモジュールに記述した場合） | Sheet1 のみ、セルを選択したら処理が実行される |

つまり、ブックモジュールに記述した場合は、ブック全体への処理、すなわちブック内のどのシートに対しても同じ処理が実行されます。それに対し、シートモジュールに記述した場合は、そのシート単体のみで処理が実行されます。
「どちらがいいのか？」ということは一概には言えませんが、複数のシートに同じ処理を記述したい場合はブックモジュールを利用する方が効率的でしょう。一方、単一のシートに限定して行いたい処理は、シートモジュールに記述する方が良いと考えられます。その他、制作したいマクロの内容とケースによって選択するのがよいでしょう。
また、両者ではプロシージャの書き方が少々異なるため、それらの違いも含めてこの先で具体的に見ていきましょう。

## シートモジュールにイベントプロシージャを記述する

まずは、シートモジュールにイベントプロシージャを記述してみましょう。
プロジェクトエクスプローラにて、「Sheet1」をダブルクリックするか、右クリックして「コードの表示」を選択します（図12-5）。

図12-5

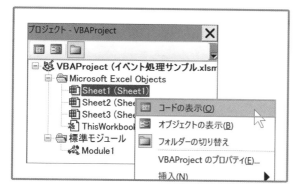

すると、空白のソースコードが表示されます（設定によって「Option Explicit」だけが既定で記述されていることになります）。ソースコードの左上のドロップダウンリストをクリックして「Worksheet」をクリックします（図12-6）。すると、自動的にコードが挿入されます（図12-7）。

図12-6

図12-7

```
(General)                               ∨ (Declarations)
Option Explicit

Private Sub Worksheet_SelectionChange(ByVal Target As Range)

End Sub
```

この「Private Sub Worksheet_SelectionChange」というプロシージャが、イベントプロシージャの1つです。

「Worksheet_SelectionChange」は、セルの選択が変更された際（SelectionChangeイベントといいます）に実行されるプロシージャです。例えば、セルA1が選択されているシートにて、ユーザーがセルA2を選択しました。このとき、イベントプロシージャが実行されます。

## 他のイベントプロシージャを追加する方法は?

先ほどの操作では、コードの左上にある「オブジェクト」から
「Worksheet」を選択するだけで、自動的にイベントプロシージャ
「Worksheet_SelectionChange」が挿入されました。他のイベント
プロシージャを追加したい場合は、コードの右上のドロップダウンをクリ
ックしてみましょう(図12-8)。

図12-8

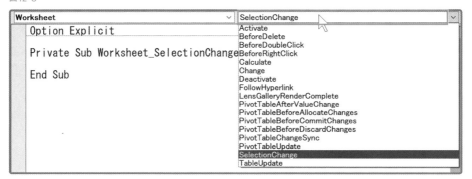

様々なイベントプロシージャがドロップダウンに表示されます。その中か
ら選択すれば、コード上に自動的にプロシージャが追加されます。イベン
トプロシージャを作成する際の便利な方法として覚えておきましょう。

▶ 解説動画

https://excel23.
com/vba-book/12-
0a_b_c/

## SelectionChange イベントプロシージャを入力する

では、先ほど挿入されたWorksheet_SelectionChangeプロシージ
ャの中に、以下のようにコードを入力してみましょう。

コード12-0a:[FILE:**12-0a_b_c.xlsm**]

```
Private Sub Worksheet_SelectionChange(ByVal Target As Range)

    MsgBox "セルを選択"

End Sub
```

そして、ワークシート(Sheet1)で、いずれかのセルを選択してみましょ
う。イベントプロシージャが実行され、メッセージボックスが表示された
ことがわかります(図12-9)。

図12-9

## セル範囲を限定しよう（引数Target）

次に、もう少しコードを改善してみます。先ほどのコードでは、どのセル
を選択してもメッセージが表示されていました。しかし、全てのセルに対
して同様な処理をするのではなく、決まったセルを選択した時にだけ処
理を実行させたい場合もありますね。

そこで、コードを以下のように変更してみましょう。

 解説動画

https://excel23.
com/vba-book/12-
0a_b_c/

コード12-0b：[FILE：**12-0a_b_c.xlsm**]

```
Private Sub Worksheet_SelectionChange(ByVal Target As Range)

    If Target = Range("A1") Then

        MsgBox "セルを選択"

    End If

End Sub
```

上記は、If構文を書き加えることにより、「もし選択したセルがA1だっ
た場合にはメッセージを出力する」という意味になります。

ここで、Targetとは何でしょうか？ それは、このプロシージャが引数と
して受け取っている値です。どんな値かというと「ユーザーが選択したセ
ル範囲」をRange型として受け取っているのです。例えば、ユーザーが
セルA1を選択したとすると、変数「Target」には、セル範囲A1とい
うセル範囲がRange型で渡されます。

よって、If構文でIf Target = Range("A1") Thenと記述するこ
とで、Targetのセル範囲がA1と一致するかどうかを判定できるのです。

> ちょうどRange("A1")
> と指定されたような感覚
> です。

このように、イベントプロシージャには、引数として「Target」を受け取るタイプのものが他にもいくつか存在します。

## 複数のセル範囲を対象にするには?

先ほどの「セル範囲を限定しよう」で行った方法には問題があります。それは、複数のセルを範囲として指定するには不便だということです。例えば、図12-10のようなセル範囲を対象にSelectionChangeイベントの処理を適用したいと仮定します。

図12-10

これらのセル範囲にだけイベントプロシージャを実行させたい

| | A | B | C | D | E | F | G | H | I |
|---|---|---|---|---|---|---|---|---|---|
| 1 | 在庫管理表 | | | | | | | 入力日 | 2019/12/1 |
| 2 | | | | | | | | | |
| 3 | 番号 | 品番 | 商品名 | 単価 | 適正在庫数 | 現在庫数 | 仕入予定数 | 仕入予定金額 | Check |
| 4 | 1 | B24 | 低反発マット | 2,500 | 300 | 284 | 16 | 0 | |
| 5 | 2 | B29 | 冷却シーツ | 2,500 | 300 | 288 | 12 | 30,000 | |
| 6 | 3 | A-9 | あったか肩当て | 1,800 | 680 | 653 | 0 | 0 | |
| 7 | 4 | P10 | ワンタッチシーツ(S) | 2,000 | 350 | 350 | 0 | 0 | |
| 8 | 5 | T44 | あったか毛布(厚手) | 3,800 | 900 | 876 | 0 | 0 | |
| 9 | 6 | L31 | 綿ガーゼ タオルケット | 2,500 | 670 | 663 | 7 | 17,500 | |
| 10 | 7 | L-5 | タオルケット | 1,800 | 250 | 241 | 9 | 16,200 | |
| 11 | 8 | H51 | 冷感敷パッド | 2,400 | 600 | 573 | | | |

▶ 解説動画

If文により指定範囲とTargetとを比較するという方法だけでは、コーディングが非常に煩雑になってしまいます。そこで解決策として、「Intersectメソッド」を利用したセル範囲の指定方法を紹介します。

https://excel23.
com/vba-book/12-
0a_b_c/

コード12-0c:[FILE:**12-0a_b_c.xlsm**]

```
Private Sub Worksheet_SelectionChange(ByVal Target As Range)

    '対象セル範囲
    Dim sRng As Range
    Set sRng = Union(Range("A1:C3"), Range("D4:F7"))

    '交差範囲
```

```
        Dim iRng As Range
        Set iRng = Intersect(sRng, Target)

        '対象セル範囲と交差するなら実行
        If Not iRng Is Nothing Then

            MsgBox "セルを選択"

        End If

End Sub
```

上記のようなコードであれば、複数のセル範囲を対象にすることができます。1つずつ見ていきましょう。

```
'対象セル範囲
Dim sRng As Range
Set sRng = Union(Range("A1:C3"), Range("D4:F7"))
```

ここでは、対象セル範囲をRange型の変数「sRng」として宣言し、**Unionメソッド**で2つのRangeを結合させています。Unionメソッドは、Union( セル範囲 , セル範囲 , …) と記述することで、<u>複数のRangeのセル範囲を結合させて1つのセル範囲にする</u>ことができます（図12-11）。

> 感覚的には、ちょうど、ワークシート上でCtrlキーを押しながらマウスで複数のセル範囲をドラッグしている状況に似ていますね。

図12-11

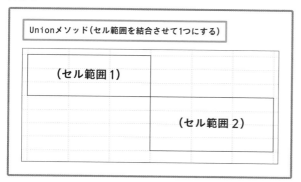

イベントプロシージャを利用して、操作したら即実行されるマクロを作る　　351

```
'交差範囲
Dim iRng As Range
Set iRng = Intersect(sRng, Target)
```

ここでは、Range型の変数「iRng」を宣言しています。続いて、Intersectメソッドを使用して、sRngに格納したセル範囲と、Targetのセル範囲とで交差している範囲を求め、その結果をiRngに格納します。これはどういう意味か、もう少し詳しく説明いたします。まず、Intersectメソッドは、Intersect(セル範囲, セル範囲, …)と記述することで、それらのセル範囲で交差する(重なりがある)セル範囲だけを返すというメソッドです(図12-12)。

図12-12

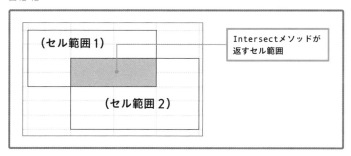

上記のコードでは、Intersectメソッドにより、sRngとTargetの交差を求めているのです。そうすれば、「もし交差しているならば処理を実行する」という条件分岐をすることができるからです。

最後に、以下のコード

```
'対象セル範囲と交差するなら実行
If Not iRng Is Nothing Then

    '処理内容(省略)

End If
```

では、条件式がNot iRng Is Nothingとなっているため、「iRng

が空白でなければ…」という条件になります。先ほどのIntersectメソッドで、指定のセル範囲（sRng）とユーザーが選択したセル範囲（Target）が交差しているセル範囲を調べ、iRngに結果を格納しました。もし交差していなかったらiRngには何も格納されないため、空白になっているはずです。それに対し、もし交差しているならiRngは何らかの値が入っているはずなのです。よって、処理を実行することができます。

いかがだったでしょうか？　上記の方法で、複雑なセル範囲だとしてもイベントプロシージャを適用することができます。便利な方法ですので、ぜひ使ってみてください。

### J列を選択したら次の行の先頭へ飛ぶマクロを作るには？

それでは、この章の冒頭で紹介した「J列を選択したら自動的に次の行の先頭セルを選択するマクロ」を作ってみましょう（コード12-1）。

 解説動画

https://excel23.
com/vba-book/12-1/

コード12-1：［FILE：**12-1.xlsm**］

```
1    Private Sub Worksheet_SelectionChange(ByVal Target As Range)
2
3        '対象セル範囲
4        Dim sRng As Range
5        Set sRng = Range("J:J")
6
7        '交差範囲
8        Dim iRng As Range
9        Set iRng = Intersect(sRng, Target)
10
11       '対象セル範囲と交差するなら実行
12       If Not iRng Is Nothing Then
13
14           Cells(Target.Row + 1, 1).Select
15
16       End If
17
18   End Sub
```

上記のコードは、対象セルの変数sRngに対してRange("J:J")を格納することで、J列全体を格納しています。また、If構文により対象セルとTargetが交差するという条件分岐を行っています。Trueの場合、Cells(Target.Row + 1, 1).Selectにより、現在のTargetの行+1の行の1列目のセルを選択するという処理を行っています。

上記によって、J列のセルを選択した場合、次の行の先頭セルを自動的に選択するようになりました。

## 同じイベント処理を、ブック全体に適用するには？

ここまでの解説では、シートモジュールにコードを記述してきました。すると、プロシージャ内の処理は、「Sheet1」でしか実行されないことになります。もし同様の処理を、Sheet2でも、Sheet3でも、ブック上の全てのシートにおいて実行できるようにするにはどうしたらいいでしょうか？

そこで、「ブックモジュールに記述する」という方法を解説します。

VBEのプロジェクトエクスプローラで「ThisWorkbook」をダブルクリック（または右クリックして「コードの表示」を選択）します（図12-13）。

図12-13

すると、空白のソースコードが表示されます（設定によって「Option Explicit」だけが既定で記述されていることになります）。

ソースコードの左上のドロップダウンリストをクリックして「Workbook」をクリックします（図12-14）。すると、自動的にコードが挿入されます（図12-15）。しかし、このコードは、今回は不要なプロシージャです。

図12-14

図12-15

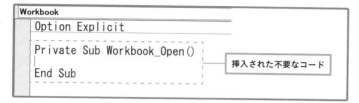

ソースコードの右上のドロップダウンリストをクリックして「Sheet
SelectionChange」を選択します（図12-16）。

図12-16

| Workbook | ∨ | Open |
| --- | --- | --- |

```
Option Explicit

Private Sub Workbook_Open()

End Sub
```

BeforeXmlImport
Deactivate
ModelChange
NewChart
NewSheet
Open
PivotTableCloseConnection
PivotTableOpenConnection
RowsetComplete
SheetActivate
SheetBeforeDelete
SheetBeforeDoubleClick
SheetBeforeRightClick
SheetCalculate
SheetChange
SheetDeactivate
SheetFollowHyperlink
SheetLensGalleryRenderComplete
SheetPivotTableAfterValueChange
SheetPivotTableBeforeAllocateChanges
SheetPivotTableBeforeCommitChanges
SheetPivotTableBeforeDiscardChanges
SheetPivotTableChangeSync
SheetPivotTableUpdate
SheetSelectionChange
SheetTableUpdate
Sync
WindowActivate

すると、コードが新たに挿入されます。この「Private Sub Workbook_
SheetSelectionChange」というプロシージャが、今回追加したか
ったプロシージャです（図12-17）。

図12-17

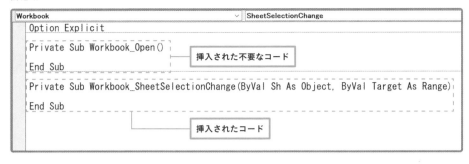

この「Workbook_SheetSelectionChange」プロシージャは、ブック全体において、セルが選択されたら処理を実行するプロシージャです。つまり、先ほどシートモジュールに記述した「Worksheet_SelectionChange」とほぼ同じイベントプロシージャなのです。以下に違いをまとめておきます（表12-2）。

表12-2

| プロシージャ名 | コードを記述する場所 | 説明 |
| --- | --- | --- |
| Worksheet_SelectionChange | シートモジュール | シート内でセルが選択された際に処理を行う。 |
| Workbook_SheetSelectionChange | ブックモジュール | ブック内のいずれかのシートで、セルが選択された際に処理を行う。 |

上記のように、シートモジュールに記述する「Worksheet_SelectionChange」とブックモジュールに記述する「Workbook_SheetSelectionChange」は、適用される範囲が異なる以外はほぼ同じなのです。

ただし、ブックモジュールでの「Workbook_SheetSelectionChange」プロシージャは、引数として「Sh As Object」が増えています。この引数は何でしょうか？ それは、「イベントの起きたシート」がオブジェクトとして渡される引数です。この引数を利用することで、ブックの中の特定のシートだけに処理を実行させることができます。

例えば、

```
'シート名が「Sheet1」または「Sheet2」なら処理を実行する
If Sh.Name = "Sheet1" Or Sh.Name = "Sheet2" Then
    '処理内容
End If
```

といったように、条件に一致するシートのみイベント処理を実行すること
もできます。

## シートとブックで同様の処理を行える
## イベントプロシージャの代表例

以上のように、イベントプロシージャには、シートモジュール用とブックモ
ジュール用でほぼ同様の処理を行うものがいくつか存在します。表12-3
に、代表的なものを紹介します。

表12-3は代表的なもの
の抜粋であり、その他に
も存在します。

表12-3

| シートモジュールに記述 | ブックモジュールに記述 | 説明 |
|---|---|---|
| Worksheet_<br>SelectionChange | Workbook_<br>SheetSelectionChange | セルが選択された際に処理を行う。 |
| Worksheet_Change | Workbook_SheetChange | セルの値が変更された際に処理を行う。 |
| Worksheet_<br>BeforeDoubleClick | Workbook_<br>SheetBeforeDoubleClick | あるセル上でダブルクリックされた直後に処理を行う。 |
| Worksheet_Activate | Workbook_SheetActivate | シートが有効化された際に処理を行う。 |

## ダブルクリックしたら処理を行う
(BeforeDoubleClick/SheetBeforeDoubleClickイベント)

### セルをダブルクリックしたら実行されるイベントプロシージャ

ここでは、表の[Check]列のセルをダブルクリックしたら自動的に[OK]
と入力されセルが薄い黄色で塗りつぶされるイベントプロシージャを作成
してみましょう（図12-18）。

また、既に［OK］と入
力されたセルをダブルク
リックした場合、文字列
を削除して塗りつぶしの
色を「なし」に変更しま
す。

図12-18

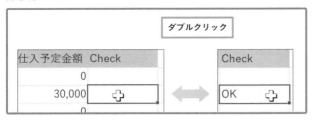

まず、「Sheet1」のシートモジュールにて、オブジェクトから「Worksheet」、プロシージャから「BeforeDoubleClick」を選択します（図12-19）。すると、Worksheet_BeforeDoubleClickプロシージャが挿入されます（図12-20）。このイベントプロシージャでは、セルがダブルクリックされた場合に行われる処理を記述できます。

図12-19

図12-20

```
Private Sub Worksheet_BeforeDoubleClick(ByVal Target As Range, Cancel As Boolean)
End Sub
```

▶ 解説動画

https://excel23.com/
vba-book/12-2/

コードをコード12-2のように記述します。

コード12-2：[FILE：12-2.xlsm]

```
1  Private Sub Worksheet_BeforeDoubleClick(ByVal Target As Range,
   Cancel As Boolean)
2
3      'I列の3行目より下なら
4      If Target.Column = 9 And Target.Row > 3 Then
5
```

```vba
6          'セルの値が"OK"でなければ
7          If Target.Value <> "OK" Then
8              Target.Value = "OK"
9              Target.Interior.color = RGB(255, 255, 150)
10
11          'そうでなければ
12          Else
13              Target.Value = ""
14              Target.Interior.color = xlNone
15          End If
16
17          'ダブルクリックによる処理をキャンセル
18          Cancel = True
19      End If
20
21  End Sub
```

コード12-2についてポイントを挙げて解説いたします。

```vba
'I列の3行目より下なら
If Target.Column = 9 And Target.Row > 3 Then
```

この条件分岐では、表の「Check」列の3行目以降だけに対象セル範囲を限定するため、Targetの列が9に一致し、かつ行が3より大きいことを条件としました。

```vba
'セルの値が"OK"でなければ
If Target.Value <> "OK" Then
    '（省略）
'そうでなければ
Else
    '（省略）
End If
```

次の条件分岐では、このように記述することで、Targetのセルに"OK"
と入力されていない場合と、すでに入力されている場合とで条件分岐し
ています。

## 引数「Cancel」により、その後の処理をキャンセルする

最後にポイントとなるのは、

```
'ダブルクリックによる処理をキャンセル
Cancel = True
```

という記述です。このコードは、ダブルクリックによる処理をキャンセル
する措置を取っています。

ダブルクリックによる処理とは何でしょうか？ それは、通常Excelのシー
ト上でセルがダブルクリックされた場合に行われるはずの処理のことです。
図12-21と合わせて説明します。

図12-21

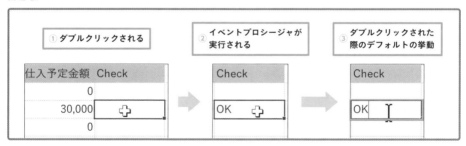

通常、セルをダブルクリックすると何が起こるでしょうか？セルが編集中
になり、文字入力のカーソルが表示された状態になります。これが「ダブ
ルクリックによる処理」のことです。

しかし、今回のマクロでは、『セルをダブルクリックすると［OK］と入力
される』という処理だけで完結したいので、上記の処理は却って邪魔に
なってしまうのです。そこで、Cancel = True と記述することでキャン
セルを行っているのです。

なお、「Cancel」という変数については、今回のWorksheet_
BeforeDoubleClickプロシージャの引数として、Boolean型の

「Cancel」という引数が渡されます。Cancelの値は既定では「False」
ですが、「True」を代入することで、イベント後のダブルクリックによる
処理をキャンセルすることができます。

今回のように、引数「Cancel」を受け取るイベントプロシージャは他に
も存在します。マクロ作りの際の選択肢の一つとして利用してみてください。

## セルに入力したら自動的に処理を行う
（SheetChange/Change イベント）

### セルに入力後、自動的に半角に変換するマクロを作る

ここでは、B列～C列のセルに値を入力すると、自動的に全角文字を半
角文字に変換するマクロを作ります。例えば「低反発マット」と入力した
後、自動的に「低反発ﾏｯﾄ」と変換されます。また、全角英字で「ＡＢＣ」
と入力した場合、半角の「ABC」に変換されます（図12-22）。

図12-22

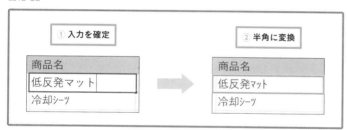

まず、「Sheet1」のシートモジュールにて、オブジェクトから
「Worksheet」、プロシージャから「Change」を選択します（図12-
23）。すると、コードが挿入されます（図12-24）。この「Worksheet_
Change」プロシージャは、セルの値が変更された際に実行される処理
を記述できます。

図12-23

図12-24

```
Private Sub Worksheet_Change(ByVal Target As Range)
End Sub
```

解説動画

https://excel23.com/
vba-book/12-3/

それでは、コード12-3を見ていきましょう。

コード12-3：[FILE：**12-3.xlsm**]

```
1    Private Sub Worksheet_Change(ByVal Target As Range)
2
3        '対象セル範囲
4        Dim sRng As Range
5        Set sRng = Range("B:C")
6
7        '交差範囲
8        Dim iRng As Range
9        Set iRng = Intersect(sRng, Target)
10
11        '対象セル範囲に1セルのみ交差する場合
12        If Not iRng Is Nothing Then
13            If iRng.Count = 1 Then
14
15                'イベント発生を一時停止
16                Application.EnableEvents = False
17
18                '半角に変換
19                Dim str As String
20                str = Target.Value
21                str = StrConv(str, vbNarrow)
22                Target.Value = str
23
24                'イベント発生を再開
25                Application.EnableEvents = True
26
27            End If
28        End If
29    End Sub
```

コード12-3から重要箇所を解説いたします。以下の条件分岐では、

```
'対象セル範囲に1セルのみ交差する場合
If Not iRng Is Nothing Then
    If iRng.Count = 1 Then
```

変数iRngには、対象セル範囲（sRng）とTargetが交差するセル範囲が格納されます。したがってiRngが空白（Nothing）ではないかどうか判断することで、Targetが対象セル範囲内にあることを判断します。また、条件式iRng.Count = 1では、交差しているセルが単一のセルかどうかを判断します。これにより、複数セルを範囲選択中にダブルクリックした場合にエラーが起きてしまうことを防いでいます。

> セル範囲が複数ある場合については、この後の処理が複雑になってくるため、割愛いたします。

### イベントの無限ループを防ぐために（Application.EnableEvents）

また、以下の記述に注意したいところです。

```
'イベント発生を一時停止
Application.EnableEvents = False

'半角に変換
Dim str As String
str = Target.Value
str = StrConv(str, vbNarrow)
Target.Value = str

'イベント発生を再開
Application.EnableEvents = True
```

半角に変換する処理の前に、Application.EnableEventsプロパティにFalseを代入しています。これは何でしょうか？　Application.EnableEventsプロパティでは、イベントの発生をON/OFFで切り替えることができます。Trueではイベント発生を受け付けますが、Falseでは一時停止されます。

なぜ、イベント発生を切り替える必要があるのでしょうか？　それは、「無

限ループ」に陥ることを防ぐためです。今回のChangeイベントの場合には無限ループに特に注意です。

上記のコードでは、`Target.Value = str`と記述することでTargetの値を書き換えています。すると、「値を書き換えた」というイベントに対して、`Worksheet_Change`プロシージャが実行され始めてしまうのです。このように、あるプロシージャが原因となりイベントが発生し、さらにプロシージャが呼び出されてしまうという連鎖が起こり、無限にループが始まってしまうことがあります。`Worksheet_Change`イベントなどの場合には特に注意しましょう（図12-25）。

図12-25

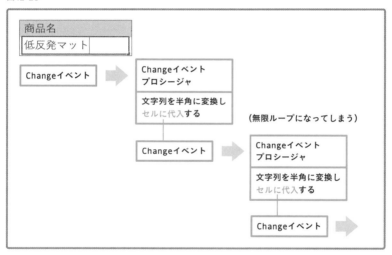

そこで、`Application.EnableEvents = False`を記述しておくことで、イベントの発生を一時停止しておくことが対策となるのです。

半角に変換する処理については、Targetの文字列を変数strに格納し、`StrConv`関数を使って書式を半角に変更し、最後にstrの値をTargetの値に代入するのです。

処理が終わったら、`Application.EnableEvents = True`としてイベント発生を再開させることを忘れないでください。

## まとめ

以上、いかがだったでしょうか。イベントプロシージャを使いこなせるよ

> `StrConv`関数は、ある文字列を指定した文字種に変換して返します。第1引数には対象の文字列を指定し、第2引数で変換したい文字種を指定します。
> 今回は「`vbNarrow`」を指定することで、半角に文字種を変更しています。

うになると、これまでのマクロの実行方法とは違った方法でマクロを実行できるようになります。

また、データ入力を楽にする補助機能など、ユーザーがより快適にExcel作業を行うために役立つ機能をマクロで作成できるようになります。ぜひ挑戦してみてください。

\ やってみよう！ /

## ユーザーフォームを利用して、
## 見た目にも使いやすいマクロを作る

この節では、「ユーザーフォーム」について解説いたします。

ユーザーフォームは、フォーム形式のウインドウを作成できるため、ユーザーが視覚的にわかりやすくマクロを操作できる仕組みです。この節では、図12-26のようなユーザーフォームを作りながら学習していきます。

第11章の「マクロの高速化」で、プログレスバーを作成する際にユーザーフォームを利用しました。

図12-26

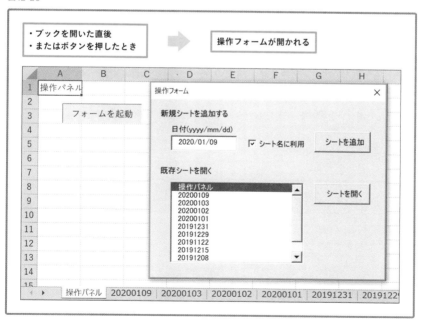

## ユーザーフォームでマクロを便利化する事例

今回の題材となるユーザーフォームには、次のような機能があります。

### 機能①：日付を入力してボタンを押せば、新しいシートが名前付きで自動作成される。

在庫管理表の雛形シートを元に、新しい在庫管理表が自動作成されます。ユーザーフォームに入力した日付が、シート名に挿入されます（図12-27）。

図12-27

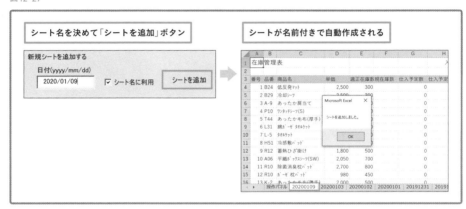

### 機能②：シート名を選んでボタンを押せば、指定のシートが開かれる。

ブック内のシートが全てリストボックスに一覧で表示されます。いずれかのシート名を選んでボタンを押すと、指定したシートがすぐに開かれます（図12-28）。

図12-28

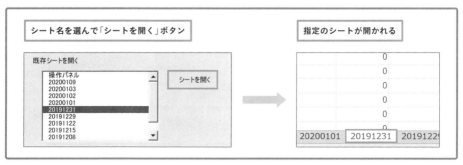

## ユーザーフォームを作成する

### ユーザーフォームの作成

ユーザーフォームを作成するには、VBEのプロジェクトエクスプローラにて右クリックし、「挿入」から「ユーザー フォーム」を選択します。すると、「UserForm1」という既定の名前でフォームが追加されます。

解説動画

https://excel23.
com/vba-book/12-
4a/

図12-29：［FILE：**12-4a.xlsm**］

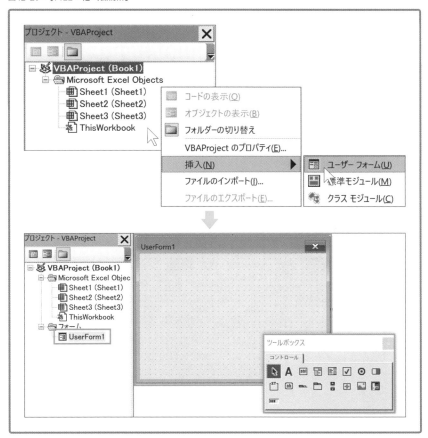

まだ、フォームは空白の状態になっているので、ボタンなど（これらを「コントロール」と呼びます）は何も配置されていません。また、ユーザーフォームを表示すると「ツールボックス」というボックスが表示されます。このツールボックスを利用して、フォームに様々なコントロールを追加することができます（図12-30）。

図12-30

ツールボックスにあるボタンは、大きく分けると2種類あります。1つはコントロールを選択するためのボタン、もう1つはコントロールを追加するためのボタンです。ここで、もう一度、作成するユーザーフォームの完成図を確認してみましょう（図12-31）。

図12-31

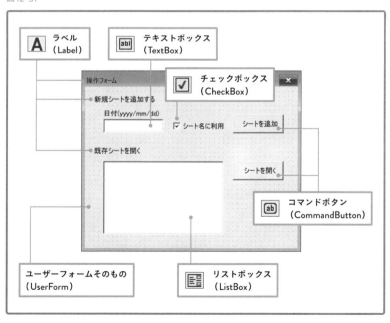

上記のフォームには、以下の5種類のコントロールを使用しています（表12-4）。

表12-4：コントロール（その他にも多くの種類のコントロールがあります）

| コントロール名 | 説明 |
| --- | --- |
| ラベル（Label） | フォーム上に文字列を配置できるコントロールです。ユーザーが直接入力したり変更することはできません。 |
| テキストボックス（TextBox） | ユーザーが文字入力できるボックスです。 |
| チェックボックス（CheckBox） | ユーザーがチェック有り / チェック無しを選択できるボックスです。 |
| コマンドボタン（CommandButton） | ユーザーがクリック操作などでボタンを実行できます。 |
| リストボックス（ListBox） | ユーザーが一覧からデータを選択できるボックスです。 |

## 1つ目のコントロールを追加してみよう

それでは、1つ目のコントロールを追加してみましょう（図12-32）。

ツールボックスの「ラベル」ボタンをクリックすると、マウスのカーソルが「＋」の形になります。そのままフォーム上に適当な大きさでドラッグすると、ラベルが追加されます。既定では「Label1」のような文字列が表示されていますが、この値は変更できます。変更するためには、「プロパティ」を変更する必要があります。

もし図のようにプロパティウインドウが表示されていない場合は、［表示］メニューから［プロパティ ウインドウ］をクリックして表示させておきましょう。

図12-32

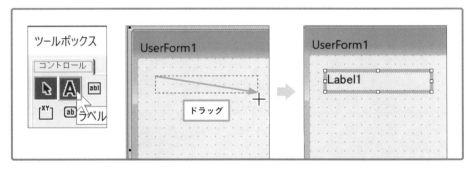

## プロパティを変更しよう

ラベルの文字列やオブジェクト名を変更するために、プロパティを変更しましょう。ラベルをクリックして選択した状態で、画面左側の「プロパティィウインドウ」を見てみましょう（図12-33）。

図12-33

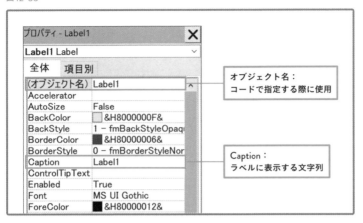

ここで確認しておきたいのは、以下の2つです（表12-5）。

表12-5

| プロパティ | 説明 |
|---|---|
| オブジェクト名 | オブジェクトの名前です。VBAのコードで対象を指定する際に、オブジェクト名を使用します。 |
| Caption | ラベルに表示する文字列です。既定では「Label1」のような文字列が代入されていますが、この値を書き換えることで、ラベルに表示される文字列が変更されます。 |

ここでは、**Caption**プロパティに「新規シートを追加する」と入力しておきましょう。確定すると、ラベルにも同じ文字列が反映されます（図12-34）。

図12-34

このように、各コントロールのプロパティを変更することで、オブジェクト名や設定などを変更することができます。

## 他のコントロールも追加してみよう

ラベルと同様に、他のコントロールも追加し、プロパティを変更しておきましょう（図12-35）。表12-6に、追加するコントロールと、変更すべきプロパティを一覧で示します。なお、①の「ユーザーフォーム」は、フォームそのもののプロパティを指定しています。ユーザーフォームのプロパティは、フォームの余白部分をクリックすれば閲覧できます。

図12-35：[FILE：**12-4b.xlsm**]

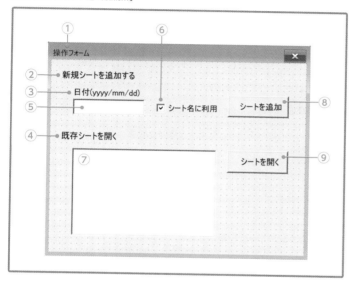

解説動画

https://excel23.
com/vba-book/12-
4b/

表12-6

| コントロール名 | プロパティ |
|---|---|
| ① ユーザーフォーム | オブジェクト名：既定のまま（UserForm1）<br>Caption：「操作フォーム」に変更 |
| ② ラベル（追加済み） | オブジェクト名：既定のまま<br>Caption：「新規シートを追加」に変更 |
| ③ ラベル | オブジェクト名：既定のまま<br>Caption：「日付（yyyy/mm/dd）」に変更 |
| ④ ラベル | オブジェクト名：既定のまま<br>Caption：「既存シートを開く」に変更 |

次ページに続きます

| ⑤ テキストボックス | オブジェクト名：「txtDate」に変更 |
|---|---|
| ⑥ チェックボックス | オブジェクト名：「chkBox」に変更<br>Caption：「シート名に利用」に変更 |
| ⑦ リストボックス | オブジェクト名：「lstBox」に変更 |
| ⑧ コマンドボタン | オブジェクト名：「btnAdd」に変更<br>Caption：「シートを追加」に変更 |
| ⑨ コマンドボタン | オブジェクト名：「btnOpen」に変更<br>Caption：「シートを開く」に変更 |

### 補足：オブジェクト名を変更した方がいいもの /
### 変更しなくていいものの違いは？

先ほどのコントロール一覧で、「オブジェクト名」を変更するものと変更せずに既定のままにしたものがありました。それらの違いは何でしょうか？　簡単にいえば、「VBAのコードによってそのコントロールを呼び出す機会が多いものは、オブジェクト名を分かりやすい名前に変更した方がいい」ということになります。

オブジェクト名は、コードからそのコントロールを指定する際によく使用します。そのため、分かりやすいオブジェクト名に変更しておくと運用が楽になります。一方、「ラベル」などのコントロールは、（今回のマクロでは）コードで呼び出したり後でプロパティを変更することは特にありません。そのため、オブジェクト名を既定のままにしておいても特に問題は無いでしょう。

## ユーザーフォームを起動する方法

作ったフォームを起動させるにはどうしたらいいでしょうか？　ここでは3つの方法をお伝えします。

【デバッグ目的】マクロの実行ボタンを押してフォームを起動する

【実用】標準モジュールからフォームを起動する（シートにボタンを配置）

【応用】ブックを開いたら自動的にフォームを起動する（イベントプロシージャ）

## 【デバッグ目的】マクロの実行ボタンを押してフォームを起動する

デバッグ目的では、「Sub / ユーザーフォームの実行」ボタンをクリックすることで起動できます（図12-36）。

図12-36

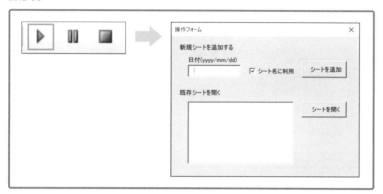

なお、フォームにはまだ各種コントロールを配置しただけですので、フォーム上のボタンなどを押しても何も起こりません。

フォームを閉じる際には右上の「×」ボタンを押して終了させましょう。

## 【実用】標準モジュールからフォームを起動する
### （シートにボタンを配置する）

マクロのプロジェクト内のユーザーフォームを起動させるためには、フォームのオブジェクト名 .Showと記述することで可能です。

例えば、今回作成したユーザーフォームのオブジェクト名は「User Form1」になっているはずですので、UserForm1 .Showと記述すれば、ユーザーフォームを起動することができます。

コード12-5のように、標準モジュールにコードを追加してみましょう。

解説動画

https://excel23.
com/vba-
book/12-5_to_7/

コード12-5：[FILE：**12-5_to_7.xlsm**]

```
Sub OpenForm()

    ' フォームを起動する
    UserForm1.Show

End Sub
```

> このコードは、標準モジュールに記述してください。

上記のコードを実行することで、ユーザーフォームである「UserForm1」を起動できます。

なお、上記で作成した「OpenForm」プロシージャは、ボタンから起動できるようにしておきましょう。ブックの「操作パネル」というワークシートにボタンを配置し、マクロ「OpenForm」を関連付けておきましょう（図12-37）。

ワークシート上にボタンを配置するには、Excel画面にて［開発］タブの「挿入」ボタンを押し、左上の「ボタン（フォームコントロール）」を選択してシート上をドラッグします。次に、「マクロ名」から「OpenForm」を選択して「OK」を押します。

図12-37：シート「操作パネル」にボタンを配置

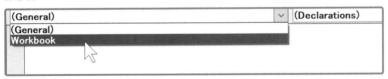

## 【応用】 ブックを開いたら自動的にフォームを起動させる

ブックを開いたらユーザーフォームを自動で起動させる方法を解説します。「（ユーザーが）ブックを開いた」というイベントに対し、「フォームを起動する」という処理を自動的に実行されるようにするのです。つまり、前節で解説したイベントプロシージャを活用すればいいということになります。

VBEにて、プロジェクトエクスプローラの「ThisWorkbook」をダブルクリックし、ブックモジュールを開きましょう。この時点では、コードは空白になっています。

次に、コードの左上にあるドロップダウンリストから「Workbook」を選択しましょう（図12-38）。すると、自動的にWorkbook_Openプロシージャが挿入されます（図12-39）。

図12-38

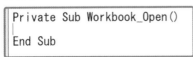

図12-39

```
Private Sub Workbook_Open()

End Sub
```

上記は、ブックが開かれた際（Openイベントといいます）に実行されるイベントプロシージャです。ここで、ユーザーフォームを開くためのUserForm1.Showメソッドを記述しておきます。

```
Private Sub Workbook_Open()

    'フォームを起動する
    UserForm1.Show

End Sub
```

以上で、ブックを開いたら自動でユーザーフォームが起動するようになります。

## ユーザーフォームの初期化処理(UserForm_Initialize)

### ユーザーフォームの初期化とは？
### フォームに最初から値が入力される！

ここで、ゴール像のフォームをもう一度確認してみましょう（図12-40）。

図12-40

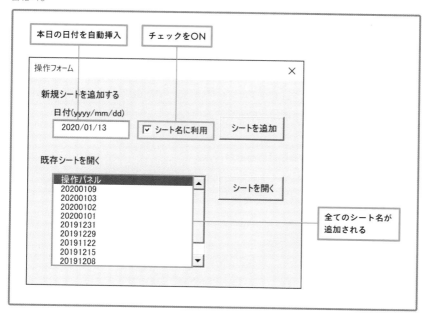

フォームの起動直後、以下のようになっています。

- **テキストボックスに本日の日付が自動的に挿入されている。**
- **チェックボックスが自動的にONになっている。**
- **リストボックスに、全てのシート名が追加されている。**

以上のように最初から値が入力されていると、ユーザーにとって非常に便利ですね。しかし、これらの処理は既定のままでは行われません。フォームの「**初期化処理**」を記述することで実現できます。

ユーザーフォームにおける初期化処理は、フォームが起動する前に行われる処理です（図12-41）。

図12-41

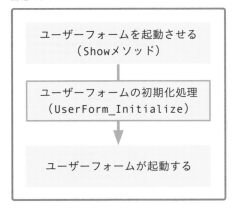

初期化処理は、`UserForm_Initialize`**プロシージャ**に記述することで実装できます。それでは、1つずつ初期化処理を記述してみましょう。

### テキストボックスの初期化（本日の日付を自動挿入）

まずは、テキストボックスに本日の日付を自動挿入する初期化処理を作ってみましょう。`UserForm_Initialize`を挿入させるために、以下の手順を行います。

フォームのデザイン画面にて、ユーザーフォーム（空白）をダブルクリックするか、右クリックして「コードの表示」を選択します（図12-42）。すると、「`UserForm_Click`」というイベントプロシージャが挿入されますが、このコードは不要です（図12-43）。

図12-42

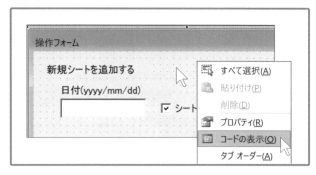

図12-43

挿入された不要なコード

コードの左上のドロップダウンにて「UserForm」を選んだ後、右上の
ドロップダウンにて「Initialize」を選択します（図12-44）。

図12-44

すると、UserForm_Initializeプロシージャが挿入されます。
ここに初期化の処理を記述していきます（コード12-6）。

コード12-6：[FILE：**12-5_to_7.xlsm**]

```
Private Sub UserForm_Initialize()

    'テキストボックスに本日の日付を挿入

    txtDate.Value = Format(Now, "YYYY/MM/DD")

End Sub
```

▶ 解説動画

https://excel23.
com/vba-
book/12-5_to_7/

このコードでは、テキストボックス（オブジェクト名「txtDate」）のValue
プロパティに、本日の日付を代入しています。Valueプロパティは、テキ
ストボックス内の値を意味します。

なお、Now関数は本日の日時を返しますが、例えば"2020/01/13
2：43：07"のように日付と時刻を含む書式を返します。その書式を
"2020/01/13"のようなYYYY/MM/DD形式に変換するために、
Format関数を使用しています。

以上で、ユーザーフォーム起動時にテキストボックスに本日の日付が自動
挿入されるようになります（図12-45）。

図12-45

## チェックボックスの初期化（自動的にONにする）

続いて、チェックボックスを初期化する方法について解説します。先ほど
と同様に、UserForm_Initializeプロシージャにコードを記述して
いきます。

コード12-7：[FILE：**12-5_to_7.xlsm**]

▶ 解説動画

```vba
Private Sub UserForm_Initialize()

    'テキストボックスに本日の日付を挿入
    txtDate.Value = Format(Now, "YYYY/MM/DD")

    'チェックボックスをONにする
    chkBox.Value = True

End Sub
```

https://excel23.
com/vba-
book/12-5_to_7/

上記は、チェックボックス（オブジェクト名「chkBox」）のValueプロパティに "True" を代入しています。

チェックボックスのValueプロパティは、値が "True" ならばチェックがONに、値が "False" ならばチェックがOFFになるというプロパティです。以上で、ユーザーフォームの起動時にチェックボックスがONになります。

### リストボックスの初期化（全てのシート名を追加する）

ここでは、リストボックスの初期化方法について解説します。リストボックスは、初期状態では何も格納されていないため、空白になっています（図12-46）。そこに文字列を追加することで、ボックス内に複数の文字列をリスト形式で表示することができます。では、具体的なコードを見ながら解説していきます（コード12-8）。

図12-46

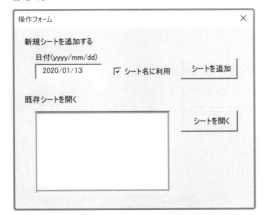

コード12-8：[FILE：12-8.xlsm]

```
Private Sub UserForm_Initialize()

    'テキストボックスに本日の日付を挿入
    txtDate.Value = Format(Now, "YYYY/MM/DD")

    'チェックボックスをONにする
    chkBox.Value = True

    'リストボックスの初期化(全シート名をItemに追加)
```

解説動画

https://excel23.
com/vba-
book/12-8/

次ページに続きます

```
    Dim sh As Worksheet
    For Each sh In Worksheets
        lstBox.AddItem sh.Name
    Next sh

    '先頭のシート名を選択
    lstBox.Selected(0) = True

End Sub
```

上記のコードについて、ポイントを解説いたします。

リストボックスに文字列を追加するには、AddItemメソッドを使用します。lstBox.AddItem 文字列という書式で記述することで、引数に指定した文字列を追加することができます。

また、今回は全てのシートのシート名をリストに追加するため、For Each構文により全てのシートをループしてシート名を取得し、リストボックスに追加しています。

最後に、リストの先頭を選択する処理を行っています（この処理を記述しなかった場合、フォームを開いた直後はリストボックスは何もアイテムが選択されていない状態になります）。これには何の意味があるでしょうか？ フォームが起動した際に、先頭の項目が選択されている状態にすることで、「シート名を1つ選択できる」というルールをユーザーが直感的に理解できるというメリットがあります（図12-47）。

図12-47

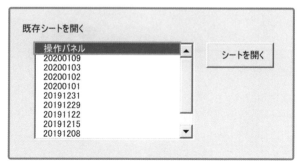

```
lstBox.Selected(0) = True
```

0番目の文字列が選択された状態にする、という意味になります。リストボックスは、格納された文字列の数は0,1,2…と記録されるので、先頭の番号は「0」となります。

∎

以上で、ユーザーフォーム起動時にリストボックスに全てのシート名が自動追加されるようになります。

## ボタンから実行される処理を作成する

### ボタンから実行される処理を作成する

最後に、ボタンを押したら実行される処理を作成していきます。大きく分けて、以下の2つがあります。

- 「シートを追加」ボタン…新しいシートが名前付きで自動作成される。
- 「シートを開く」ボタン…指定のシートが開かれる。

それでは、順番に作成していきましょう。

### 「シートを追加」ボタン…新しいシートが名前付きで自動作成される

まずは「シートを追加」ボタンの処理を作成していきます。

ユーザーフォームのデザイン画面で、「シートを追加」ボタンをダブルクリックするか、右クリックして「コードの表示」を選択します。すると、自動的に「btnAdd_Click」というプロシージャが挿入されます（図12-48）。

図12-48

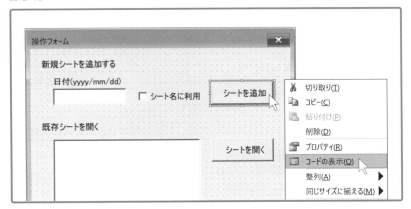

上記は、ボタンをクリックする操作（イベント）が行われた際に実行されるプロシージャです。このプロシージャに処理を記述すればいいのです。それでは、コードを見ていきましょう。

▶ 解説動画

https://excel23.com/
vba-book/12-9/

コード12-9：[FILE：**12-9.xlsm**]

```
1   Private Sub btnAdd_Click()
2
3       'シートを追加
4       ThisWorkbook.Worksheets("雛形").Copy _          ❶
5           After:=Worksheets("操作パネル")
6
7       'チェックボックスがONの場合,日付をシート名にする("/"は除く)
8       If chkBox.Value = True Then
9           On Error Resume Next                        ❷
10          ActiveSheet.Name = Replace(txtDate.Value, "/", "")
11      End If
12                                                       ❸
13      '同名のシートが存在した場合
14      If Err.Number <> 0 Then
15          MsgBox "同名のシートがすでに存在するため、既定のシート名に変更しました。"
16      Else
17          MsgBox "シートを追加しました。"
18      End If
19
20      'ユーザーフォームを終了する                      ❹
21      Unload Me
22
23  End Sub
```

上記のコードの全体的な流れとしては、

❶ **新規ワークシートを追加する**

❷ **チェックボックスがＯＮならば、日付をシート名にする**

❸ **同名シートが存在した場合、既定のシート名にする**

❹ **ユーザーフォームを閉じる**

といった流れになっています。

```
'シートを追加
ThisWorkbook.Worksheets("雛形").Copy _
    After:=Worksheets("操作パネル")
```

雛形となるシートからコピーし、新しいシートを追加します。

続いて、チェックボックス（chkBox）のON/OFFによる判定を行って
います。

```
'チェックボックスがONの場合,日付をシート名にする("/"は除く)
If chkBox.Value = True Then
    On Error Resume Next
    ActiveSheet.Name = Replace(txtDate.Value, "/", "")
End If
```

上記は、chkBoxのValueプロパティがTrueの場合（すなわち日付を
シート名に利用する場合）にのみ、シート名を変更しています。また、日付
をそのままシート名に代入してしまうと「/」記号が含まれることがあるた
め（シート名には「/」記号を使用することができず、エラーの原因となりま
す）、Replace関数で「/」を削除しています。また、もし同名のシー
トが既に存在している場合は、エラーでマクロが停止してしまいます。そ
れを防ぐため、On Error Resume Nextステートメントを記述して、
エラーでも停止せず続行するようにしています。

■

次は、エラーが起きたかどうかによって条件分岐します。

```
'同名のシートが存在した場合
If Err.Number <> 0 Then
    MsgBox "同名のシートがすでに存在するため、既定のシート名に変更しました。"
Else
    MsgBox "シートを追加しました。"
End If
```

Err.Numberの値が0でない場合、エラーが起きたとみなします。
先述のように、同名のシートが既に存在していた場合にはエラーが起き 詳しくはエラー処理の章をご参照ください。
ており、シート名は自動的に既定のシート名に変更されている（シート「雛
形」を複製したシートであるため、既定のシート名は「雛形（2）」などの名
前）ことになります。
最後に、

```
'ユーザーフォームを終了する
Unload Me
```

は、ユーザーフォームを終了するコードです。
Unloadステートメントでは、対象のオブジェクトをメモリから解放します。
「Me」はユーザーフォームそのものを指します。
以上によって、「シートを追加」ボタンの処理を作成できました。

## 「シートを開く」ボタン…指定のシートが開かれる

「シートを開く」ボタンの処理を作成していきます。今回のマクロは、リス
トボックスで選択された名前のシートを開きます。
それでは、以下の手順で進めていきます。
まずは、ユーザーフォームのデザイン画面で、「シートを開く」ボタンをダ
ブルクリックするか、右クリックして「コードの表示」を選択します（図
12-49）。すると、「btnOpen_Click」プロシージャが自動挿入されま
す（図12-50）。

図12-49

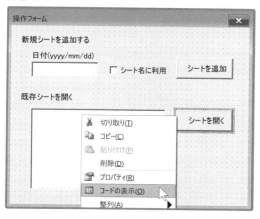

図12-50

```
Private Sub btnOpen_Click()
End Sub
```

解説動画

https://excel23.
com/vba-
book/12-10/

先ほどと同じく、このプロシージャに処理を記述すればいいのです。それ
では、コードを見ていきましょう。

コード12-10：[FILE：12-10.xlsm]

```
1    Private Sub btnOpen_Click()
2
3        'シート名をリストボックスから格納
4        Dim shName As String
5        shName = lstBox.Value
6
7        'シートをアクティブにする
8        Worksheets(shName).Activate
9
10       'ユーザーフォームを閉じる
11       Unload Me
12
13   End Sub
```

まずは、リストボックスで選択された値を取得します。

```
'シート名をリストボックスから格納
Dim shName As String
shName = lstBox.Value
```

上記では、変数shNameに、lstBox.Valueの値を格納しています。
Valueプロパティでは、リストボックスで選択されている値（文字列）を
取得することができます。

■

最後に、指定のシートをアクティブにする処理と、ユーザーフォームを閉
じる方法です。

```
'シートをアクティブにする
Worksheets(shName).Activate
'ユーザーフォームを閉じる
Unload Me
```

ここで、変数shNameには、先ほどリストボックスから取得した値（シー
ト名）が格納されています。
よって、シート名を正しく指定してアクティブにすることができるのです。

まとめ

以上で、ユーザーフォームを作成することができました。
実際に作成してみると、ユーザーフォームの知識だけでなく、イベントプ
ロシージャや、エラー処理なども組み合わせた実践的なコードが求めら
れる場面もあるかもしれません。
ぜひ、他の章で学んだ内容と組み合わせながら、ユーザーフォームを使
ってマクロを作成してみてください。

# 第13章

## AIを活用してみよう！
### ChatGPT・Bard編

## 対話型AIを学習や実践のアシスタントとして120%活用する

ChatGPTやBardなどの対話型AI（以下「対話型AI」と呼びます）は、VBAのコードを生成したり、エラーの解消やバグの修正についてアドバイスをすることができます。そこで本章では、本書のこれまでの内容に関連づけて、効果的なプロンプト（質問や指示）の書き方を解説します。

▶ 解説動画

https://excel23.com/
vba-book/sec13/

## 対話型AIに「上手な質問や指示」を書くための3つのポイント

対話型AIに対して、上手な質問や指示（プロンプト）を与えることで、VBAのコードを書くための優秀なアシスタントとして活用することができます。ここでは、生成AIに上手な命令を書くための3つの原則を解説します。

### 明確かつ具体的に書く

生成AIに対するプロンプトは、明確で具体的に書くことでより良い回答を得られやすくなります。
以下に、良いプロンプトとよくないプロンプトの例を提示します。

| プロンプト（よい例）: | プロンプト（よくない例）: |
|---|---|
| Excelで、シートのB列にユーザー名が入力されています（例「Yamada Taro」）。ユーザー名の半角スペースを最終行まですべて削除するためのVBAのコードを生成して下さい。 | ユーザー名の半角スペースを削除するコードを教えて下さい。 |

プロンプト（よい例）では、「Excelで」といった前提条件や「VBAの
コードを」という指示内容が明確に提示されています。これらの情報が
欠けていた場合、対話型AIはPythonなど別のプログラミング言語でコー
ドを生成してしまう可能性が高くなります。

また、「シートのB列に」といったデータの位置や、「Yamada Taro」な
どのデータの具体例、さらには「最終行まですべて」といった処理範囲
を指定することで、求めるVBAのコードを生成してもらいやすくなります。

## 見出しをつけて情報を整理する

複雑なプロンプトを記述する場合は、見出しを付けて情報を整理するこ
とで、対話型AIに主旨が伝わりやすくなります。以下に、良いプロンプト
の例を提示します。

### プロンプト（よい例）:

```
### 命令 ###
Excel VBAで次のようなコードを生成して下さい。
### 現在の状況 ###
・シート「Sheet1」のB列にユーザー名が入力されています。
・例えば「Ida Mirei」といったデータが50件以上あります。
### 要件 ###
・ユーザー名の半角スペースを削除し、セルの値を上書きして下さい。
・上記の処理をシートの2行目から最終行まで行って下さい。
### 制約条件 ###
・コードには日本語でコメントを付けて下さい。
・プロシージャ名や変数名は、日本語で命名して下さい。
```

「### 命令 ###」、「### 現在の状況 ###」などの見出しを使用し、
その下に箇条書きで情報を整理する手法は、上述した通り非常に効果
的です。さらに、「### 制約条件 ###」セクションでは、対話型AIが
タスクを実行する際に守るべき条件や、生成するコードの仕様を詳細に
指定することで、目的に合致したコードをより精度高く生成することが可
能になります。

## 何度もトライ＆エラー

対話型AIにプロンプトを送信した後、初回の回答が期待通りでなかった場合、「やっぱりAIは使い物にならない！」とすぐに判断し、諦めてしまう方も少なくありません。しかし、対話型AIの利点は、チャットのやりとりを通じて徐々に出力を改善できる点にあります。すぐに諦めず、トライ＆エラーを繰り返すことで、期待する結果に近づけることが重要です。

# エラー解決、エラー対策

## エラーが起きた際に、AIにその原因を推定させる

VBAのコードでエラーが発生した際、その原因を特定するのは困難な場合があります。しかし、そんなときでも対話型AIはエラー原因の特定に役立つヒントを提供できます。

例えば、次のコードがエラーを引き起こしたと仮定しましょう。

コード13-1

```
1  Sub ProcessData()
2      Dim i As Long
3      Dim diff As Long
4
5      For i = 1 To 10
6          diff = Cells(i, 1).Value - Cells(i - 1, 1).Value
7          Cells(i, 2).Value = diff
8      Next i
9  End Sub
```

図13-1

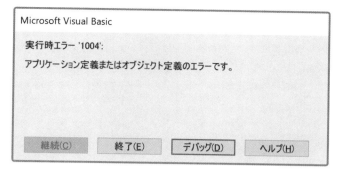

このコードは、シートのA列の各セルの値を1つ上のセルと比較し、その差をB列に記入する処理を1行目から10行目まで繰り返すことを目指しています。しかしながら、実行時にエラーが発生してしまいました。そこで、エラーの状況を対話型AIに説明し、その原因を提案してもらう方法について紹介します。

## プロンプト例13-1：

```
Excel VBAで、エラーの原因を教えて下さい。以下が概要です。
・エラーコード（番号）：「実行時エラー 1004」
・エラーメッセージ：「アプリケーション定義またはオブジェクト定数のエラーです。」

### コード全文 ###
Sub ProcessData()
    Dim i As Long
    Dim diff As Long

    For i = 1 To 10
        diff = Cells(i, 1).Value - Cells(i - 1, 1).Value
        Cells(i, 2).Value = diff
    Next i
End Sub
```

以上のように、エラーコードとエラーメッセージを正確に伝えることが重要であるとともに、プロンプト内でコード全文を提供することも有効です。

**回答例13-1：**

コードの問題点は、ループの最初の反復処理(i = 1)において、Cells(i - 1, 1).Value の行でエラーが発生しています。この行は、iが1の場合にi - 1(0)行にアクセスしようとしていますが、Excelのセルのインデックスは1から始まるため、存在しないセルにアクセスしようとしてエラーが発生しています。

修正するためには、ループの最初の反復処理(i = 1)では前の行の値を取得する必要がないため、それをスキップする必要があります。以下は修正したコードです。

```
Sub ProcessData()
    Dim i As Long
    Dim diff As Long

    For i = 2 To 10
        diff = Cells(i, 1).Value - Cells(i - 1, 1).Value
        Cells(i, 2).Value = diff
    Next i
End Sub
```

上記の回答例では、ループの最初のカウンター変数iが「1」から開始することがエラーの原因であることを示しています。なぜなら、「Cell(i-1,1)」により、存在しない0行目のセルを参照しようとするためです。さらに、改善案として、カウンター変数iの開始値を「2」に変更することを提案しています。

## 現在のコードから、
## エラーが起こるリスクをAIに考えさせる

VBAのコードを実務の本番環境で実行する前に、エラーが発生する可能性のあるケースを想定することは重要です。なぜなら、ユーザーが想定外の操作を行うことでエラーが発生する可能性があるからです。
そこで、対話型AIに潜在的なエラー発生のリスクを考慮させることも有効な手段です。
先ほど対話型AIが改善提案を行ったコードを例に、具体的なプロンプトを紹介します。

## プロンプト例13-2：

次のExcel VBAのコードが実務の本番環境で実行された際に考えられるエラーやリスクを教えて下さい。エラーが発生する可能性がある具体的なケースや、エラーを引き起こす可能性のあるユーザーの操作を複数挙げて下さい。

```
Sub ProcessData()
    Dim i As Long
    Dim diff As Long

    For i = 2 To 10
        diff = Cells(i, 1).Value - Cells(i - 1, 1).Value
        Cells(i, 2).Value = diff
    Next i
End Sub
```

## 回答例13-2：

| リスク / エラー | 説明 |
| --- | --- |
| データ範囲の変更によるエラー | データ範囲が10行以降に拡張される場合、コードはエラーを発生させます。データ範囲の変更に対応する必要があります。 |
| セルの値が数値でない場合のエラー | コードはセルの値を数値として処理しますが、セルに数値以外のデータが入力されている場合、エラーが発生します。データのバリデーションやエラーハンドリングが必要です。 |
| 式の評価順序の問題 | 式の評価順序が逆になる場合、計算結果が意図しないものになる可能性があります。正確な順序を制御するための対策が必要です。 |
| シートやブックの切り替えによるエラー | コードは現在のアクティブなシートに対して操作を行いますが、別のシートがアクティブになっている場合、エラーが発生します。正確なシートやブックの指定が必要です。 |
| エラーハンドリングの不足 | コードにはエラーハンドリングが含まれていません。エラーが発生した場合、実行が中断され、エラーメッセージが表示されます。エラーハンドリングを追加して処理を継続できるようにする必要があります。 |
| ユーザー操作による中断 | 実行中にユーザーが操作を行うと、エラーや予期しない動作が発生する可能性があります。例えば、シートの削除やデータの変更が行われると、コードがエラーを引き起こすか予期しない結果を生じることがあります。 |

上記のように、対話型AIがコードの潜在的なエラー原因やリスクを列挙
してくれました。

また、初回の回答を受け取った後、「回答を表形式に変換して出力して
下さい」というプロンプトを指示することで、読みやすい表形式で結果を
再度出力させることも可能です。

## 補足：「テストケース」を提案させ、抜けや漏れのないデバッグを行う

たとえコードの動作確認を十分に行ったとしても、自分が想定していな
いエラーが発生する可能性は常にあります。そこで、対話型AIに「**テス
トケース**」を提案させるのも有効な方法です。「テストケース」とは、プ
ログラムの動作確認を行うために用意する、ユーザーの具体的な操作や
入力値の組み合わせのことです。「ユーザーがこのような操作をした場
合、マクロは正常に動作するか？」という観点から多角的にテストするこ
とで、徹底的なデバッグが可能になります。テストケースを提案させるに
は、「以下のExcel VBAのコードについて、テストケースを提案して下さ
い」と記述した上で、コードを添付してプロンプトを送信すると良いで
しょう。

## エラーを未然に防ぐようコードを改善させる
（本書の第10章に連動）

本書の第10章では、エラーを未然に防ぐためのコードの書き方を解説し
ました。このようなコードの改善提案は、対話型AIに依頼することで得
られます。

## プロンプト例13-3：

---

次のExcel VBAのコードで起こりうるエラーを未然に回避するようコードを修正して下さい。

```
Sub ProcessData()
    Dim i As Long
    Dim diff As Long

    For i = 2 To 10
```

```
        diff = Cells(i, 1).Value - Cells(i - 1, 1).Value
        Cells(i, 2).Value = diff
    Next i
End Sub
```

## 回答例13-3：

修正点：

1. セルの値が数値かどうかをチェックするために、IsNumeric関数を使用します。

2. 数値でないセルが存在する場合、エラーメッセージを表示するためにMsgBox関数を使用します。

修正後のコード
```
Sub ProcessData()
    Dim i As Long
    Dim diff As Long

    For i = 2 To 10
        ' セルの値が数値であることを確認する
        If IsNumeric(Cells(i, 1).Value) And IsNumeric(Cells(i - 1, 1).
          Value) Then
            diff = Cells(i, 1).Value - Cells(i - 1, 1).Value
            Cells(i, 2).Value = diff
        Else
            ' 数値でないセルの場合に処理する方法を指定する(例：エラーメッセージの表示)
            MsgBox "セル " & Cells(i, 1).Address & " または
              " & Cells(i - 1, 1).Address & " に数値が入力されていません。"
        End If
    Next i
End Sub
```

修正後のコードでは、セルの値が数値でない場合にエラーメッセージが表示されます。この修正により、プログラムが停止せずに処理を続行できます。

以上のように、対話型AIはセルの値が数値でない可能性に対して、IsNumeric関数を用いて数値であるかの判定を行い、数値でない場合にはエラーメッセージを出力する処理を提案しました。

## コードの改善提案

### 効率的で読みやすいコードを提案させる
（本書の第1、2章に連動）

本書の第1章と第2章では、効率的で読みやすいコードを記述する方法を紹介しました。このようなコードに改善させるための提案も、対話型AIに依頼することで可能です。

### プロンプト例13-4：

> 以下のExcel VBAのコードをリファクタリングし、英語でプロシージャ名や変数名を再定義し、日本語による適切なコメントや、適切な改行やインデントを加えて下さい。コードブロックで出力して下さい。
>
> ```
> Sub sample()
> Dim r As Long
> Dim a As Long
> Dim i As Long
> r = Cells(Rows.Count, 1).End(xlUp).Row
> For i = 2 To r
> a = Cells(i, "G").Value * Cells(i, "H").Value
> Cells(i, "I").Value = a
> Next i
> End Sub
> ```

### 回答例13-4：

> 以下は、提供されたExcel VBAコードのリファクタリング版です。コメント、プロシージャ名、変数名を英語に変更し、コードの可読性を向上させるために適切な改行とインデントも追加しました。

```
Sub CalculateProduct()
    Dim lastRow As Long
    Dim row As Long
    Dim result As Long

    ' 最終行を取得する
    lastRow = Cells(Rows.Count, 1).End(xlUp).Row

    ' 各行の値を計算し、結果を格納する
    For row = 2 To lastRow
        result = Cells(row, "G").Value * Cells(row, "H").Value
        Cells(row, "I").Value = result
    Next row
End Sub
```

上記のコードは、セルの範囲をループ処理し、2つの列（G列とH列）の値を掛け合わせた結果をI列に表示するものです。変数名やコメントは、コードの意図をより明確に表現するために改善されています。

以上の命令文では、「**リファクタリング**」という用語を用いました。リファクタリングとは、プログラムの動作を変えずに、無駄な処理を省いたり、可読性を高めるためにコードを書き換えることを指します。

## プロシージャを分割する（部品化）
（本書の第3、4章に連動）

本書の第3章と第4章では、プロシージャの分割（部品化）を通じてコードの読みやすさと再利用性を高める方法を説明しました。このような目的で、対話型AIにコード改善の提案を依頼することができます。

### プロンプト例13-5：

以下のExcel VBAのコードについて、プロシージャの一部の処理を部品化して再利用しやすいように分割して下さい。

次ページに続きます

```
'表のフォーマットを適用
Sub ChangeFormat()
    '最終行を取得
    Dim maxRow As Long
    maxRow = Cells(Rows.Count, 1).End(xlUp).Row
    '表全体に罫線(格子)を適用
    Range("A1").Resize(maxRow, 7).Borders.LineStyle = xlContinuous
    '奇数行を薄い緑色で塗りつぶす
    Dim i As Long
    For i = 2 To maxRow
        If i Mod 2 = 1 Then
            Cells(i, 1).Resize(, MAX_COL).Interior.Color = RGB(233,
                244, 216)
        End If
    Next i
End Sub
```

## 回答例13-5：

以下は、提供されたExcel VBAコードの処理を部品化し、再利用可能な形に分割したバージョンです。

```
Sub ChangeFormat()
    Dim maxRow As Long
    maxRow = GetLastRow()

    ApplyGridLines maxRow
    ApplyAlternateRowColor maxRow
End Sub

' 最終行を取得する関数
Function GetLastRow() As Long
    GetLastRow = Cells(Rows.Count, 1).End(xlUp).Row
End Function
```

```
'　表全体に罫線（格子）を適用するサブプロシージャ
Sub ApplyGridLines(ByVal lastRow As Long)
    Range("A1").Resize(lastRow, 7).Borders.LineStyle = xlContinuous
End Sub

'　奇数行を薄い緑色で塗りつぶすサブプロシージャ
Sub ApplyAlternateRowColor(ByVal lastRow As Long)
    Dim i As Long
    For i = 2 To lastRow
        If i Mod 2 = 1 Then
            Cells(i, 1).Resize(, 7).Interior.Color = RGB(233, 244, 216)
        End If
    Next i
End Sub
```

上記のコードでは、元のプロシージャを複数のサブプロシージャに分割しました。`GetLastRow`関数は最終行を取得し、`ApplyGridLines`サブプロシージャは表全体に罫線を適用します。また、`ApplyAlternateRowColor`サブプロシージャは奇数行に薄い緑色を塗りつぶします。これにより、`ChangeFormat`プロシージャはそれぞれの処理を呼び出すだけで済むようになり、処理の再利用性も向上しました。

上述の回答例では、AIはコードを以下のように4つのプロシージャに分割しました。

1. ChangeFormat（Subプロシージャ）… マクロの主な処理を実行し、他の各プロシージャを呼び出す
2. GetLastRow（Functionプロシージャ）… 最終行を取得する関数
3. ApplyGridLines（Subプロシージャ）… 表全体に罫線（格子）を適用する
4. ApplyAlternateRowColor（Subプロシージャ）… 奇数行を薄い緑色で塗りつぶす

各プロシージャが特定の機能を果たすことにより、コード全体が読みやすくなり、エラーの原因を探しやすくなったり、同じコードを再利用しやすくなりました。

## 配列を活用して効率的なコードにする（本書の第11章に連動）

本書の第11章では、「配列」を用いることでマクロの処理を高速化する方法について解説しました。そこで、対話型AIに依頼することで、配列を使用していないコードをもとに、配列を使って高速化する改善提案をさせることができます。

図13-2

| | A | B | C |
|---|---|---|---|
| 1 | 上3桁 | 下4桁 | 郵便番号 |
| 2 | 254 | 5515 | 254-5515 |
| 3 | 467 | 1079 | |
| 4 | 571 | 3372 | |
| 49999 | 368 | 3728 | |
| 50000 | 280 | 1833 | |
| 50001 | 349 | 6887 | |

5万件のデータがあり、郵便番号の上3桁と下4桁が分割されています。上3桁、ハイフン「-」、下4桁を結合し、C列に挿入するコードを作成しました。そのコードを対話型AIに提示し、配列を使用して高速化するように依頼します。

### プロンプト例13-6：

以下のExcel VBAのコードを、配列を用いて高速かつ効率的に処理を行うコードに改善する提案を下さい。

```
'結合して郵便番号を生成
Sub CombineZipcode()
    Dim i As Long
    For i = 2 To 50001
        Cells(i, "C").Value = Cells(i, "A").Value & "-" & Cells(i, 
"B").Value
    Next
End Sub
```

## 回答例13-6：

提案されたコードは、セル単位での処理を行っているため、効率的ではありません。以下に、配列を使用して高速かつ効率的な処理を行うコードの提案を示します。

```
Sub CombineZipcode()
    Dim dataRange As Range
    Dim dataArr As Variant
    Dim resultArr As Variant
    Dim i As Long

    ' データの範囲を指定
    Set dataRange = Range("A2:B50001")

    ' データを配列に読み込む
    dataArr = dataRange.Value

    ' 出力結果用の配列を初期化
    ReDim resultArr(1 To UBound(dataArr, 1), 1 To 1)

    ' 配列をループして結合した郵便番号を生成
    For i = 1 To UBound(dataArr, 1)
        resultArr(i, 1) = dataArr(i, 1) & "-" & dataArr(i, 2)
    Next i

    ' 結果をセルに書き込む
    Range("C2").Resize(UBound(resultArr, 1)).Value = resultArr

    ' メモリを解放
    Erase dataArr
    Erase resultArr
End Sub
```

この提案では、以下の手順で処理を行っています。

1. `dataRange` 変数を使用して、データの範囲を指定します。

次ページに続きます

上記の回答例では、対話型AIが配列を用いて高速に処理を行うコードの改善提案を行いました。

改善前のコードは処理が完了するまでに約9.7秒かかりましたが、改善後のコードは約0.4秒で完了するようになりました（なお、上記の結果は筆者のPC環境でのものです）。

なお、上記のコードでは、セル範囲の値を配列「dataArr」に一括して代入し、その後配列の要素を全てループ処理して、その結果を配列「resultArr」に代入しています。最後に、resultArrの値をC列のセル範囲に一括で書き込むという流れとなっています。

## まとめ

いかがだったでしょうか。本章を通じて、対話型AIをVBAの学習や実践における強力なパートナーとして活用できる方法を解説しました。AIを通じてエラーの解消、コードの生成や改善など、多くのことを体験していただけたことと思います。また、対話型AIを最大限に活用するための効果的なプロンプトの書き方も紹介しました。これらを活用することで、今後の学習や実践に活かしていただければ幸いです。

# index — VBA

## 記号

.Attribute("innerText") ······· 188

## A

Addメソッド ···················· 132
AddItemメソッド ················ 380
ADODB.Streamオブジェクト ······ 258
Applicationオブジェクト ········ 126
Application.EnableEventsプロパティ
································ 363
AsSelect.SelectByValue ("1")
································ 217
Attachmentsコレクション ······· 132

## B

Bodyプロパティ ·············139, 146
BodyFormatプロパティ ··········· 131
btnAdd_Clickプロシージャ ········ 381
btnOpen_Clickプロシージャ ······· 384

## C

Callステートメント ·········· 054, 228
Captionプロパティ ·············· 370
Cellプロパティ ················· 108
Close ························· 103
Closeメソッド ·················· 176
Constステートメント ············ 031
Copyメソッド ··················· 095
COUNTIF関数 ··············· 303, 304
Countプロパティ ············191, 203

## D

CreateItemメソッド ············· 127

Debug.Printメソッド ········ 196, 282
Displayメソッド ········· 127, 133, 140
DoEvents関数 ·················· 330
Do Until構文 ··············241, 261
Driver.Getメソッド ············· 175
Driver.Waitメソッド ············ 180
Drive.Title ·················· 180

## E

EOF関数 ······················ 242
Errオブジェクト ············ 236, 281
Err.Descriptionプロパティ ······ 282
Err.Numberプロパティ ··········· 281
Exit Subステートメント ········· 288
ExportAsFixedFormatメソッド ···· 117

## F

FindElementByNameメソッド ······ 215
FindElementByTagメソッド ······· 187
FindElementsByClassメソッド ···· 203
Findメソッド ··················· 060
Folderオブジェクト ············· 145
Foldersコレクション ············ 147
For Eachステートメント ········· 194
Format関数 ···················· 115
Forループ ·················113, 204
FreeFile関数 ··············231, 239

Functionプロシージャ ·········· 072, 077

G
GetDefaultFolderメソッド ········· 145

I
Ifステートメント ··············· 017, 116
InputBox関数 ···················· 008
InsertBeforeメソッド ············· 108
Intersectメソッド ················ 352
IsDate関数 ······················ 277
IsNumeric関数 ···················· 278
Itemsコレクション ············ 146, 152

L
Left関数 ························· 323
Line Inputステートメント ········· 243
LineSparatorプロパティ ··········· 259

M
MailItemオブジェクト
················ 127, 130, 132, 138, 155
MsgBox関数 ·················· 175, 299

N
Nameプロパティ ·················· 095
NameSpaceオブジェクト ············ 144
Newキーワード ···················· 097
Now関数 ························· 115

O
On Error GoTo ステートメント
···························· 235, 287
On Error Resume Nextステートメント
···························· 281, 299
Openステートメント ·········· 224, 240
Openメソッド ···················· 102
Optional ························ 071
Option Explicitステートメント ····· 012

P
Paraghraphsコレクション ··········· 107
PrintOutメソッド ·················· 117
Print #ステートメント ············· 226

Q
Quitメソッド ····················· 098

R
Rangeオブジェクト ················· 106
Range.Startプロパティ ············· 107
ReadTextメソッド ················· 261
ReDimステートメント ··············· 313
Replace関数 ······················ 139
Resizeメソッド ·········· 247, 248, 316
Right関数 ··················· 210, 323

S
Saveメソッド ················· 133, 140
SaveAsメソッド ··················· 118

SaveToFileメソッド ･･････････････ 268
Select Case構文 ･･････････････ 284
SelectionChangeイベント ･･････ 347
Sendメソッド ･･････････････ 133, 140
Setステートメント ･･･････････････ 095
Showメソッド ････････････････････ 334
Sortメソッド ･･････････････････････ 153
Split関数 ･･････････････････ 246, 247
StrConv関数 ･･･････････････････ 364
Streamオブジェクト ･･･････････ 259
Subプロシージャ ･･････ 017, 063, 067

T
Tablesコレクション ･･･････････108
Textプロパティ ･･････････････････106
TRANSPOSE関数 ･･････････････317

U
UBound関数 ･･･････････ 249, 316
Unionメソッド ･･･････････････････351
UserForm_Initializeプロシージャ
 ･･････････････････････････････376

V
Valueプロパティ ･･･････････････ 386
Visibleプロパティ ････････････ 098
VLOOKUP関数 ･･･････････293, 296

W
WebDriver型 ･･････････････････174

WebElementオブジェクト ･･････194
Webドライバー ･･･････････････････161
Withステートメント ･･･････ 017, 091
Word.Applicationオブジェクト ･････101
Word.Documentオブジェクト ･････101
Workbook_SheetSelectionChange
 プロシージャ ･･････････････ 356
Worksheet_BeforeDoubleClick
 プロシージャ ･･････････････ 358
Worksheet_Changeプロシージャ ･･･361
WorksheetFunction.関数名 ･･･291
Worksheet_SelectionChange
 プロシージャ ･･･････････ 347, 356
WriteTextメソッド ･･･････････267

# index — KEYWORDS

## 記号
.NET Framework 3.5 · · · · · · · · · · · · · · 161

## アルファベット
ADO（ActiveX Data Objects）· · · · · · 254
CSV（Comma-Separated Values）· · · 252
Date型 · · · · · · · · · · · · · · · · · · · · · · · · 273
DOM（Document Object Model）· · · · 183
EOS · · · · · · · · · · · · · · · · · · · · · · · · · · 261
HTML（Hyper Text Markup Language）
· · · · · · · · · · · · · · · · · · · · · · · · · · · · · · 181
Internet Explorer · · · · · · · · · · · · · · · ·160
Long型 · · · · · · · · · · · · · · · · · · · · · · · · 009
Microsoft ActiveX Data Objects x.x Library
· · · · · · · · · · · · · · · · · · · · · · · · · · · · · · 254
Microsoft Excel x.x Object Library · · · · 087
Microsoft Outlook x.x Object Library
· · · · · · · · · · · · · · · · · · · · · · · · · · · · · · 123
Microsoft ProgressBar Control · · · · · · 328
Microsoft Word x.x Object Library · · · · 088
name属性 · · · · · · · · · · · · · · · · · · · · · · 215
Outlook · · · · · · · · · · · · · · · · · · · · · · · · 120
PDF形式 · · · · · · · · · · · · · · · · · · · · · · · 118
Range型 · · · · · · · · · · · · · · · · · · · · · · · 093
SeleniumBasicライブラリ · · · · · · · · · · · 161
Variant型 · · · · · · · · · · · · · · · · · 008, 276
VBE · · · · · · · · · · · · · · · · · · · · · · · · · · 007
VBA関数 · · · · · · · · · · · · · · · · · · · · · · · 291
Word · · · · · · · · · · · · · · · · · · · · · · · · · · 085
Workbook型 · · · · · · · · · · · · · · · · · · · · 093
Worksheet型 · · · · · · · · · · · · · · · · · · · 093

## あ行
アッパーキャメルケース · · · · · · · · · · · · · · 006
アンダースコア · · · · · · · · · · · · · · · · · · · · 006
一次元配列 · · · · · · · · · · · · · · · · · · · · · · 317
イベント · · · · · · · · · · · · · · · · · · · · · · · · 345
イベントプロシージャ · · · · · · · · · · · · 342, 345
イミディエイトウインドウ · · · · · · · · · 196, 282
印刷 · · · · · · · · · · · · · · · · · · · · · · · · · · · 117
印刷プレビュー · · · · · · · · · · · · · · · · · · · · 110
インデックス · · · · · · · · · · · · · · · · · · · · · · 311
インデント · · · · · · · · · · · · · · · · · · · 015, 016
エラー処理 · · · · · · · · · · · · · · · · · · · · · · 299
エラー処理ルーチン · · · · · · · · · · · · · 281, 284
エラートラップ · · · · · · · · · · · · · · · · · · · · 281
エラーログ · · · · · · · · · · · · · · · · · · · · · · · 233
オブジェクト · · · · · · · · · · · · · · · · · · · · · · 087
オブジェクトの参照設定 · · · · · · · · · · · · · · 087
オブジェクト変数 · · · · · · · 091, 093, 125, 173
オブジェクトライブラリ · · · · · · · · · · 087, 088
オブジェクトライブラリの参照設定 · · · · · · · 122

## か行
改行 · · · · · · · · · · · · · · · · · · · · · · 016, 018
改行コード · · · · · · · · · · · · · · · · · · 254, 259
型 · · · · · · · · · · · · · · · · · · · · · · · · · · · · 066
キャメルケース · · · · · · · · · · · · · · · · · · · · 006
クラス · · · · · · · · · · · · · · · · · · · · · · · · · · 201
グローバル定数 · · · · · · · · · · · · · · · · · · · 047

グローバル変数 ・・・・・・・・・・・・・・・ 044, 046
構文 ・・・・・・・・・・・・・・・・・・・・・・ 017
コードの再利用 ・・・・・・・・・・・・・・ 052
固定長配列 ・・・・・・・・・・・・・・・・ 312, 321
コメント ・・・・・・・・・・・・・・・・・・・ 022
コレクション ・・・・・・・・・・・・・・・・・ 190

**さ行**

差し込み印刷 ・・・・・・・・・・・・・・・・ 110
参照 ・・・・・・・・・・・・・・・・・・・・・・ 093
シートモジュール ・・・・・・・・・・・ 345, 346
実行ログ ・・・・・・・・・・・・・・・・・・・ 227
自動メンバー表示機能 ・・・・・・・・ 088, 098
受信トレイ ・・・・・・・・・・・・・・・・・・ 145
初期化処理 ・・・・・・・・・・・・・・・・・ 376
スクレイピング ・・・・・・・・・・・・・・・ 159
スコープ ・・・・・・・・・・・・ 036, 040, 046
スネークケース ・・・・・・・・・・・ 006, 031
宣言セクション ・・・・・・・・・・・・・ 012, 042

**た行**

チェックボックス ・・・・・・・・・・・・・・ 378
定数 ・・・・・・・・・・・・・・・・・・ 028, 046
テーブル ・・・・・・・・・・・・・・・・・・・ 192
テキストファイル ・・・・・・・・・・・・・・ 222
テストケース ・・・・・・・・・・・・・・・・ 394
適用範囲（定数） ・・・・・・・・・・・・・ 046
適用範囲（変数） ・・・・・・・・・・・・・ 040
動的配列 ・・・・・・・・・・・・・・・・ 312, 321

**な行**

名付け ・・・・・・・・・・・・・・・・・・・・ 003
二次元配列 ・・・・・・・・・・・・・・・・・ 320
入力補完機能 ・・・・・・・・・・・・・・・ 007

**は行**

配列 ・・・・・・・・・・・・ 246, 247, 306, 400
配列の要素 ・・・・・・・・・・・・・・・・・ 311
引数つきの Sub プロシージャ ・・・ 063, 229
引数名 ・・・・・・・・・・・・・・・・・・・ 066
標準モジュール ・・・・・・・・・・・・・・ 345
複数のメールを一斉送信 ・・・・・・・・ 134
ブックモジュール ・・・・・・・ 345, 346, 354
プログレスバー ・・・・・・・・・・・ 325, 328
プロシージャ ・・・・・・・・・ 042, 052, 397
プロシージャ名 ・・・・・・・・・・・・・・ 005
プロジェクト エクスプローラ ・・・・・・・ 345
プロンプト ・・・・・・・・・・・・・・・・・ 388
ページ遷移 ・・・・・・・・・・・・・・・・・ 179
変数 ・・・・・・・・・・・・・・・・・・・・・ 008
変数の宣言を強制する ・・・・・・・・・ 010
変数名 ・・・・・・・・・・・・・・・・・・・ 005

**ま行**

無限ループ ・・・・・・・・・・・・・・・・・ 364
メール1通を送信 ・・・・・・・・・・・・・ 128
メールアカウント ・・・・・・・・・・・・・・ 144
メール作成ウインドウ ・・・・・・・・・・・ 126
メールの添付ファイル ・・・・・・・・・・・ 132
モーダル ・・・・・・・・・・・・・・・・・・・ 334

モードレス ・・・・・・・・・・・・・・・・・ 334

文字コード ・・・・・・・・・・・・・・・・・ 254

モジュール ・・・・・・・・・・・・・・・・・ 042

モジュールレベル定数 ・・・・・・・・・・ 047

モジュールレベル変数 ・・・・・・ 042, 058, 176

文字列 ・・・・・・・・・・・・・・・・・・ 103

戻り値 ・・・・・・・・・・・・・・・・・・ 072


や行

ユーザーフォーム ・・・・・・・・・・・・ 327, 365

良い名付け ・・・・・・・・・・・・・・・・ 005


ら行

リファクタリング ・・・・・・・・・・・・・・ 397

ローカル定数 ・・・・・・・・・・・・・・・ 047

ローカル変数 ・・・・・・・・・ 040, 042, 056

ローワーキャメルケース ・・・・・・・・・・ 006

ログファイル ・・・・・・・・・・・・・・・ 221

論理エラー ・・・・・・・・・・・・・・・・ 014


わ行

ワークシート関数 ・・・・・・・・・・・・・ 291

悪い名付け ・・・・・・・・・・・・・・・・ 005

## たてばやし 淳

1986年生まれ、横浜育ち。オンライン動画でITスキルを教える新鋭の講師。
19歳の学生時代からパソコン教室で講師を始め、教育手法を徹底的に叩き込まれる。以降、システム開発会社やITインフラ系企業での職業経験を活かし、2012年よりYouTube「エクセル兄さん」を運営。業界随一のさわやかボイスとわかりやすい語り口で人気を博す。YouTube総再生回数1000万回、チャンネル登録者数10万人越え。また、世界最大級のオンライン動画教育プラットフォーム「Udemy」にて14万人以上の受講者へ動画コースを展開中。
著書に『Excel VBA塾』(マイナビ出版)、『エクセル兄さんが教える 世界一わかりやすいMOS教室』(PHP研究所)、『学習と業務が加速する ChatGPTと学ぶExcel VBA&マクロ』(ソシム)。

https://www.youtube.com/user/LifeworkKnowledge

▶ YouTubeチャンネル
エクセル兄さん たてばやし淳

https://www.youtube.
com/user/LifeworkKn
owledge

ブックデザイン：岩本 美奈子
本文・カバーイラスト：まつむら まきお
DTP：AP_Planning
編集：角竹 輝紀・藤島 璃奈

# Excel VBA
(エクセル) (ブイビーエー)

## 脱初心者のための集中講座【第2版】
(ダッショシンシャ) (シュウチュウコウザ)

2023年9月22日　初版第1刷発行

著者　　たてばやし 淳
発行者　角竹 輝紀
発行所　株式会社マイナビ出版
　　　　〒101-0003
　　　　東京都千代田区一ツ橋2-6-3　一ツ橋ビル2F
　　　　☎0480-38-6872（注文専用ダイヤル）
　　　　☎03-3556-2731（販売）
　　　　☎03-3556-2736（編集）
　　　　E-Mail：pc-books@mynavi.jp
　　　　URL：https://book.mynavi.jp
印刷・製本　シナノ印刷株式会社

© 2023 たてばやし 淳, Printed in Japan.
ISBN 978-4-8399-8462-5